U0150284

枪炮身管损伤行为与机理

黄进峰 等 著

科学出版社

北京

内 容 简 介

本书从枪炮身管使用工况出发，以身管烧蚀寿命与疲劳特征研究为重点，系统研究和分析枪炮身管的各种损伤现象、规律和机理。内容包括：身管工况与材料性能、身管烧蚀与疲劳寿命；身管初速与材料烧蚀、材料燃烧行为与机理、初速下降解决方案；枪炮精度影响因素、高温强度与射击精度及持续火力；横弹与高温耐磨性、材料基体与表面涂层；身管可靠性与疲劳特征；长寿命身管材料的要求与特征、实弹考核验证举例等。

本书可供材料科学、冶金工程、兵器设计、加工制造等领域的科研人员和工程技术人员及高等院校有关专业师生参考。

图书在版编目（CIP）数据

枪炮身管损伤行为与机理/黄进峰等著. —北京：科学出版社，2022.1
ISBN 978-7-03-069501-7

Ⅰ. ①枪… Ⅱ. ①黄… Ⅲ. ①枪管-损伤-研究 ②炮身-损伤-研究 Ⅳ. ①TJ03

中国版本图书馆 CIP 数据核字（2021）第 154574 号

责任编辑：牛宇锋 李 娜／责任校对：任苗苗
责任印制：师艳茹／封面设计：蓝正设计

科学出版社 出版

北京东黄城根北街 16 号
邮政编码：100717
http://www.sciencep.com

河北鹏润印刷有限公司 印刷

科学出版社发行 各地新华书店经销

*

2022 年 1 月第 一 版 开本：720×1000 B5
2022 年 1 月第一次印刷 印张：16 1/2
字数：312 000

定价：128.00 元

（如有印装质量问题，我社负责调换）

序

速射武器身管寿命包括烧蚀寿命和疲劳寿命。烧蚀寿命是指经一定射击发数后身管由于内膛烧蚀破坏而失去要求的弹道性能所构成的寿命；疲劳寿命是指周期承载条件下身管材料裂纹扩展达到失稳扩展的临界尺寸，从而发生断裂或炸膛等所构成的寿命。

武器系统战术指标的不断提高，导致枪炮身管寿命相应降低。例如，为提高持续火力或拦截概率，武器系统火药威力和装药量增加，其射速和初速也相应增大，必然导致枪炮身管发热和温度升高，尤其是枪炮内膛镀层剥落和基体材料强度急剧下降与烧蚀加剧，其烧蚀磨损寿命随之降低。同样，身管材料的疲劳损伤亦随之加速，疲劳寿命也应加以重视。因此，随着身管武器的发展，提高身管射击寿命已成为亟待解决的重大问题。

身管寿命涉及多学科、跨专业，且影响因素多，虽然经过国内外多年的研究取得了一系列数据和研究成果，理论方面提出白层、灰层、气-固烧蚀理论等，但是仍在枪炮身管失效本质与机理、如何提高寿命与可靠性等方面缺乏比较明确、系统的指导和结论。对于身管材料设计与研究方面，国内外也报道了将各类金属材料用于枪炮身管的研究结果，如超高强度钢、热作模具钢、镍基高温合金、高强不锈钢、钴基耐磨合金等，但均未能有效提高身管寿命，且出现许多矛盾和目前研究理论难以很好解释的现象。

枪炮身管寿命，不仅取决于基体材料与镀层，还与枪炮功能和具体指标参数、弹丸结构、弹道设计、发射药及披甲材料等密切相关。只有在同样情况下进行比较，才能得出比较科学和确定的结论。

从以上可见：根据枪炮身管的使用工况和失效规律，认识和发现枪炮身管寿命损伤失效行为和机理，研究提高身管寿命的科学方法，以此提出枪炮身管材料设计的新思路、提升方向与性能特征，达到提高身管寿命和可靠性的目标。

该书作者通过长期研究，从身管使用工况出发，从身管损伤和失效现象入手，从原理上研究提出身管失效核心和主要原因，并给出科学解决方案，即在身管失效研究新认识、新发现的基础上，提出解决速射枪炮身管初速、精度、横弹等问题，以及提高可靠性的新思路、新方法。同时，该书也提出身管新材料的种类与成分、组织与性能等方面的设计思路、方法和关键指标。

　　该书不仅可供材料科学、压力加工、失效分析等领域科研人员参考，而且对兵器设计与制备、使用等领域的工程技术人员有参考价值。

中国工程院院士

2021 年夏

前　言

　　身管是各种口径火炮与轻武器的核心部件，也是制约各种枪炮性能与寿命的关键。因此，其损伤行为与机理成为国内外研究重点，经过几十年研究取得了相应研究成果。枪炮寿命包含烧蚀寿命和疲劳寿命。一般认为：随着电炉精炼、真空熔炼、电渣重熔、身管自紧等新技术的应用，其疲劳寿命能满足要求。因此，身管延寿重点集中于提高弹道寿命，即烧蚀寿命，而烧蚀问题是身管延寿的瓶颈。

　　20 世纪 80 年代，国外学者开始对火炮内膛烧蚀行为进行研究与分析。美国于 2000 年发展了气-固(gas-solid)烧蚀机理模型，认为烧蚀是发射药尾气与基体在高温高膛压下的化学反应；2003 年提出灰层(gray layer)概念，说明了化学和机械两种因素在烧蚀中的作用；2005 年提出了热-化学-机械烧蚀磨损机理，并建立了基于烧蚀量的寿命预测模型。2001 年，英国建立了热-化学(thermo-chemical)烧蚀模型，除化学反应外，更加注重烧蚀过程中热和温度作用，系统研究了内膛白层(white layer)，建立了理论公式。

　　国内北京科技大学、钢铁研究总院等单位自 2000 年起对枪炮身管材料的烧蚀行为、力学性能等进行了大量研究工作。本书作者不仅对传统枪炮材料，还对可能用于枪炮身管的各类金属材料，如奥氏体不锈钢、马氏体不锈钢、超高强钢等的烧蚀、磨损、白层行为以及身管寿命进行了大量研究，取得了一系列阶段性的研究成果。例如，初步建立了材料种类、成分与室温、高温性能间的关系；各类材料白层形成规律及模型；高温硬度与身管寿命的关系等。研究发现：几乎所有材料均会出现白层，但白层厚度、形态及形成机理等与材料种类和力学性能关系密切；同时，发现烧蚀白层内存在枝晶组织，说明身管内膛材料在远低于材料熔点温区出现了局部熔化层。此外，还分析与估算了材料高温强度对身管寿命的影响，发现在其他因素相同的前提下，身管高温强度提高，其烧蚀寿命明显提高。

　　综上可见，国内外几十年来在身管损伤方面进行了大量研究并取得了许多有价值的研究成果，但在枪炮身管损伤的弹道寿命与可靠性等方面仍有以下亟待解决的瓶颈问题。

　　判定身管烧蚀寿命的战术指标主要有初速、射击精度、弹带削光或横弹(椭圆弹)等。但影响和决定上述具体战术指标的本质原因、最关键的因素等未见系统研究和相应结论。例如，枪炮身管初速下降是由材料的哪些性能与参数来决定和影响的；再如，身管在持续射击时射击精度常会明显下降，这又由何种因素决定；

又如，出现弹带削光或横弹(椭圆弹)又是由材料的哪些参数决定的。

通常枪炮身管的可靠性主要是指疲劳寿命，且随着材料高纯冶炼和先进锻造技术的发展，身管材料的疲劳性能得到提高，疲劳损伤已不是主要问题。但设计、加工等原因导致身管薄弱环节局部应力集中，从而产生疲劳裂纹，并可快速扩展甚至发生断裂，使身管疲劳寿命大幅降低。而此方面未见系统研究与报道，故需要对其进行研究并提出解决方案。此外，影响身管可靠性的其他方面也必须加以重视和研究，如材料冷脆转变、回火脆性、高温强度等。

综上可见，只有深入研究上述核心问题，才能更好地认识身管损伤行为和机理，发现和指明提高身管寿命的科学方法与思路，解决上述问题并提高身管寿命与可靠性。

本书共8章，第1章总结回顾自枪炮出现以来，特别是近几十年国内外在枪炮身管损伤方面的研究现状、存在问题以及本书研究内容与目标等。第2章介绍在研究各类枪炮材料和表面涂层过程中发现的新现象、新机理，得出相应的研究进展。第3～5章则是根据烧蚀(弹道)寿命的具体内容，如初速、精度下降和横弹出现的内在原因，进行针对性的研究。第6、7章主要是针对身管安全性的关键、疲劳性能和寿命进行的研究与分析，特别是针对枪炮身管应力集中处易出现的疲劳问题，对材料的安全性评估提供新的思路和方法。第8章为实弹考核验证与基本结论。

在本书构思和撰写过程中，得到中国工程院才鸿年院士，中国兵器集团科信部喻奇副主任等，北京科技大学孙冬柏副校长、吕昭平副校长、张济山教授等，中北大学李强院长等，中国兵器工业第二〇八研究所李峻松高工等，四川华庆机械有限责任公司张富坤总经理、刘钢总工等，中国兵器工业第356厂王汝雁副总经理等，兵器装备集团所属152厂瞿章林总工、何修伟主任等，中国兵器工业第五九研究所车路长总工、陈汉宾研高工等，中国兵器工业集团公司王智勇副总经理、刘兵部长、任青松工程师等，重庆钢铁研究所有限公司程键所长、江海军高工、解书涵工程师等，中原特钢股份有限公司程海军副总经理、崔晓宁部长等，攀钢集团四川长城特殊钢股份有限公司罗定祥部长等领导和专家的大力支持及帮助，在此致以诚挚谢意！

本书研究工作得到了国家国防科技工业局基础科研、总装预研等多个项目的支持，在此一并致谢。

本书第1章由黄进峰、连勇、李俊松、张文栓撰写，第2章由黄进峰、高海霞、向丽萍、连勇撰写，第3章由张津、高文、付航涛、连勇撰写，第4章由黄进峰、郭峰、张尊君、宋西平撰写，第5章由黄进峰、刘熙、周启明、邵磊等撰写，第6、7章由黄进峰、王俊峰、张程撰写，第8章由黄进峰、张程、李俊松、李建强撰写，全书由黄进峰统稿。课题组许多研究生及教师参与了本书相关课题的研究工作，包括王俊、施立发、余红燕、杨文斌、张宝燕、窦梦阳、刘建伟、杨兵、赵超、马旻昱、王宏亮、周启明、刘凯、李德晨、喻嘉斌、解国良、段先进、张弛、沈玉萍、罗利涛、王亚宇、钟文靖、梁斌、李洪莹、熊家帅、杨文斌、李书开等，此外，张诚、窦彩虹进行了大量的后期整理等工作，在此一并表示感谢！

　　本书涉及多学科和专业交叉，由于作者学识水平和知识面有限，书中不妥之处在所难免，恳请广大读者批评指正。

黄进峰

2021 年 8 月

目　　录

第1章 绪 论

1.1 枪炮简述

1.1.1 枪炮种类与特点

枪炮武器是以发射药为能源，用身管射击弹丸等战斗部的武器，广泛装备于陆、海、空各军兵种。通常，枪炮武器按身管口径的大小划分类别：20mm 以下的称为枪械；20mm 及以上的称为火炮[1]。其中，在射击过程中主要利用发射药燃气的能量或外部能源来实现自动装填弹药并连续射击的枪炮称为自动武器。通常用"枪炮"一词来统称火炮与自动武器[2]。

战争的多样性决定了枪械与火炮品种的多样性，它们的功能各有侧重，轻重梯次配置，和其他武器相互补充、优化组合，形成完整的装备和火力体系[3]。

枪械是步兵突击火力的重要组成部分，用于近距离杀伤敌方有生力量，压制火力点，攻击陆地轻型装甲目标、低空目标、小型船只，是进攻和防御中作战的有效武器，也是三军主要的自卫武器，具有机动灵活、不受地形气象条件约束、适应性强、勤务保障简便等特点[4]。枪械按枪管内腔结构可分为滑膛枪和线膛枪；按使用对象可分为军用枪、特种枪、猎枪、运动枪、教学枪、防暴枪等；按作战用途可分为手枪、步枪、冲锋枪、机枪、特种枪等；按结构和动作方式可分为半自动枪、全自动枪、转膛枪、气动枪等；按口径大小可分为大型、中型、小型、微型；按重量可分为重型、轻型、微型[5]。枪械在名称上可同时反映以上分类方法，如重型机枪、微型冲锋枪、小型运动步枪等[6]。

火炮是战场上常规武器的火力骨干，配置于地面、空中、水上各种运载平台上[7]，进攻时用于摧毁敌方的防御设施，杀伤有生力量，摧毁装甲车辆、空中飞行物等运动目标，压制敌方的火力，实施纵深火力支援，为后续部队开辟进攻通道；防御时用于构成密集的火力网，阻拦敌方空中、地面的进攻，对敌的火力进行反压制；在国土防御中用于驻守重要设施、进出通道及海防大门[8]。火炮具有火力密集、反应迅速、抗干扰能力强、可以射击制导弹药和灵巧弹药以实施精确打击等特点。火炮按用途分为压制火炮(榴弹炮、加农炮、火箭炮、迫击炮等)、高射炮、反坦克炮(含无坐力炮、单兵火箭)、坦克炮、步兵战车炮、航炮、舰炮和海岸炮等类型；按行走方式分为牵引炮、自行炮、轨道炮、铁道炮等类型[9]。

1.1.2 枪炮发展

我国是枪炮的发源地,最早于公元前5世纪战国时期就出现了抛石机,在北周和隋唐时期西传,先为早期的阿拉伯人使用,后传入欧洲。公元7世纪,唐代医药学家孙思邈发明了黑火药,其于10世纪初开始用于武器。抛石机除了抛射石块外,还抛射带有燃爆性质的火器,如霹雳炮、震天雷等。在抛射的能源以黑火药代替人力后,抛石机便发展为"炮"。

朝代更替轮回,火器也在战争中逐渐演化升级,人们发现把火药放在管通容器里引爆使火力从管口喷出,不但具有很强的方向性,而且火力集中,杀伤力大,具有随身携带、机动性强、移动方便等优点。公元1132年(南宋绍兴二年),陈规镇守德安城时发明了火枪。火枪用竹筒制成,竹筒就是后来身管的雏形,内装火药,临阵点燃,通过喷火烧敌;据《宋史·兵志》记载,公元1259年(宋开庆元年),寿春府"又造突火枪,以巨竹为筒,内安子窠,如烧放焰绝,然后子窠发出如炮声,远闻百五十余步"。突火枪这种竹制抛射火器同时具备了火药、身管、弹丸3个基本要素,可以认为它就是枪炮的雏形。随着抛射火器品种的逐渐增多,手持的火器演化为枪械,其他火器演化为火炮。

突火枪虽对所指方向人员具有一定的杀伤力,但是竹制身管强度太低,装药量稍大就有可能出现爆炸现象。战国中晚期,中国冶炼与制造铁器的技术工艺也已处于成熟阶段,为了保证火器使用的安全性,由铜、铁金属制造的火器管筒应运而生。枪或者炮统称为"铳",明代学者邱浚的《大学衍义补·器械之利》中说:"近世以火药实铜,铁器中,亦谓之炮,又谓之铳。"有研究表明,在已出土的公元140年以前制造的、见诸报道的铜铳中,没有发现口径为4~9cm的铳,出土铜铳的口径,或者大于9cm,或者小于4cm。如果这种现象属实,则说明当时只生产两类铳:口径大于9cm和口径小于4cm的。前一类口径大、装药多、火力强、比较重,即后世所称的炮(管);后一类口径小、装药少、火力弱、比较轻,即后世所称的枪(管),同时表明当时枪管已经开始产生分化。这一时期,火器已广泛用于战场,被世人尊称为"铜将军"。

用铜、铁金属材料代替竹制材料制成"铳",是枪管历史中的一次巨变。如今的枪管、炮管以及现代武器的绝大部分,都是在金属材料的基础上发展起来的。

13世纪,我国的火药和火器沿着丝绸之路传入欧洲。19世纪中叶以前的火炮(枪)一直采用前装式滑膛身管,射击球形弹丸,威力有限。1823年,硝化棉火药(无烟药)出现,使火炮和枪械的射程有了大幅度的提高。19世纪中叶,出现带螺旋膛线的线膛身管,实现了射击锐头圆柱弹丸的设想,膛线迫使弹头在枪管里产生螺旋向前运动,相对地延长了火药燃气给弹头做功的时间,使弹头获得较多的能量,初速提高,射程更远。弹头在炮(枪)管里做螺旋向前运动,在射出炮(枪)口后,依靠惯性仍然做螺旋向前运动，从而保持稳定的飞行轨迹，显著地提高了火炮与枪械的射击密集度和射程。

膛线发明后，火炮与枪械发展迅速，普奥战争爆发前，欧洲人在枪管后部设置弹膛，发明了枪身后端快速装填弹药的新结构，为现代武器(后装枪)的诞生创造了条件。

近一个世纪以来，随着科学技术的进步以及战争需求的推动，自动武器种类快速更新，作战性能不断提高。火炮的发展历程大致经历了三个阶段：牵引式、自行式、车载式。在第一次世界大战中，战场上出现了坦克，在第二次世界大战中，战斗机、导弹相继投入使用，火炮因其抗击目标种类多、抗干扰能力强、反应时间短等优势，故其存在越发重要。冷战结束以后，全球范围内地区冲突的加剧和冲突事件的增多，对火炮的性能提出了新的要求，即高机动性、高射击精度、长寿命，在不损失战斗性能的同时向轻型、紧凑型发展。目前，随着导弹的迅速发展，尤其是精确制导导弹的发展，海上舰艇和陆基重要部位的防空要求日益提高。近年来，多场局部战争表明：高价值目标是战争空袭中主要和首先被打击的对象。防空导弹虽射程远、命中精度高，但难以应对超低空中飞行的武装直升机和许多低空突防的巡航导弹，故无法单独完成野战防空任务。小口径高炮具有火力猛、反应快、重量轻、机动灵活、隐蔽能力和抗电子干扰能力强、操作简单、维护方便、装备费用低等突出优点，成为低空突防的有效克星，在历次现代防空作战中，都发挥了重要作用，并取得了显著效果。1973 年 10 月的第四次中东战争，以色列共损失飞机 120 架，其中被 23mm 高炮击落的占 55%，在埃及军队突破"巴列夫"防线的一次战斗中，前三小时以色列军队飞机就被埃及军队 23mm 高炮击落 18 架。1982 年，马岛战争中，马岛阿根廷军队的地面防空力量只有一个防空营，但它的 30mm 和 40mm 高炮却击落了英国军队 11 架飞机，占英国军队损失飞机总数的 32%。1991 年，在为期 43 天的海湾战争中，伊拉克军队的防空导弹只击落了 10 架敌机，占多国部队损失战机的 16%，高炮击落敌机却有 54 架，占总数的 84%，而且击落了 2 枚"战斧"式巡航导弹。1998 年 12 月 17 日，美国及其盟友对伊拉克发动了代号为"沙漠之狐"的空中打击，美国军队在前两天射击了 305 枚巡航导弹，但其中的 77 枚被 23mm 高炮的密集炮火击落。1999 年 3 月爆发科索沃战争，南联盟防空军在 6 天中，用小口径高炮击落 13 架北约飞机，包括 F-117A 隐形飞机，以及 30 枚巡航导弹。1999 年 5 月南联盟防空部队击落了 47 架北约飞机、4 架直升机、21 架无人驾驶飞机和近 100 枚巡航导弹，其中 80%以上被小口径高炮击落。

小口径速射武器是近程武器系统的重要组成部分。然而 20 世纪 50 年代西方国家曾一度削弱了小口径火炮的研究力度，将开发重点倾向于发展导弹，美国甚至将陆军高炮转为国民警卫队和预备队，导致 60 年代越南战争中大量的美军飞机被高炮击落，使得上述忽略高炮发展的观点被战争所否定。当今近程武器系统是各国争相发展的重点，而且开发海、陆、空三军通用的武器类型成为当前的趋势。70 年代，特别是 80 年代以来，发达国家陆续开发出各种基于自动原理的小口径自动火炮，主要有以下几类：

(1) 利用气退式(导气式)原理的瑞士厄利孔公司生产的 KAB、KBB、KCB、KDF 等多种口径自动炮；

(2) 利用管退式原理的瑞典博福斯公司生产的 L/70 型 40mm 高炮；

(3) 利用转膛原理的法国 30mm "德法" 航炮和俄罗斯 HH-30 型 AK-230 舰炮；

(4) 利用转管原理的美国七管 30mm GAU-8/A 航炮和俄罗斯六管 30mm AK-630 舰炮；

(5) 利用链式原理的美国休斯公司 25mm M242、30mm XM-230 式炮。

日本海军将领曾指出，没有近程武器系统就谈不上是海军。虽然该说法很极端，但近年来的战例充分说明了对小口径速射武器需求的迫切性。例如，由于缺少速射武器，1991 年海湾战争中，美舰 "斯塔克号" 被伊拉克的法制 "飞鱼" 导弹重创；马岛战争中英舰 "谢菲尔德号" 被 "飞鱼" 导弹击沉等。此外，美国及其盟友对伊拉克发动的 "沙漠风暴" 行动中，第一批导弹攻击就造成伊拉克的雷达站、指挥系统等重要部位几乎被毁。近年来，各国发展的近程武器系统详见表 1.1。

表 1.1　各国发展的近程武器系统

系统名称	研制国家	生产厂商	结构	火炮口径/mm	联装数	射速/(发/min)	全弹重/g
"密集阵" PHALANX	美国	通用动力公司(通用电气公司)	集装整体式	20	6(格林炮)	3000	252
"海上卫士" SEAGUARD	瑞士	康特拉夫斯公司(厄利孔公司)	模块分布式	25	4	3400	615
"守门员" GOALKEEPER	荷兰(美国)	信号公司(通用电气公司)	集装整体式	30	7(格林炮)	4200	685
"萨莫斯" SAMOS	法国(美国)	萨吉姆公司(通用电气公司)	集装整体式	30	7(格林炮)	4200	685
"卡什坦" КАЩТАН	俄罗斯	图拉仪器制造设计局(俄联邦机械设计局)	集装整体式	30	2×6(格林炮)	10000	830
"米瑞德" MYRIAD	瑞士(意大利)	塞莱尼亚·埃尔塞格公司(厄利孔公司)	模块分布式	25	2×7(格林炮)	10000	615

小口径速射火炮作为防御导弹、飞机等空中攻击的最后一道防线，对其性能

要求迅速提高，当前世界各国都在发展适应自己需求的高性能速射武器。俄罗斯"卡什坦"系统中的 AK-630 舰炮就是典型代表之一，其射速可达到 5000 发/min。意大利研制的"万发"系统还解决了迟发火问题。德国的"德雷肯"系统和瑞士的"千发"系统都使用了转膛炮。现代战争对高作战性能速射武器和身管材料性能的要求如下：

(1) 高射速。当导弹速度达到 $2Ma \sim 3Ma$ 时，需要速射武器系统多管总射速达到 9000 发/min，这就意味着身管材料达到射击极限时需承受更高的温度。

(2) 高精度。近程武器系统(弹/炮结合)，如表 1.1 中"卡什坦"系列中的 AK-630，属于弹/炮结合系统，除了配备 12 管速射火炮以外，还配备 8 枚反导弹，分别应对 10km 以内和外层攻击，对亚声速反舰导弹，命中率为 95%，但应对"灵巧、智能"导弹则无能为力。更高的精度要求意味着必须进一步提高身管材料在射击过程中的抗变形、抗振动性能。

(3) 大威力。对于采用弹道末段蛇行和天顶攻击的智能导弹，即使是"弹雨"或"弹幕"等近程武器系统，命中的炮弹数目也将大幅减少，所以必须采用更大的射弹动能才能将目标击毁，这意味着身管将承受更大的膛压。

(4) 长寿命。当应对饱和攻击和连续攻击时，导弹可以形成目标流，即使速射武器可以连续射击，也不能保证自身的绝对安全，现在速射武器连续射击的时间普遍都有限制，作为重要部件的身管，长寿命是生存的前提条件。

美国的火炮专家施蒂弗尔指出，身管材料已成为速射武器发展的关键。现代化战争要求武器战斗性能提高，但武器寿命却缩短了，所以延长身管寿命成为亟待解决的问题。目前，制约火炮发展的最主要问题是身管材料的使用寿命偏低和不稳定，其中最关键的问题是如何认识制约和影响其使用寿命的本质因素，即炮钢的失效本质和寿命与炮钢性能、火药成分等之间的关系。研究发现，身管失效行为与机理是火炮发展的必然要求。

1.2　身管使用工况与身管材料

1.2.1　身管使用工况

枪炮是以火药为能源，利用火药在身管内燃烧产生的气体能量射击弹丸等战斗部的武器。身管不仅要承受高温高压燃烧火药气体的烧蚀作用，还要承受高速运动弹丸对它的机械磨损作用。射击时，在弹丸沿内膛加速的几毫秒内，火药爆燃产生的高温火药气体，使身管内膛瞬间达到很高的温度和压力。内膛燃气瞬时温度可高达 $2500 \sim 3800K$，此温度取决于发射药的成分，它能使内膛表面瞬时最高温度达 $1100 \sim 1800K$。在速射武器连续射击时，周期性的热流脉冲不断重复作用于身管内壁，身管内壁的热累积非常严重，随着射击发数的增加，身管内壁出现软化、热相变，温度更高的时候甚至熔化。热作用的时间极短，小口径武器仅为 1～2ms，因此在每次射击时距离内壁 0.5mm 处温升为 50K 左右，射击后，内膛迅速冷却，射击瞬间内壁热量来不及向外传递，身管内壁沿径向存在很大的温度梯度，造成了很大的热应力[10]。火药爆燃导致压力、温度的周期性变化，还会引起作用于身管内膛表面的交变应力。弹丸在燃气压力的作用下向前运动，弹带挤入膛线，建立的接触应力高达几百兆帕，接触面上的温度也急剧上升。热量通过强迫对流和辐射的形式从高温燃气传入膛壁，使壁面温度进一步上升，高温不仅降低了材料的机械强度，也加快了与射击药燃烧产生的热气体的化学反应。这些热气体可能包括 CO、CO_2、H_2、H_2O、H_2S、SO_2、N_2、NH_3、NO 和 CH_4。身管短暂的射击寿命使人们认为：比较活泼的、不稳定的物质(如目前已知的 H、OH、N、O、NH_2 和 HCO 等)因在钢表面的再次化合而对提高表面温度起着促进作用[11]；未燃烧的射击药固体颗粒或火药气体产物的碎屑与身管发生摩擦作用；燃烧产物和冷凝物在内膛表面产生裂纹并在缝隙中积聚，因此还会有随后的环境温度腐蚀[12]。身管工况示意图如图 1.1 所示。

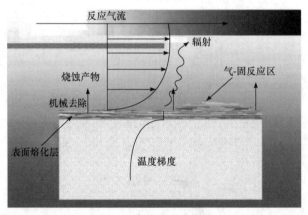

图 1.1　身管工况示意图

火炮射击时，燃烧的发射药产生具有很高压力的气体，使弹丸加速穿过炮膛，直到以预定初速离开炮口。弹丸在身管内膛的运动过程中，身管内膛受到热因素、化学因素和机械因素的综合作用，并且这些因素往往是相互关联的。通常认为烧蚀磨损随内膛温度而变化，但对造成烧蚀磨损的原因和不同影响因素的相对重要性仍存在争议，造成争议的部分原因是这些因素在不同的身管、不同的射击规范以及不同的位置都具有不同的重要性[13,14]。

1. 热因素

火药气体对膛壁的热作用是引起烧蚀磨损的一个重要因素，热作用主要导致三种破坏现象：身管内膛表面热软化、热相变和熔化[15,16]。

身管内膛表面热软化程度受射击条件的影响，对于低射速枪炮身管，射击弹药数增多使得身管内膛表面软化加重，火药燃气对身管内膛表面的冲蚀变得敏感。特别是对于高射速枪炮身管，连续射击导致持续传热，可造成身管内膛表面较大厚度材料的软化。

高温火药燃气的热作用，可能使身管内膛表面金属薄层达到热相变点以上，从而使表层材料发生热相变，转变为奥氏体。这种奥氏体在高温高压下很容易同火药气体中的 O、C 等化学元素形成低熔点的产物。而射击后内膛迅速冷却，内表层金属也会部分形成马氏体，马氏体没有经过回火的过程，其中很可能存在龟裂。这样不断发生的热相变，更易与火药燃气发生化学反应，因此更容易被烧蚀。

图 1.2 为某火炮单位面积热量输入与烧蚀量关系，由图可知，身管的烧蚀磨损和火炮内膛所受到的热量有很强的相关性，内膛单位面积热量输入增加时，身管内膛的烧蚀量也随之增大，烧蚀量的增大趋势大致呈指数规律上升，这反映了热因素对火炮烧蚀磨损起主导作用。

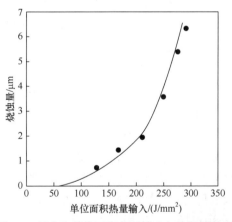

图 1.2 某火炮单位面积热量输入与烧蚀量关系

2. 化学因素

枪炮发射药无论是单基药、双基药还是三基药，都是由 C、H、O、N 组成的，因而装药燃烧所生成的火药气体成分也较为类似，一般主要由 CO、CO_2、H_2、H_2O、N_2 组成，还可能含有少量的 NH_3、CH_4。除了这些主要的成分外，还会有微量($1.0×10^{-2}$ mol/kg 火药)的其他成分，如 KOH、HCN 等[15,17]。射击时，内膛表面存在化学反应，化学反应的速率取决于所用火药的类型及气体混合物的温度。

在火炮射击过程中，固体推进剂燃烧会生成 CO、CO_2、H_2、H_2O 和 N_2，产物的比例取决于特定的公式。为研究这些气体的腐蚀行为，一些研究人员通过分析大量试验射击数据，总结出各种气体的腐蚀关系。Lawton[18]通过不同推进剂火药对未镀层的炮管进行烧蚀试验，认为每轮射击之后的直径磨损应该符合式(1.1)。

$$W = A\exp\left[\Delta E/(RT_{max})\right] \tag{1.1}$$

式中，T_{max} 为射击过程中炮膛最高温度；ΔE 为活化能；R 为摩尔气体常数；A 为与推进剂成分有关的量。

$$A = \exp(0.23f_{CO_2} + 0.27f_{CO} + 0.28f_{H_2O} + 0.74f_{H_2} + 0.16f_{N_2} + 1.55f_R - 31.36) \tag{1.2}$$

式中，f 为每种气体的体积分数，%；f_R 为分离的产物。

从式(1.2)中可以看出，H_2 腐蚀性最强，N_2 腐蚀性最弱。在 Lawton 的较完善的关系式中，H_2 仍然是腐蚀性最强的气体，但 CO_2 和 H_2O 是腐蚀性最弱的气体。关系式中的这个变化作为试样的函数表明，应在实际射击过程中小心地使用合适的推进剂。然而 Lawton 的关系式中没有解释为什么腐蚀性与推进剂的成分有关。Kimura[19]在对最初的关系式分析的基础上，发现气体种类 i 的腐蚀系数大约与它的摩尔质量 M_i 的倒数是平方根的关系 $\sqrt{T/M_i}$，因为气体种类的热传导是相似数量的函数 $\sqrt{T/M_i}$，Kimura 假定气体种类浓度影响腐蚀的变化对应着从气体到炮膛表面的热传递变化。Kimura 进行了气体成分单独的热效应和化学效应研究，估计了在总的腐蚀中每种气体的化学腐蚀相对强弱，如式(1.3)所示。

$$CO_2 > CO > H_2O > H_2 > O_2 > N_2 \tag{1.3}$$

一般认为推进剂气体引起的腐蚀是通过两种过程进行的。首先，热的气体与内膛表面金属材料之间发生化学反应产生弱的、低熔点的化合物，这些化合物易于在热过程和机械过程中被移走；其次，呈射线状流动的气体在热驱动下快速扩散[20]，从内膛表面扩散到次表面，成为内膛金属晶格中的间隙原子，从而改变了身管钢的结构、物理性能和熔点，使材料的强度降低，脆性增大，材料更易于被腐蚀[21]。国外针对腐蚀性火药燃气对身管内膛的化学作用开展了大量研究[22-28]，枪炮身管射击时化学因素的作用包括以下过程。

1) 渗碳

含碳的推进剂燃烧产生 CO 和 CO_2，通过化学反应在热气体与炮膛界面处提供碳原子，见式(1.4)和式(1.5)[29]。

$$2CO = C + CO_2 \tag{1.4}$$

$$CO = C + O \tag{1.5}$$

随后碳进行扩散，并与身管材料结合形成固溶体。虽然渗碳会增大表面硬度，但是过多的碳可能在冷却过程中析出，碳以铁的碳化物形式析出，见式(1.6)。

$$3Fe + 2CO === Fe_3C + CO_2 \tag{1.6}$$

虽然渗碳体是形成的最典型碳化物，但是有证据表明，其也会产生 Fe_2C、Fe_5C 和 $Fe_{20}C_9$[30]。渗碳体会增大身管内膛表面的脆性，同时降低材料的熔点，使材料易于在热过程和机械过程中被破坏。

2) 氧化

推进气体中的氧会扩散到金属表面并形成氧化产物，过程类似于渗碳体的形成。反应最初发生在气体与金属的界面，随后发生在生成的氧化层与未受影响的金属之间的次界面。铁的氧化物形成一个脆性层，易形成裂纹，也容易被腐蚀[31]。对于未镀层的身管内膛，氧化还可能降低表面熔点 100～200K，因而促进了热腐蚀，内膛的氧化通过式(1.7)进行。

$$Fe + CO_2 === FeO + CO \tag{1.7}$$

Kimura[32]提出了在化学影响区形成 FeO 和 Fe_3C 的不同途径。在相同的反应中包括铁的碳化物和铁的氧化物的形成，见式(1.8)和式(1.9)。

$$4Fe + CO === FeO + Fe_3C \tag{1.8}$$

$$5Fe + CO_2 === 2FeO + Fe_3C \tag{1.9}$$

两个反应都强烈地放热，产生的热量大约相当于推进剂燃烧热的 1/2。Kimura 认为式(1.9)比式(1.8)更容易发生，较热的推进剂趋于产生更多的 CO_2，因此产生的 FeO 多于 Fe_3C。Kimura[32]的推测机制，支持推进气体中的 CO/CO_2 作为化学影响区成分的重要决定因素这个观点。

3) 氢致腐蚀、脆性和裂纹

虽然研究者都普遍认为化学腐蚀主要是渗碳和氧化作用，但也有不少研究者认为 H_2 是主要的腐蚀气体[33,34]。Alkidas 等[35]是最早支持 H_2 腐蚀观点的，他们提出内膛表面的 Fe 会与水反应生成气态的 $Fe(OH)_2$，因而 $Fe(OH)_2$ 蒸发导致基体的烧蚀。渗碳可能会增强这个效果，CO 和 CO_2 中的碳扩散到基体后，残留的氧会被 H_2 吸引，产生额外的水蒸气，从而增加了 $Fe(OH)_2$ 产物。

Lawton 推导的气体种类和腐蚀程度的式(1.2)中将 H_2 归类为腐蚀性最强的气体。Lawton 认为是氢原子扩散到基体与碳反应，炮钢脱碳[36]，脱碳后内膛表面过度软化，因而促使腐蚀发生。

Sopok 等[37]还将内膛的开裂归于氢致开裂，认为在基体材料晶格中间隙氢原子的出现降低了材料的强度和韧性，引起开裂，促进脆性失效。同时，氢可被未被氧化的裂纹表面吸收，降低裂纹扩展所需的表面能，促进裂纹的扩展。

4) 氮的保护作用

推进气体中的氮是腐蚀性最弱的，有研究者还认为氮对身管有保护作用。

Lawton 发现即使火焰温度再高,那些多含 N_2 或少含 H_2 的推进剂都趋向于低腐蚀[38]。Kimura[32]通过热传递作用做出解释,也认为 N_2 是化学保护气体。

身管射击前氮化可能有助于通过硬化表面减少腐蚀,氮化也可能发生在射击过程中,通过推进剂气体中的氮扩散到基体发生氮化。虽然在射击过程中身管暴露于热的含氮气氛中时间很短,但是由于身管内膛表面温度高于正常氮化温度,所以是有条件发生氮化的。Hirvonen 等[39]在高氮含量推进剂射击后的内膛表面附近发现了高的氮含量(8%),还发现了燃烧导致的氮化会降低腐蚀。Conroy 等[27]认为增加推进气体中的氮含量可能会阻止 CO 和 CO_2 分离,从而减轻渗碳。

3. 机械因素

内膛气-固混合流体的机械冲刷作用是内膛表面不断耗损的主要原因。气-固混合流体很容易带走松散的氧化膜,气流随着弹丸的前进有很强的剪应力,带着固态和液态生成物一起运动[40-42]。火药气体压强的其他机械作用包括身管的膨胀和内壁龟裂。虽然膛压应力对材料的迁移不起直接作用,但引起了内膛龟裂,使裂纹扩展,最后导致材料剥落,加重烧蚀。

需要特别注意的是:当身管温度上升时,身管弹性极限下降。弹丸的反复挤进,使阳线撑大、开裂与剥落,气体的冲刷也引起身管内膛永久变形,从而导致挤进失效。在沿膛壁向前运动时,弹丸会对内壁表面产生压力。弹丸挤进过程需要相当大的力,因此弹带对身管的压力在膛线起始部位最大。由于需要赋予弹丸旋转的力,所以阳线的导转侧变形也最大。由弹带和内膛间径向应力产生的摩擦,对膛壁也有一定的磨损作用。

1.2.2 身管材料

1. 身管材料的性能要求

身管作为速射武器最核心的构件,不仅要经受高温、严寒、雨雪、风沙等各种恶劣环境的考验,还需要承受高温、高压、高速腐蚀性气体的烧蚀冲刷,以及交变载荷挤压和磨损等多种因素的综合作用,工作条件最为恶劣。随着现代战争对武器性能要求的逐步提高,伴随其他高新技术在武器研发中的应用,作为武器基础的材料已成为武器充分发挥效能的瓶颈。身管在武器的高精度、紧凑、轻型方面起着至关重要的作用,这也对作为枪炮最为关键的材料——身管钢提出了更高的要求[43],主要包括以下几方面:

(1) 优异的低温、室温强韧性。枪炮是重要的常规武器之一,世界各国对枪炮的发展一直都很重视,尤其是近年来,地区冲突和局部战争加剧,对枪炮的发展提出了新要求,对枪炮的威力、射速、重量、机动性等要求也日益提高,故提出了加强紧凑型、轻型、高机动性、长寿命枪炮的研究[44]。身管必须同时具备高强度、高韧性，特别是低温韧性，以保证材料在寒冷地区使用的安全性。

(2) 高的比例极限。在枪炮射击过程中，火药等推进剂在很短时间内爆燃，瞬时产生高温、高压的气体，因此身管快速升温的同时要承受很大的横向拉应力；在连续射击状态，后续射击过程中身管钢还要在比较高的温度下服役，这就要求身管钢必须具有高的比例极限，以避免身管在射击后出现材料由于经受高温、高压作用产生的塑性变形，从而出现身管膨胀。

(3) 高的高温性能。受炮钢工作环境的制约，炮钢的高温性能不同于常规材料，如蠕变、高温持久强度、低周疲劳等，虽然在这方面国内外已经做了大量工作，但受射击环境限定，所得结果只能起参考作用。分析表明：炮钢在高温下应具有良好的高温力学性能，即在对应温度下，炮钢要有良好的强韧配合[45]。

(4) 良好的抗烧蚀能力。烧蚀一直是国内外针对提高身管的寿命、精度等性能开展研究的重要方向。在目前以火药为推进剂的情况下，身管钢在射击后会出现文献[18]、[19]和[28]～[32]中报道的灰层(铁的硫化物和氧化物)和白层(钢淬火、渗碳和渗氮后形成的马氏体等组织)，说明身管失效与基体材料密切相关。

(5) 良好的机械加工性能和经济性。身管加工工艺复杂，需经历钻孔、珩磨、冷精锻、车/铣/磨屑加工，加工工序多达 100 余道。为适应大批量生产的要求，身管材料应具有较好的切削加工性能。

随着火炮和自动武器在威力、射速、机动性等方面的要求日益提高，身管服役工况愈加恶劣，长期存在的问题也愈加严重，具体表现在部件使用寿命不能满足要求，成为存在多年并亟待解决的难题。现有身管材料，如 30SiMn2MoV、30CrNi2MoVA、32CrNi3MoVE 和 PCrNi3MoVA 等，虽然室温强韧性良好，但高温强度低。在速射武器射速不断增大，火炮、枪械威力不断提高，射击过程中内膛金属温升加剧的情况下，身管寿命低的问题日益严峻，已不能满足战术技术要求。为了进一步延长身管的寿命，身管材料不仅需要具有良好的室温韧性和低温韧性，还需要具有良好的高温性能，如高温强度、高温硬度、热稳定性、红硬性和高温疲劳性能等，这样才能在火药威力和膛压都增大的情况下，具有较长的服役寿命。国外在 20 世纪中期已开始研究新型身管材料，国内也迫切需要研制出高性能的身管新材料。

同时，身管在实际工作时，某些部位会承受交变载荷的作用。随着身管寿命越来越长，火药性能的提高对身管带来的作用力越来越大，疲劳破坏在其失效过程中出现的频率越来越高。现代化新形势下对武器性能的要求越来越高，新型火药的研制使射速和膛压都越来越大，随之而来的是身管承受的作用力急剧变大。同时，基于某些部件的设计及加工方式的原因，材料表面某些部位不可避免地出现了应力集中现象，身管在实际使用过程中难免出现裂纹。所以，身管的疲劳破坏及其疲劳寿命已越来越受到人们的重视。

2. 国内外现用身管材料情况

身管寿命，取决于身管、弹丸结构、弹道设计，以及发射药化学、材料性能等多种因素[46,47]。身管材料是速射武器身管的重要影响因素，也是决定身管安全性和使用寿命的关键。自1833年钢取代铸铁作为身管材料以来，身管钢的强度、韧性等在整个行业范围内得到了极大的提高。直到现在，人们仍在提高材料综合性能以满足内膛严酷工况对材料的要求[48,49]。

对于身管材料，有几项基本要求：①具有足够的室温强度和高温强度，以保证在室温和高温、高压作用下身管不变形；②具有较高的常温韧性和低温韧性，以提高材料疲劳寿命和保证寒冷地区使用的安全性；③具有较高的化学稳定性和热稳定性，以抵抗大气和火药气体的腐蚀；④具有较高回火温度，充分消除身管内应力降低延迟破坏的危害；⑤良好的机械加工工艺性能，以适应大量生产的要求。

20世纪40年代，身管钢均以铬钢和铬锰硅钢为主，如30CrMnSiA等，50年代逐渐使用镍铬钼钢，如PCrNi1Mo钢，到60～70年代，随着使用强度级别的提高，枪炮身管材料开始大量采用铬镍钼钒钢，如4337V、4330V+Si等[44]。合金元素含量的增加往往给炮钢的均质性能和工艺性能带来负面影响，因此在满足力学性能要求的情况下，身管钢应尽可能采用低合金含量。20世纪90年代前国内外典型身管钢见表1.2，各国中、小口径身管均采用低合金结构钢制造，其中，美国采用铬钼钒系列，苏联采用铬镍钼钒钢，合金元素含量随身管口径的增大而略有提高。国内现有身管钢也主要是Cr-Mo-V系和Cr-Ni-Mo-V系等高强度低合金钢，如PCrNi3MoVE、30CrNi2MoVA、32Cr2Mo1VE等。

表 1.2　20世纪90年代前国内外典型身管钢[49]

国家	产品举例	主要化学成分或钢号等					
		C	Si	Mn	Cr	Mo	V
日本	7.62mm 机枪	0.38～0.45	0.15～0.35	0.6～0.85	0.95～1.25	0.55～0.7	—
美国	20～30mm 高炮 12.7mm 机枪	0.35～0.45	0.20～0.35	0.75～1.0	0.90～1.50	0.20～0.40	0.20～0.30
联邦德国	30mm 炮	0.32	0.25	0.40	3.0	1.0	0.3
苏联	30mm 航炮 30mm 舰炮 57mm 高炮	30CrNi2MoVA，35CrNi3MoV					
瑞士	30mm 高炮	32CrMoV12-10					
中国	—	Si-Mn 系、Cr-Mo-V 系、Cr-Ni-Mo-V 系					

目前，国内外的身管钢均在调质态使用，以获得优良的强韧性配合。在成分特点上，碳含量一般为 0.3%～0.4%，碳的加入可提高材料强度和硬度，并与强碳化合物形成元素 Mo、V 结合形成合金碳化物进行第二相强化，保证炮钢强度的需要，同时将碳控制在较低范围以保证材料韧性的要求。铬能提高炮钢淬透性和抗氧化性，提高材料的抗烧蚀性能，可扩宽 M_2C 的析出强化温度范围，从而使炮钢具有较好的热稳定性。镍主要是提高材料的塑韧性，尤其是低温韧性，降低冷脆转变温度。钒形成碳化物，细化晶粒，强化基体。炮钢的选择除根据身管所需力学性能外，还需要考虑身管尺寸所需的淬透性，例如，薄壁枪管钢对材料淬透性要求较低，而火炮身管钢则要根据身管尺寸选择高淬透性材料。

力学性能方面，为适应火炮与自动武器对材料要求的提高，身管钢的屈服强度总体呈上升趋势。美国曾经四次修改炮钢标准，在第二次世界大战时，炮钢屈服强度 $\sigma_{0.1}$ 仅为 490MPa，1953 年即提高至 880MPa，1965 年最高级别达到 1330MPa。这类超高强度钢材在冶炼时，除了采用电炉冶炼+电渣重熔工艺外，往往还需要进行真空除气，对铁矿石也有非常高的要求，材料生产成本很高。美国在越南战争和中东战争中积累大量经验，随着身管材料使用中对强度与塑韧性重要性的设计思想的变化，1976 年将最高级别下降至 1260MPa[50]。20 世纪 70 年代以后，为保证身管安全，某些枪炮身管钢的屈服强度 $\sigma_{0.1}$(苏联和我国用 $\sigma_{0.2}$)降低到 785～930MPa。随着断裂力学理论的研究进展，一些先进发达国家早在 20 世纪 70 年代已将断裂韧度 K_{IC} 列入身管钢的技术条件[51]。材料性能要求愈加严格，推动了高强韧性炮钢的发展。

现有身管材料在常温下具有强度和韧性的良好配合，但在高温下高温强度较低，表 1.3[52]为几种典型国内外身管钢在 973K 高温下的高温强度。随着武器射速不断增大，火炮威力不断提高，射击过程中，在内腔金属温升加剧的情况下，身管寿命下降，已日益不能满足战术技术要求，国外在 20 世纪中期已开始探索新型身管材料与工艺技术，国内也迫切需要更高性能的新型炮钢材料和技术的创新与开发。

表 1.3 几种典型国内外身管钢高温力学性能

测试温度/K	身管材料	抗拉强度/MPa	屈服强度/MPa
973	PCrNi3MoVE	176	100
	25Cr3Mo3NiNbZr	425	320
	30SiMn2MoV	190	100
	32Cr3Mo1V	220	125

3. 身管新材料情况

随着火炮与自动武器的发展，高膛压、高初速、高射频武器身管内腔的烧蚀磨损加剧，身管寿命问题愈发严峻，各国采用了多种新材料和工艺技术以提高身管耐高温、耐烧蚀性能。

美国岩岛兵工厂[53]将传统 Cr-Mo-V 系钢，铁基高温合金 Armco21-6-9、Armco22-4-9、A286、CG27、Pyromet X15，镍基高温合金 Inconel718、Udimet700、钴基高温合金 HS25(L605)等十余种材料加工成 7.62mm 机枪枪管或内衬管，并在 M134 和 M60 两种型号的机枪上进行了不同规范下的射击测试，实弹射击寿命结果见图 1.3 和图 1.4。试验发现镀铬可大幅提高枪管寿命，镀铬后枪管耐烧蚀磨损性能优于未镀铬枪管。未镀铬枪管失效是由于枪口的磨损，而镀铬枪管失效是由

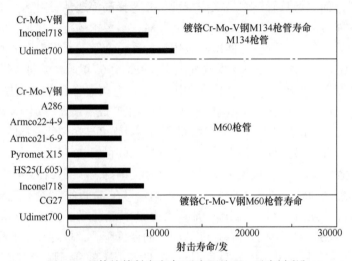

图 1.3　整体枪管射击寿命(无表面处理、无内衬)[44]

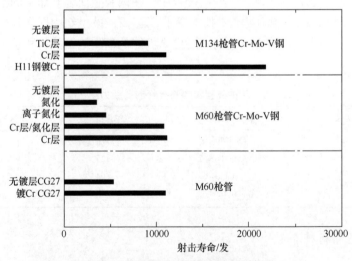

图 1.4　内膛表面处理枪管射击寿命[44]

于弹膛附近的烧蚀。在未进行任何表面处理的情况下，枪管寿命均随高温强度的增大而增加，M60 机枪装配未镀铬的 Udimet700 枪管，寿命接近 10000 发，与镀铬普通 Cr-Mo-V 系枪管寿命相当。

20 世纪 70 年代，美国 WECOM 武器实验室开展了先进枪管材料与制备技术研究，在新材料与枪管制备技术方面做了大量研究工作[54]。通过模拟射击试验、强度和韧性测试、高温硬度检测、疲劳性能测试等相结合的方法对十余种材料进行了综合评估，最终筛选出高温合金 CG27(13Cr38Ni5MoCo2.5Ti1.5Al)、热作模具钢 H11(4Cr5MoSiV)、钴合金(50Co29Fe20W1C)三种材料进行枪管试制。通过热挤压、冷精锻制备出枪管，并在内腔进行了镀铬，制造出 7.62mm 枪管用于 M134 机枪。CG27 和 H11 成功制备出成品枪管，而钴合金加工性能差，在挤压工序中未能成功，随后与采用传统 Cr-Mo-V 系钢制备的标准枪管一同进行了枪管寿命考核试验。表 1.4 为三种材料寿终射击总发数与寿终原因，热作模具钢 H11 枪管射击寿命最高(16291 发，24466 发)，最高约为传统枪管寿命(12068 发，11283 发)的 2 倍，而高温合金 CG27 枪管寿命最低(4036 发，7324 发)。寿终枪管不同截面上内腔直径的测试结果显示，热作模具钢 H11 钢枪管和镀铬 Cr-Mo-V 系低合金枪管严重的烧蚀磨损出现在弹膛附近，而 CG27 镀铬枪管则出现在枪口区域。上述结果的出现可能是由于 H11 钢与铬层有更好的韧性结合，更高的热强性可提供更好的支撑铬层，显示出 H11 钢寿命比普通枪管更长，高温合金 CG27 枪管寿命低可能与高温镍合金的硫腐蚀有关，还可能与脆性引起的枪口开裂有关。

表 1.4　三种材料寿终射击总发数与寿终原因[45]

枪管材料	射击总发数/发	寿终原因
CG27	4036	枪口区出现开裂
	7324	脱靶
镀铬 H11	16291	脱靶
	24466	脱靶
镀铬 Cr-Mo-V 系	12068	脱靶
	11283	弹膛区出现开裂

在美国的另一项研究中[55]，为提高 30mm 口径 XM140 航炮使用寿命，Frederick 等对 CG27、Rene'41、Inconel718、Udimet700、A286 等多种材料进行了对比研究，重点对比了不同材料在高温下的屈服强度(图 1.5)。该研究综合考虑了强度、热膨胀系数、耐冲击性，在 219.1～1366.3K 温度范围内对缺口和应力的敏感性、机械加工性能、焊接性能，经大范围温度变化后的尺寸稳定性、耐磨性、抗冲蚀性、成本等因素，最终选择了铁基高温合金 CG27 和镍-铬-钴合金 Rene'41 制造身管，

与普通 Cr-Mo-V 系钢进行了寿命考核对比。在寿命考核中普通枪管连续射击 266 发 XM639 弹后，炮口破裂；Rene'41 材料身管的表现也令人失望，连续射击 460 发 XM639 弹后，炮口初速下降，21.59cm 处膨胀；而 CG27 炮管显示出最佳性能，虽然此身管不是最佳设计，导致其在射击过程中稍微有一点弯曲，但其精度并没有超标，在 4500 发的寿命射击中经受住了严酷考验。CG27 在此实弹考核中寿命最长，这与前面结果相矛盾，说明了身管寿命的复杂性。

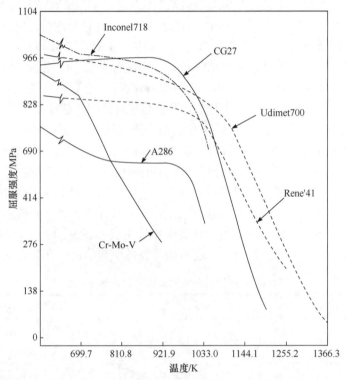

图 1.5　不同材料的屈服强度随温度的变化曲线[47]

　　近年来,美国陆军武器研究发展和工程中心开展了一项包括 16Co14Ni10Cr2MoE 二次硬化型超高强度钢、马氏体时效钢 T200、沉淀硬化不锈钢 PH13-8Mo、5Cr-Mo-V、1Cr-Mo-V 耐高温高强度钢身管的研究[56]，对室温强度及高温强度、冲击功、断裂韧性、锻造性能、机械加工性能、表面镀铬性能等进行了评估，但未见有应用的相关报道。

　　除了进行身管新材料的研究，国外还进行了身管材料复合技术的研究。例如，国外部分用在普通枪管内膛低温收缩衬套的司太立 HS21 合金衬管，用于保护内膛起始部位，司太立合金高温下具有非常好的耐磨性，因此有司太立合金衬管的镀铬身管或未镀铬身管的寿命大幅提高，比常规有衬管身管提高了 2～10 倍，特别是对大威力速射武器[22]。司太立 HS21 钴基合金等材料作为普通身管内衬，用于 7.62mm 口径枪身管，在减少磨损方面取得了显著效果，烧蚀现象大为改观，且寿命较普通炮钢大幅度提高，但用于 37mm 火炮时，没有成功，而且随着初速和射速的继续提高已不能满足要求[20]。通过上述分析可见：①成功的报道仅局限于文献研究方面，未见装备使用报道，而且其工艺复杂，成本高，难以批量生产；②不同工况出现不同结果，采用司太立合金在 7.62mm 口径枪管效果明显，而在 37mm 火炮上却没有取得好的效果。

　　综上所述，国外针对身管材料进行了大量的研究，发现当同一种材料用于不同口径武器的身管时，表现出了极大的差异性，反映出速射武器身管工况的差异性和复杂性。由于身管工况十分复杂，而且不同身管之间工况存在很大差异，所以只靠一种材料、一种技术来解决所有身管寿命问题是不现实的。根据不同的身管工况，研究其所需材料具备的性能，科学选择或专门设计适合该工况的材料，才有可能从根本上解决身管寿命问题。

　　为提高身管寿命，国内也曾在热强钢、高温合金、耐热衬管和内膛镀、复合技术等方面开展了研究[45]。自 20 世纪 60 年代，中国兵器工业集团第五二研究所、重庆特殊钢集团有限公司等单位联合进行了中小口径火炮身管材料的设计和研制工作，先后研制出 Cr-Mo-V 系的 28Cr2MoVA 钢和 32Cr2MoVA 钢，较常用的身管钢性能有所提高。

　　闵恩泽[57]以 27 钢(27MnMoVRE)和 802 钢(30SiMn2MoV)某型号机枪实弹射击寿命测试结果和寿终枪管观察结果为基础，研究了枪管用钢的热强性与抗烧蚀性能的关系，发现热强性较高的 27 钢比 802 钢抗烧蚀性能更好，寿命也更长。周淑兰等[58]以 28Cr2MoVA 钢为对象，将高温正火加回火态、调质态两种状态的材料加工成某型枪管并进行了靶试，调质态身管射至 12500 发时，初速下降率为 6%～8%，而高温正火加回火态的身管射至 12500 发时，初速不下降或稍有上升，认为经高温正火加回火态形成的条形粒状贝氏体组织，改善了钢的力学性能，提高了身管寿命。王文慈等[59]为解决材料热强性与冲击韧性的矛盾，对 28Cr2MoVA 进行了复杂的复合热处理，感应热处理技术在枪管后膛的内壁造成回火粒状贝氏体层，利用其热强性提高膛面的抗烧蚀能力，在其外壁造成索氏体层，利用其强韧性保证枪管的安全应用。

　　2003 年，钢铁研究总院、南京理工大学等单位针对引进的某型速射火炮寿命要求，对俄罗斯的新型炮钢 25Cr3Mo3NiNbZr 进行了仿制[60-64]。高海霞等[65]以俄罗斯炮钢 25Cr3Mo3NiNbZr 为基础，进行了 C、Mo、V、Nb 等化学成分的调整与组织结构的优化，提高了马氏体强化效果，同时，适当增加 Ni 含量以提高室温韧性和低温韧性。改进的新型炮管强韧性优于俄罗斯炮钢且具有更高的高温性能。此外，他们还对包括传统炮钢、高强韧奥氏体不锈钢、高强韧马氏体不锈钢、超高强二次硬化钢等具有不同强韧性的多种材料，进行了火炮烧蚀模拟试验，对不同材料在火药烧蚀冲刷试验下的行为进行了研究。在高速燃烧气流冲刷下，内膛表面观察到白层，白层内产生裂纹，同时发现有明显的腐蚀产物。不同材料的剥落程度和表面形貌有所不同，超高强度钢出现大量腐蚀坑和粗大的交叉裂纹，白层疲劳剥落非常严重，这说明身管的抗烧蚀磨损性能并非仅由室温强度和室温韧性简单决定，还与高温强度和耐磨性等因素有关。

1.3　身管损伤形式与寿终标准及身管烧蚀研究现状

1.3.1　身管损伤形式与寿终标准

身管寿命，一般是指武器在丧失其要求的弹道性能以前所能射击的枪弹总数。目前，各国对于身管报废(寿终)标准基本是一致的。美国以弹头的初速降、偏航、枪管破裂为判断身管寿终的标准，在射击过程中三项出现其中一项超过规定值，即判为寿终。我国目前使用的身管寿终标准与苏联身管寿终标准一致，与美国身管寿终标准实质上是接近的。以某型重机枪身管寿终标准为例[66]，规定出现下列各项之一即判为寿终：

(1) 枪管本体出现裂纹；

(2) 在寿命试验中，当进行密度检查时，任意一组 20 发弹中，椭圆孔及横弹孔总数超过规定值；

(3) 100m 射距上 50%弹着点的散布圆半径(R50)增大到规定值；

(4) 初速下降率超过规定值。

从身管寿终标准可以看出，身管射击寿命包括两个方面：①经一定射击发数后，身管由于内膛烧蚀破坏而丧失要求的弹道性能所构成的烧蚀磨损寿命；②由于周期承载条件下身管材料裂纹扩展达到失稳扩展的临界尺寸，从而发生断裂或炸膛所构成的疲劳寿命[45]。身管射击时同时受到内膛烧蚀磨损破坏和材料疲劳损伤两种因素作用，但身管类型不同，这两种作用主次也不同。

一般对于身管类武器尤其是小口径速射武器，烧蚀寿命要低于疲劳寿命，例如，57mm 高射炮的烧蚀寿命约为 2000 发，而疲劳寿命可达 17228 发[67]，因此大多数国家都将烧蚀寿命定义为身管寿命。身管的烧蚀寿命低，导致必须配备备份身管，这不仅严重降低了系统作战能力，而且造成成本(包括后勤维护成本)大幅提高。身管的烧蚀是发展高初速、高射速、远距离常规武器的最大障碍。

正常射击时，内膛烧蚀磨损引起表面的损坏和身管内膛尺寸的增大，最终造成初速、射程、精度下降，无法满足武器使用的弹道性能要求而寿终[68,69]。身管烧蚀磨损，使得身管内膛各轴向位置上的直径均有一定程度的增大，烧蚀磨损现象最严重的地方是在膛线起始处，而膛线起始处的阳线导转面是最为严重的部分。膛线起始处的烧蚀会使弹丸装填位置前移，药室容积增大，弹丸挤进膛线的条件变坏，而膛线的烧蚀磨损，使得弹丸在内膛的运动发生摆动，弹带凸起部位与膛线导转侧接触面减小，可能导致弹带因强度不够而产生削平，影响弹丸的飞行稳定性，导致射弹散布变大。总之，烧蚀会逐渐加重并导致内膛结构发生变化，由此引起内弹道性能变化。

　　枪炮身管射击时承受着交变载荷的作用，疲劳破坏在其失效过程中起重要作用。如前所述，枪炮身管都是由内膛烧蚀磨损和疲劳损伤共同作用而导致寿终的，但是身管类型不同，这两种作用的主次也不同。随着新型高能火药的出现和高射速、高膛压身管武器的发展，疲劳破坏也成为火炮身管失效的原因之一，使火炮身管寿命受疲劳寿命的限制。在火炮发展史上，这种低于设计允许应力低周载荷引起的断裂失效，曾经造成严重事故。据文献[70]报道，20 世纪 60 年代，美国 M107 型 175mm 加农炮在实弹射击过程中突然炸裂，身管被炸成 29 块，破片散布范围达 219m。研究表明，炸裂的宏观断口属于典型的疲劳断口，而且 $K_{IC} < K_{I}$ 是引起裂纹失稳扩展和断裂的主要原因。

　　近年来美国研究了身管寿命、断裂韧性和临界裂纹尺寸之间的关系，见表 1.5。从表中可以看出，耐破坏试验的总倾向是：在屈服强度极限基本相同的情况下，材料的断裂韧性高，对应身管的临界裂纹深度大，实射弹数多[71]。

表 1.5　某身管的耐破坏试验数据[72]

序号	实射弹数/发	屈服强度极限/MPa	断裂韧性 K_{IC}/(MPa·m$^{1/2}$)	临界裂纹深度/mm
1	373	1200	88	9.4
2	1005	1290	104	3
3	1005	1300	107	38
4	1705	1270	116	46

1.3.2　身管烧蚀研究现状

　　枪炮身管的烧蚀现象是由众多因素的交互作用引起的，在射击过程中，身管不仅会受到发射药燃烧产生的热量和弹带与身管内表面摩擦产生的热量的冲击，还会受到发射药燃烧产生的高温气流冲刷、腐蚀等的烧蚀，以及弹带对身管内表面的高温磨损。剧烈的热作用使炮膛表面极薄的一层金属熔化，这层金属可能被火药气流和弹带带走。在高温下，火药气体中的某些组分与炮膛表面的金属可发生化学反应生成脆性化合物，其在弹带和火药气体作用下很容易产生裂纹并造成剥落，从而使弹带与膛壁无法密封火药燃气，造成火药燃气泄漏，内膛压力降低，导致初速、射程和精度随着磨损的加剧逐渐降低。身管内膛烧蚀磨损既有物理变化又有化学变化，烧蚀磨损过程见图 1.6。

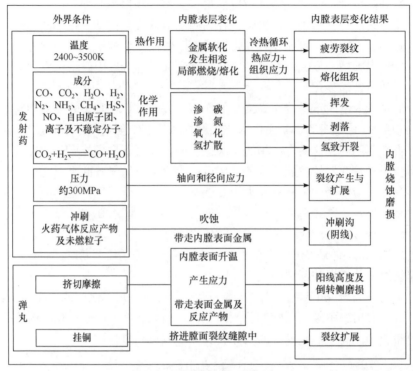

图 1.6　身管内腔烧蚀磨损过程

　　在正常射击条件下，身管内腔表面烧蚀磨损造成内腔破坏，内腔直径严重增大。寿终身管最严重的破坏发生在膛线起始区域，而枪口处的烧蚀磨损速率通常比膛线起始处的低[73]。

　　美国曾用镀铬和未镀铬的 7.62mm 机枪枪管进行 1 发、10 发或连续 100 发、300 发的实弹射击试验，以研究内腔烧蚀的特征，并研究射击寿终的镀铬枪管的内腔特征[53]。镀铬枪管射击 1 发，便在铬层中发现了裂纹，这些裂纹随着射击发数的增加，沿径向扩展。在膛压和热应力的作用下，裂纹不断张开和闭合，不断扩展，不到 300 发裂纹便扩展到镀层下的基体中。未镀铬枪管虽然内腔裂纹很少，但射击时基体金属很容易被烧蚀和冲刷掉，因此普遍寿命不长。

　　身管内腔的微裂纹是在镀铬过程中就存在的[74-76]，这一事实在许多文献及研究中得到了证实。图 1.7、图 1.8 显示了镀铬身管内腔表面微裂纹的扩展情况，最初的裂纹是孤立存在于镀层中的，在后续的热处理过程中微裂纹还是孤立地存在。在随后的射击过程中，受到热冲击的作用，裂纹扩展并连接成网状，破坏了镀铬层的完整性，射击过程中的高温火药气体会通过裂缝与基体发生反应。

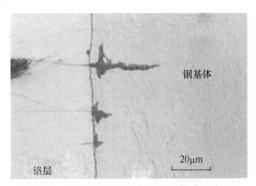

图 1.7　典型裂纹源及其在钢基体中的扩展

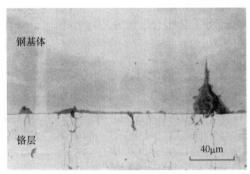

图 1.8　破坏开始阶段和沿着镀层与钢基体界面延伸并扩展

国外通过实际射击与实验室模拟相结合的方法对身管烧蚀磨损进行研究，结果表明身管的烧蚀磨损过程包括气体与金属反应、镀层剥落和熔化过程。烧蚀磨损后内膛表面有三个区域：灰层、白层、热影响层[20, 35, 77]，图 1.9 为典型的内膛表面烧蚀扫描电镜图片。表面灰层存在于微裂纹的尖端，表层的灰色物质可以溶解，并且在侵蚀过程中除去灰层后就会显示出裂纹和腐蚀坑，灰层很容易被认作射击过程中的残留物或归结于基体相中的白层，然而能谱分析显示灰色物质为铁

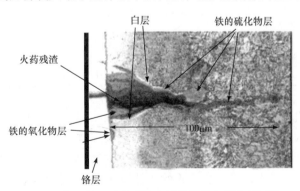

图 1.9　典型的通过微裂纹腐蚀基体的扫描电镜图片

的氧化物和硫化物。白层是弹药射击的几毫秒内，内膛表层温度迅速升高，当弹丸运动到炮口时，温度降低 50%，受此热影响而形成硬而脆的表层[78]。白层分为内白层和外白层，外白层很薄很硬，厚度一般为 0.25～0.5μm，与内白层有显著的界限，其成分与发射药和内膛温度有关，较低温度下为 Fe_3C，较高温度下为 FeO；内白层比外白层软，厚度为 2～20μm，位于外白层和热影响层之间，但它与热影响层之间无明显界限，其成分为溶解了大量碳或氮而稳定化的残余奥氏体和一些快速冷却时形成的马氏体。白层内有裂纹，这些微裂纹在射击过程中由于白层的脆性而穿透白层一直延伸到热影响层[79]。

通常枪炮身管烧蚀主要是由以下三个因素引起的：热因素、化学因素和机械因素，并且这些因素往往是相互关联的。通常认为烧蚀随内膛温度而变化，但对造成烧蚀的原因和不同影响因素的相对重要性仍存在争议，造成争议的部分原因是这些因素在不同的身管、不同的射击规范以及不同的位置都具有不同的重要性[13, 80]。

要深入研究火炮身管的烧蚀磨损问题必须先对身管的烧蚀机理做一定研究，掌握影响身管烧蚀磨损的因素。国外对于身管烧蚀磨损的机理研究开展较早，如表 1.6 所示，为烧蚀磨损机制研究提供了参考资料[77, 79, 80]。

表 1.6　国外内膛烧蚀机理研究情况汇总

时间	机制			
	失效机理	主要研究者	工作单位	备注(基本观点或侧重方向)
2000 年	气-固烧蚀	Cote 等[29]	美国军事装备研发工程中心	烧蚀是火药燃气与基体在高温高压下的化学反应，烧蚀造成内膛破坏是燃气冲蚀、机械摩擦共同作用的结果
2001 年	热-化学烧蚀	Lawton[18]	英国皇家军事科学学院	注重于烧蚀过程中热和温度的作用，系统地研究了白层，建立了类阿伦尼乌斯方程，直观地反映出温度对烧蚀的影响
2003 年	熔化烧蚀	Cote 等[91]	美国军事装备研发工程中心	灰层，即基体铁的氧化物或硫化物和发射药残留，证明了化学因素和机械因素两种因素在烧蚀中的作用
2005 年	热-化学-机械烧蚀	Sopok 等[78]	美国军事装备研发工程中心	综合考虑三种因素对烧蚀的影响，对烧蚀的分区、进程、产物和机制进行了系统的阐述，综合评价了镀层在烧蚀过程中的作用

关于烧蚀机理，国内外做了大量研究，一致认为烧蚀是由热因素、化学因素、机械因素三种因素共同作用的结果[81-87]。烧蚀破坏过程以内膛热量输入为基础，相应地发生相变、化学反应和材料软化、应变等过程。烧蚀破坏机理随身管类型的不同而有所不同，大口径火炮身管的烧蚀破坏以气体传热-化学反应为主，烧蚀以传热-应变为主[88]。中小口径高炮、航炮、高射机枪等身管射速不断增大，单位

时间内吸收热量增多,温升加剧,导致内膛材料软化,在弹带的挤压下产生应变,难于支撑铬层,致使铬层塌陷,火药气体与身管基体材料直接接触,促使内膛烧蚀破坏过程加速,最终导致寿终。

早在 20 世纪初,国外就有学者研究了烧蚀机理,40 年代后国外在这方面投入了更多的人力和资金[89, 90]。Ma[15]和 Ahmad[34]在 80 年代对火炮内膛烧蚀机理进行了研究,但其工作孤立地考虑腐蚀和机械的作用而没有形成系统的理论。2000 年,美国的 Cote 等[29]发展了气-固(gas-wall)烧蚀机理模型,认为烧蚀是发射药尾气同基体在高温高压下的化学反应,烧蚀造成的身管减重是尾气冲蚀和机械磨损共同作用的结果。2001 年,英国的 Lawton[18]系统地研究了白层,发展了热-化学(thermal-chemical)烧蚀机理模型,并通过模拟烧蚀试验和实弹射击证明了温度在烧蚀发生时的重要作用,其研究表明,身管的烧蚀量和内膛最高温度呈指数关系,与内膛初始温度的平方根成正比。Cote 等[91]在 2003 年首次提出了灰层的概念,灰层是指烧蚀过程中出现的基体中铁的氧化物或铁的硫化物以及发射药残余,其研究证实了化学因素、机械因素两种因素在烧蚀中的作用。2005 年,美国的 Sopok 等[78]发展了热-化学-机械(thermal-chemical-mechanical)烧蚀机理模型,综合考虑了三种因素对烧蚀的影响。对烧蚀的分区、进程、产物和机制进行了系统的阐述。尤其对有镀铬层的身管进行了试验和实射对比,综合评价了镀铬层在烧蚀过程中的作用。Hirvonen 等[39]利用离子注入的方法,对身管轻元素(主要是 C、H、N)的扩散行为进行了研究,研究了内白层的成因及其在烧蚀进程中的作用,以及碳化物和氮化物的存在形式。

对于身管烧蚀机理,近年来国内也做了大量研究,闵恩泽[57]通过解剖某口径打靶后的枪管进行分析研究,推测枪管铬层剥落按下述过程发生:铬层固有裂纹扩展形成贯通裂纹,贯通裂纹处的钢基体在火药冲蚀下形成"麻点",随后"麻点"形成钢基体中的裂纹,钢基体中铬层沿径向扩展并向侧向分叉,侧向裂纹扩展与邻近裂纹连接,最终导致铬层带着部分钢基体材料成块剥落。研究中发现,枪管内壁出现一定厚度的变质层,变质层和疲劳裂纹促进了内膛的烧蚀。变质层厚度和疲劳裂纹扩展速率与材料热强性有直接关系,热强性越高,变质层越薄,疲劳裂纹扩展速率越小,身管烧蚀程度越轻,从而提出了材料热强性越高,抗烧蚀性能越好的结论。

高海霞等[72]通过模拟烧蚀试验对两种身管钢进行了模拟射击试验。研究表明,在高速燃烧气流冲击下,模拟试样内膛形成大量硬而脆的白层,并在白层内产生不同形态的裂纹,同时白层内形成明显的腐蚀产物,加剧了裂纹的扩展而最终导致材料的剥落。在此基础上,他们提出了身管的失效方式为白层的形成和剥落机制的结论。

1.4 存在问题及本书目标

1.4.1 身管材料的主要问题

国内外几十年来在身管损伤方面进行了大量研究并取得相应研究成果，但随着使用要求的提高和发展，身管在弹道寿命与可靠性等方面仍存在许多亟待解决的问题，简要归纳如下。

1. 身管失效行为与机理

自 20 世纪 80 年代以来，国内外学者对身管失效行为与机理进行了长达 30 余年的研究，取得了一系列成果。例如，在身管内壁烧蚀层中发现灰层、白层以及熔化层等，并分析其产生原因和建立相应的模型。但对烧蚀坑的本质揭示不够，例如，对于身管内膛熔化层，也未给出科学合理的解释。具体有：烧蚀坑是身管失效后的产物，但其产生的原因仍不清楚；身管内壁出现枝晶组织的熔化层，身管内膛温度瞬间可达 1273K，连续射击时身管内壁温度稳定在 973K 左右，均远低于身管材料的熔点，传统熔化理论无法解释身管内壁出现的熔化组织。

在各种有关枪炮的教材、学术论文、设计手册、试验军用标准等资料中几乎都有身管寿命的定义。尽管身管寿命定义各不相同，身管寿终的判决也不尽相同，但其本质是一致的，内在含义包括疲劳寿终或烧蚀和磨损导致的药室容积、闭气性、口径等诸多参数改变，从而致使射击稳定性变差，主要是指初速下降、射击精度、弹带削光或横弹(椭圆弹)等。但影响身管寿命的本质原因未见系统研究，例如，初速下降、横弹(椭圆弹)及射击精度主要由材料的哪些性能决定等。

上述问题，只有深入研究身管失效行为与机理，发现形成身管烧蚀、变形等问题的原因，指出延长身管寿命的具体思路和方法，并以此提出身管材料的具体参数和指标要求，才能得到很好的解决。

2. 身管可靠性

身管可靠性主要指安全性，通常指疲劳寿命，是指在枪炮弹作用下，身管周期承载条件下身管材料裂纹扩展达到失稳扩展的临界尺寸，从而发生断裂或炸膛所构成的疲劳寿命。长期以来，国内外一直持续进行炮管的疲劳性能与机理研究，特别是大口径火炮，并将此作为身管使用性能的重要指标。但目前此部分的研究，在枪与小口径火炮上还未见系统的研究报道。

除上述材料常规疲劳性能外，身管在设计和加工中，难以避免身管薄弱环节局部应力集中，从而产生疲劳裂纹，并可扩展甚至发生断裂，使身管疲劳寿命大幅缩短。而此方面未见系统研究与报道，故需进行系统研究并提出解决方案。此外，其他影响身管可靠性的方面也必须加以重视和研究，如材料冷脆转变、回火脆性、高温强度等，以确保身管可靠性和安全性。

1.4.2　本书目标

　　针对上述情况，作者以提高身管寿命和可靠性为目标，对各种材料的烧蚀机理、室温强度、高温强度、耐磨性、疲劳性能等多方面进行了系统研究和分析，拟发现影响和决定枪炮身管寿命与可靠性的因素及性能特征，以期在身管失效行为与机理上有所发展和突破，这对于高可靠长寿命身管钢设计、研制与应用等都具有重要理论和应用意义。

参 考 文 献

[1] 张磊. 浅谈火炮与自动武器的发展现状与趋势[J]. 国防技术基础, 2008, (10): 35-37.

[2] 曾永珠. 21 世纪初叶轻武器发展研究[D]. 南京: 南京理工大学, 1995.

[3] 张洪林. 模块装药性能研究[D]. 南京: 南京理工大学, 2009.

[4] 郑波. 机动摩步师步兵班武器装备编配方案研究[D]. 南京: 南京理工大学, 2007.

[5] 周慧. 我国枪支管理制度改革研究[D]. 济南: 山东大学, 2010.

[6] 杨丽. 自动火炮供弹机可靠性及关键性能评估策略研究[D]. 沈阳: 东北大学, 2015.

[7] 余成宝. 火炮系统模态测试与分析[D]. 南京: 南京理工大学, 2007.

[8] 李建明. 军事技术创新风险论[D]. 长沙: 国防科技大学, 2011.

[9] 朵英贤. 国外自动武器及其发展[J]. 华北工学院学报, 2001, 22(4): 235-251.

[10] 张振山, 吴永峰. 炮管内膛烧蚀磨损现象的分析[J]. 装甲兵工程学院学报, 2003, 17(2): 67-70.

[11] Liao X B, Zhou R B, Yang Y F, et al. Study on the erosion and abrasion mechanism of the modern artillery barrel[J]. Applied Mechanics and Materials, 2013, 456: 433-437.

[12] Giue D R, 沈启贤. 炮膛表面的耐烧蚀涂层[J]. 兵器材料与力学, 1984, 7(4): 86-92.

[13] Sherrick K. Corrosion-and erosion-based materials selection for the M242 autocannon barrel in a marine operating environment[D]. Troy: Rensselaer Polytechnic Institute, 2012.

[14] Men X D, Tao F H, Gan L, et al. Erosion behavior and surface cracking mechanism of Co-based coating deposited via PTA under high-speed propellant airflow[J]. Surface and Coatings Technology, 2019, 372: 369-375.

[15] Ma J S. The law of barrel wear and its application[J]. Defence Technology, 2018, 14(6): 674-676.

[16] 葛胜利, 蒋瑞松, 潘玉田. 火炮身管的热影响及其热控制措施[J]. 机械管理开发, 2006, 21(1): 81-82.

[17] Kohga M, Togo S. Influence of iron oxide on thermal decomposition behavior and burning characteristics of ammonium nitrate/ammonium perchlorate-based composite propellants[J]. Combustion and Flame, 2018, 192: 10-24.

[18] Lawton B. Thermo-chemical erosion in gun barrels[J]. Wear, 2001, 251(1-12): 827-838.

[19] Kimura J. Thermal and chemical effects of combustion gases on gun erosion[C]. 28th ICT Combustion and Detonation Abstracts, Karlsruhe, 1997.

[20] 张树松. 常规兵器金属材料与热加工工艺在科学技术发展中值得注意的一些动向[J]. 金属材料与热加工工艺, 1979, 2(1): 1-16.

[21] 岳平. 新型枪管[J]. 兵器材料科学与工程, 1991, 14(4): 32.

[22] Royce B S. Erosive effects of various pure and combustion generated gases on metals[R]. AD A129493, 1982.

[23] Alkidas A C, Morris S O, Summerfield M. Erosive effects of various pure and combustion-generated gases on metals. Part Ⅰ [R]. AD A020537, 1975.

[24] Li X L, Mu L, Zang Y, et al. Study on performance degradation and failure analysis of machine gun barrel[J]. Defence Technology, 2020, 16(2): 362-373.

[25] Niiler A, Birkmire R, Caldwell S E. The effects of propellant burn on the surface composition of gun steel[R]. AD A108292, 1981.

[26] Morphy C C, Fisher E B. The role of carburization in gun barrel erosion and cracking[R]. AD A102625, 1981.

[27] Conroy P J, Leveritt C S, Hirvonen J K, et al. The role of nitrogen in gun tube wear and erosion[R]. Maryland: Army Research Lab Aberdeen Proving Ground MD Weapons and Materials Research Directorate, 2006.

[28] Fisher E B, Morphy C C. The role of oxygen in gun barrel erosion and cracking: A shock tube gun investigation[R]. AD A085720, 1980.

[29] Cote P J, Rickard C. Gas-metal reaction products in the erosion of chromium-plated gun bores[J]. Wear, 2000, 241(1): 17-25.

[30] Turley D M, Gumming G, Gunner A, et al. A metallurgical study of erosive wear in a 105mm tank gun barrel[J]. Wear, 1994, 176(1): 9-17.

[31] Kamdar M H, Brassard T, Campbell A. A metallographic study of white layers in gun steel[R]. Watervllet: Benet Weapons Laboratory, 1978.

[32] Kimura J. Hydrogen gas erosion of high-energy LOVA propellants[C]. 16th International Symposium on Ballistics, San Francisco, 1996.

[33] Dong X L, Rui X T, Li C, et al. A calculation method of interior ballistic two-phase flow considering the recoil of gun barrel[J]. Applied Thermal Engineering, 2021, 185(4): 116239.

[34] Ahmad I. The problem of gun barrel erosion: An overview[J]. Gun Propulsion Technology, 1988, 109(3): 311-355.

[35] Alkidas A C, Morris S O, Christoe C, et al. Erosive effects of various pure and combustion-generated gases on metals. Part II[R]. Watertown: Army Materials and Mechanics Research Center, 1977.

[36] Lawton B, Laird M P B. Influence of gas leakage on heat transfer and wear in gun barrels[C]. 16th International Symposium on Ballistics, San Francisco, 1996: 173-181.

[37] Sopok S, Rickard C, Dunn S. Thermal-chemical-mechanical gun bore erosion of an advanced artillery system part two: Modeling and predictions[J]. Wear, 2005, 258(1-4): 671-683.

[38] Lawton B. Thermal and chemical effect of gun barrel wear[C]. 8th International Symposium on Ballistics, Orlando, 1984.

[39] Hirvonen J K, Derek D J, Marble D K, et al. Gun barrel erosion studies utilizing ion beams[J]. Surface and Coatings Technology, 2005, 196(1-3): 167-171.

[40] Conroy P J, Nusca, M J, Chabalowski C, et al. Initial studies of gun tube erosion macroscopic surface kinetics[C]. 37th Combustion Subcommittee(CS) JANNAF CS/APS/PSHS Joint Meeting, Monterey, 2001.

[41] Underwood J H, Vigilante G N, Mulligan C P. Review of thermo-mechanical cracking and wear mechanisms in large caliber guns[J]. Wear, 2007, 263(7-12): 1616-1621.

[42] Dey S, Borvik T, Hopperstad O S, et al. On the influence of constitutive relation in projectile impact of steel plates[J]. International Journal of Impact Engineering, 2007, 34(3): 464-486.

[43] Chung D Y, Shin N, Myoungho O, et al. Prediction of erosion from heat transfer measurements of 40mm gun tubes[J]. Wear, 2007, 263(1-6): 246-250.

[44] 白德忠. 身管失效与炮钢材料[M]. 北京: 兵器工业出版社, 1989.

[45] 王毓麟. 近二十年来薄壁炮钢之进展[J]. 金属材料与热加工工艺, 1980, 3(2): 43-58.

[46] 张树松. 材料、工艺与枪炮身管寿命[J]. 西安工业大学学报, 1989, 9(1): 1-9.

[47] 杜中华. 枪炮身管外自紧研究[J]. 机械工程师, 2019, (6): 4-6, 9.

[48] Erosion N R C U, Board N R C U. Erosion in Large Gun Barrels: Report of Committee on Gun Tube Erosion[M]. Washington D. C.: National Academies Press, 1975.

[49] 赵隆. 某炮钢材料的强化机理研究[D]. 南京: 南京理工大学, 2007.

[50] 张锐生. 近代高强度炮钢[J]. 兵器材料科学与工程, 1995, 18(3): 3-9.

[51] William S R, Jonathan S M. Cobalt-base alloy gun barrel study[J]. Wear, 2014, 316(1-2): 119-123.

[52] 张楠, 吕超然, 徐乐. 火炮身管用钢现状及发展趋势[J]. 中国冶金, 2019, 29(5): 6-9.

[53] Hoffmanner A L, DiBenedetto J D, Iyer K R. Improved materials and manufacturing methods for Gun barrels. part II[R]. Cleveland: Defense Technical Information Center, 1972.

[54] 胡明. 不同制备方法的火炮身管材料 Cr 涂层性能研究[D]. 太原: 中北大学, 2019.

[55] Johnson J, Caveny L, Summerfield M. Hot gas erosion of gun steel[R]. Watertown: Army Materials and Mechanics Research Center, 1979.

[56] Morphy C, Fisher E. Gas chemistry effects on gun barrel erosion-A shock tube gun investigation[R]. Buffalo: Calspan Corporation, 1982.

[57] 闵恩泽. 枪管用钢的热强性与抗烧蚀性能的关系[J]. 金属材料与热加工工艺, 1979, 2(4): 13-22.

[58] 周淑兰, 周俊彪. 新型身管钢的组织性能与身管寿命研究[J]. 兵器材料科学与工程, 1998, 21(4): 12-16.

[59] 王文慈, 郭仕铨. 28 钢重机枪枪管复合热处理工艺的研究[J]. 兵器材料科学与工程, 1989, 12(9): 35-41, 21.

[60] Wang M Q, Dong H, Wang Q. Elevated-temperature properties of one long-life high-strength gun steel[J]. Journal of University of Science and Technology Beijing, 2004, 11(1): 62-66.

[61] Wang M Q, Dong H, Wang Q, et al. Low cycle fatigue behavior of high strength gun steels[J].

Journal of University of Science and Technology Beijing, 2004, 11(3): 268-272.

[62] 王毛球, 董瀚, 王琪, 等. 3Cr-3Mo 二次硬化钢的回火组织和力学性能[J]. 钢铁, 2003, 38(3): 38-42, 49.

[63] 王毛球, 董瀚, 王琪, 等. 奥氏体化对 3Cr-3Mo-Nb 二次硬化钢的组织和力学性能的影响[J]. 兵器材料科学与工程, 2002, 25(5): 9-13.

[64] 王毛球, 董瀚, 王琪, 等. 高强度炮钢的组织和力学性能[J]. 兵器材料科学与工程, 2003, 26(2): 7-10, 18.

[65] 高海霞, 王俊, 黄进峰, 等. 新型炮钢回火碳化物析出规律及对高温力学性能影响[J]. 热加工工艺, 2007, 36(10): 44-47.

[66] 国防科学技术工业委员会司令部. GJB 3484—1998 枪械性能试验方法[S]. 北京: 中国标准出版社, 1988.

[67] 刘伟. 速射武器身管烧蚀寿命预测[D]. 南京: 南京理工大学, 2013.

[68] 沈超, 周克栋, 陆野, 等. 内膛损伤枪管对内弹道性能和弹头出膛状态的影响研究[J]. 兵工学报, 2019, 40(4): 718-727.

[69] 梁文凯. 身管烧蚀磨损问题的分析与研究[D]. 南京: 南京理工大学, 2015.

[70] Amborish B B, Gangadhara P. Fatigue and fracture behaviour of austenitic-martensitic high carbon steel under high cycle fatigue: An experimental investigation[J]. Materials Science and Engineering A, 2019, 749: 79-88.

[71] 曾志银, 张军岭, 吴兴波. 火炮身管强度设计理论[M]. 北京: 国防工业出版社, 2004.

[72] 高海霞, 黄进峰, 张济山, 等. 速射武器身管用钢的白层形成及剥落机制[J]. 金属热处理, 2008, 33(10): 109-113.

[73] Telliskivi T. Simulation of wear in a rolling-sliding contact by a semi-Winkler model and the Archard's wear law[J]. Wear, 2004, 256(7-8): 817-831.

[74] Cote P J, Kendall G, Todaro M E. Laser pulse heating of gun bore coatings[J]. Surface and Coatings Technology, 2001, 146(1): 65-69.

[75] Barnett B, Trexler M, Champagne V. Cold sprayed refractory metals for chrome reduction in gun barrel liners[J]. International Journal of Refractory Metals and Hard Materials, 2015, 53: 139-143.

[76] Fu X N, Li E K , Gao W J. Texture feature analysis on erosion and wear in artillery chamber[C]. 5th International Conference on Information Assurance and Security, Xi'an, 2009.

[77] Nickerson G, Coats D, Dunn S. Material ablation, conduction, and erosion(TDK/MACE) analysis of gun systems[R]. Watervliet:Army ARDEC, Benet Laboratories Research Seminar, 1993.

[78] Sopok S, Rickard C, Dunn S. Thermal-chemical-mechanical gun bore erosion of an advanced artillery system part one: Theories and mechanisms[J]. Wear, 2005, 258(1-4): 659-670.

[79] Chung D Y, Hosung K, Suk-Hyun N. A study on the precision wear measurement for a high friction and high pressurized gun barrel by using a diamond indenter[J]. Wear, 1999, 225(2): 1258-1263.

[80] Buckingham A C. Modeling of gun barrel surface erosion: Historic perspective[R]. DE97050115, 1996.

[81] Shen C, Zhou K D, Lu Y, et al. Modeling and simulation of bullet-barrel interaction process for the damaged gun barrel[J]. Defence Technology, 2019, 15(6): 972-986.

[82] Warrender J M, Mulligan C P, Underwood J H. Analysis of thermo-mechanical cracking in refractory coatings using variable pulse-duration laser pulse heating[J]. Wear, 2007, 263(7-12): 1540-1544.

[83] Lin S S. Auger electron spectroscopic study of gun tube erosion and corrosion[J]. Applications of Surface Science, 1983, 15(1-4):149-165.

[84] Johnston I A. Understanding and predicting gun barrel erosion[R]. AD A440938, 2005.

[85] Hasenbein R G. Wear and erosion in large caliber gun barrels[R]. AD A440980, 2004.

[86] Buckingham A C, 乐茂康. 炮管烧蚀机理的研究[J]. 兵器材料与力学, 1981, 4(Z1): 91-97.

[87] Montgomery R S, Sautter F K. A review of recent American work on gun erosion and its control[J]. Wear, 1984, 94(2): 193-199.

[88] 乐茂康. 美国 1977 年三军身管烧蚀会议概况[J]. 兵器材料与力学, 1980, 3(Z1): 15-27.

[89] 马福球, 陈运生, 朵英贤. 火炮与自动武器[M]. 北京: 北京理工大学出版社, 2003.

[90] Underwood J H, Witherell M D, Sopok S, et al. Thermomechanical modeling of transient thermal damage in cannon bore materials[J]. Wear, 2004, 257(9-10): 992-998.

[91] Cote P J, Todaro M E, Kendall G, et al. Gun bore erosion mechanisms revisited with laser pulse heating[J]. Surface and Coatings Technology, 2003, 163-164(1): 478-483.

第2章 身管基体及内膛表面烧蚀行为

2.1 引 言

身管是枪炮最基本和最重要的部件，身管寿命一直是制约系统寿命与可靠性的重要因素。身管寿命一般由疲劳寿命和烧蚀寿命这两方面因素共同决定。烧蚀寿命对身管寿命的决定作用更为突出，一直是制约枪炮威力的关键因素之一[1-3]。长期以来，身管烧蚀问题一直是国内外学者关注和研究的重要课题，并且随着现代科学技术的发展而不断深入[4-8]。现代烧蚀磨损破坏理论认为，身管烧蚀磨损破坏是在一种主导因素的控制下，众多因素综合作用或交互作用的结果，这些因素包括热因素、热-机械因素和热-化学因素，其中热因素是首要的[9-14]。身管烧蚀引起内膛表面损坏和身管内膛尺寸增大，造成初速、射程、精度下降乃至武器性能失效，最终导致身管报废。

身管内膛烧蚀因其影响因素的多重性与复杂性，对其烧蚀寿命的最后评定，目前最权威、最直观的测定方法仍是实弹射击寿命试验[15]。寿命试验人力、物力消耗较大，无法对材料和表面技术抗烧蚀效果进行简便、快捷的评定。半密闭爆发器烧蚀管模拟试验是研究身管烧蚀的有效方法，可排除机械因素的干扰，主要反映燃气的热-化学因素和气流冲刷，使发射药对内膛烧蚀的研究更集中和更深入[16]。本章采用半密闭爆发器烧蚀模拟试验方法研究奥氏体不锈钢、马氏体不锈钢、二次硬化超高强度钢、传统身管钢4种强韧性材料及不同表面处理状态(镀铬、氮碳共渗)身管的烧蚀行为。

2.2 身管基体烧蚀行为与机理

以火炮身管钢25Cr3Mo3NiNbZr为研究载体,成分见表2.1,试验装置见图2.1,模拟速射武器射击状态。烧蚀模拟试验装置可在不同的发射药类型和装药量下进行试验，研究发射药成分和装药量对身管烧蚀的影响，可以测定最高膛压，研究膛压对烧蚀的影响及身管在烧蚀过程中的失效方式。测试试样为管状样，火药爆燃产生的高温、高压腐蚀性气体冲刷试样内表面，模拟射击过程中的速射武器身管。沿冲刷面方向切取试样并制成金相试样，观察平行于冲刷面方向的烧蚀磨损表层组织变化。采用扫描电子显微镜(scanning electron microscopy，SEM)、纳米力学探针以及 X 射线衍射(X-ray diffraction，XRD)分析对烧蚀环的表面及横截面的组织形貌进行观察和成分分析，并采用纳米显微力学探针 Nano Indenter II 对烧蚀环的内腔表面硬度分布进行分析。

表 2.1　试验用材料 25Cr3Mo3NiNbZr 分析成分

合金元素	C	Si	Mn	Cr	Ni	Mo	Nb	Zr	Fe	P	S
含量/%	0.25	0.23	0.40	2.90	0.75	2.90	0.11	0.03	余	≤ 0.01	≤ 0.01

注："余"为剩余百分量。

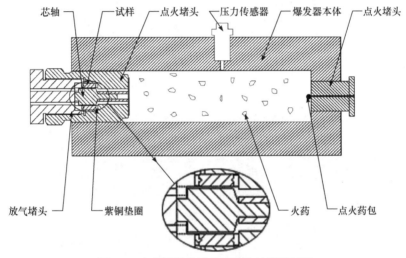

图 2.1　半密闭爆发器简图及烧蚀模拟试样

2.2.1　身管基体内壁表层形貌观察

图 2.2 为身管经烧蚀后的表面形貌，由图可以看出，身管经过高温、高压、高速燃烧火药气体的冲击，内壁没有出现明显的裂纹，呈现的是"犁沟"状的冲刷磨损痕迹。这说明未经处理的身管钢韧性很好，在射击过程中，身管内壁受到冲击后发生大的塑性变形。在压强相同的情况下，随着射击发数的增多，可明显看出身管内壁的摩擦度增大；而对比图 2.2(a)和(d)，射击发数相同的情况下，随着压强的增大，身管内壁的磨损程度增大，而且由于压强增大，装药量增多，火药燃烧后产生的腐蚀性气体增多，所以身管内壁受腐蚀的严重性增大。

身管内壁出现大片的黑色区域，能谱分析结果表明，该黑色区域含氧量较高，这是由于射击过程中气体与身管内壁发生化学反应生成的氧化物。图 2.2(a)、(b)、(c)分别为身管试样在相同膛压 45MPa 下经过 1 发、2 发和 4 发射击后身管内壁的表面形貌，图 2.2(d)为在压强 73MPa 的情况下射击 1 发后身管内壁的表面形貌。

对比可以发现，随着射击发数增加，身管内壁表面火药燃气与基体金属反应的产物有所减少。在相同射击发数下，压强越大，身管内壁表面沉积的燃气与基体金属反应的产物越少。这个现象表明，压强越大，燃烧的火药气体流速越大，虽然它会与基体金属发生化学反应生成氧化物或碳化物，但是在高压情况下这些产物会被高速气体冲走。

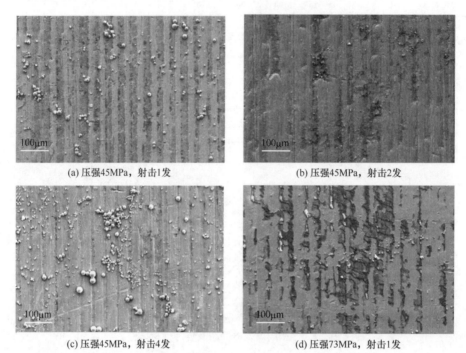

(a) 压强45MPa，射击1发   (b) 压强45MPa，射击2发

(c) 压强45MPa，射击4发   (d) 压强73MPa，射击1发

图 2.2　身管经烧蚀后的内壁表面形貌

图 2.3 为未经处理的身管试样经烧蚀后的表面形貌，由图 2.3(a)可以看出，在射击过程中，由于高温、高压的火药燃烧气体冲刷身管内壁表面，所以身管内壁表面被燃烧生成的气体氧化，以及燃烧气体与身管内壁表面金属发生化学反应，生成一些低熔点化合物，见图 2.3(b)，包括球状颗粒物质和非球状颗粒物质。而且从图 2.3(c)中还观察到明显的微裂纹，除气体冲刷作用外，其可能还与射击时表面和次表面产生的急剧的温度梯度以及相的体积变化产生交替的热应力变化有关。图 2.3(d)显示的是身管内壁表面已经被高温的燃烧气体腐蚀出晶界，而且由图中可以看出，表面的微裂纹沿着晶界扩展，导致裂缝中的火药残留物在高温下腐蚀晶界，发生晶界腐蚀。图 2.4 为气体与表面反应产物成分的能谱，经能谱分析得知，球状颗粒物质为铁的氧化物和碳化物，见图 2.4(a)，非球状颗粒物质为铁的硫化物，见图 2.4(b)。

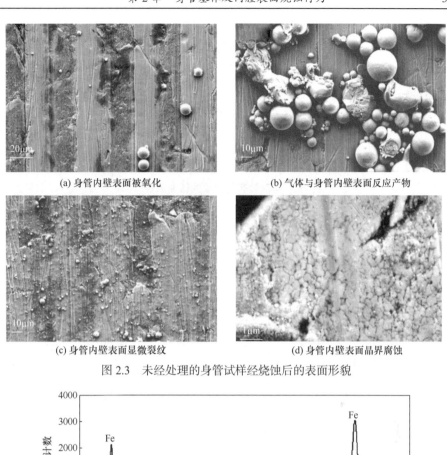

(a) 身管内壁表面被氧化

(b) 气体与身管内壁表面反应产物

(c) 身管内壁表面显微裂纹

(d) 身管内壁表面晶界腐蚀

图 2.3　未经处理的身管试样经烧蚀后的表面形貌

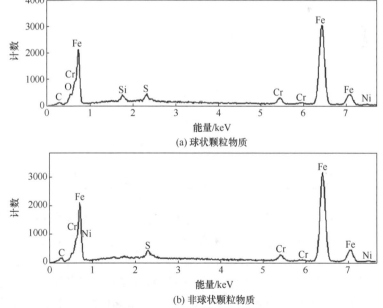

(a) 球状颗粒物质

(b) 非球状颗粒物质

图 2.4　气体与表面反应产物成分的能谱

由于射击后身管内壁表面残留的一些物质是铁的氧化物和碳化物，所以在射击过程中，试样表面发生了氧化和渗碳，这是由于在高温下火药气体与基体金属发生化学反应。高温、高压的火药燃烧气体与试样内表面的极薄层加热并发生反应，使表面急剧温升至高温甚至熔化，并与之反应生成低熔点化合物。与腐蚀有关现象的转变温度如表 2.2 所示。由表 2.2 得知，氧化铁的熔点是 1565K，铁的碳化物的熔点是 1420K，而身管钢的熔点约为 1720K。冷却时因表面张力的收缩作用而凝固成球状颗粒，在随后的射击过程中这种低熔点的化合物会被高速燃烧气体吹蚀和弹丸刮削。

表 2.2　与腐蚀有关现象的转变温度[17]

与腐蚀有关的现象	转变温度/K
钢的奥氏体转变温度	1000
铁的氧化温度	1050
铁的硫化温度	1270
铁的碳化物的熔点	1420
硫化铁的熔点	1470
氧化铁的熔点	1565
身管钢的熔点	1720
铬的氧化温度	2000
铬的熔点	2130
铬的硫化温度	2130
铌的熔点	2741
钼的熔点	2883
钽的熔点	3269
钨的熔点	3683

在磨损量大的区域，身管表面覆盖一层黑色物质，经线扫描显示(如图 2.5 所示)，身管表面除了 C 元素外，还存在着 Si、O 和 S。这些元素都来源于燃烧的火药气体，元素 Si 和 O 的含量在磨损量大的黑色区域上升，而在磨损量小的颜色稍浅区域下降。元素 S 的含量在磨损量小的颜色稍浅区域的中间最多，这说明在磨损量小的颜色稍浅区域火药中的 S 容易残留，而磨损量大的黑色区域已经在射击过程中被燃烧的火药气体氧化、腐蚀，同时由于磨损量大，燃烧的火药气体在身管表面残留含 S 的固体颗粒。

(a) 身管内壁烧蚀表面

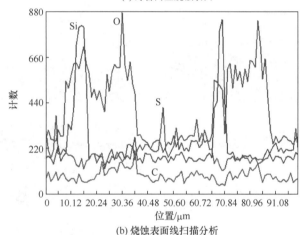

(b) 烧蚀表面线扫描分析

图 2.5　未经处理的身管内壁经烧蚀后成分区域分布

2.2.2　身管基体内壁截面形貌

图 2.6 为表 2.1 中材料试样在不同情况下射击的试样表层组织。由图 2.6 可见，经高温、高压烧蚀磨损后，试样表面形成光学金相下不被腐蚀的高硬度白层。图 2.6(b)和图 2.6(c)分别为试样在同一压强下射击 1 发和 4 发的横截面的 SEM 形貌，图 2.6(a)和图 2.6(d)为不同压强下射击 1 发的横截面的 SEM 形貌。

由图 2.6(a)中可见，在试样的表面白层中存在横向的微裂纹。大多数平行的裂纹被限制在表面白层中，在白层与热影响层的界面上没有裂纹出现。从图 2.6(b)中可见，表面存在横向的微裂纹，并由横向转为纵向，即倒三角形状的裂纹，向基体延伸。从图 2.6(c)中可以看出，微裂纹在白层中分叉并在白层中沿着白层与热影响层的界面扩展一段距离，而不是穿过界面向基体扩展。裂纹的分叉可使其扩展能量降低，扩展速率减慢，说明裂纹向基体的扩展阻力大于白层对裂纹的扩展阻力,这是由白层与基体的韧性不同导致的。白层脆而使裂纹容易扩展,其对裂纹的扩展阻力极小,而基体的韧性高,对裂纹的扩展阻力较大。两条交叉的显微裂纹相交在一起会导致新的裂纹形成,因此在白层中形成了多层次的裂纹,裂纹相交容易造成小块白层剥落。当裂纹的宽度越来越大时,白层下的变形也越来越大,这就促使热燃烧气体与身管钢的反应产物或射击残留物被强制填充到裂缝中,并穿过白层直到表面都是这些物质。这个过程导致两条初始的裂纹延伸到允许变形发生和使裂纹在界面处更深。白层沿着与白层交叉的裂纹将要剥落,见图 2.6(d)。这种大量的交叉裂纹以及白层的变形能加速表面白层的剥落,小块白

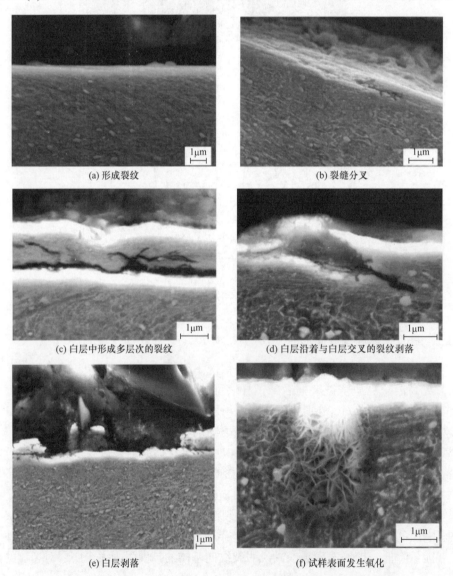

(a) 形成裂纹　　　　　　　　　　　　　　(b) 裂缝分叉

(c) 白层中形成多层次的裂纹　　　　　　　(d) 白层沿着与白层交叉的裂纹剥落

(e) 白层剥落　　　　　　　　　　　　　　(f) 试样表面发生氧化

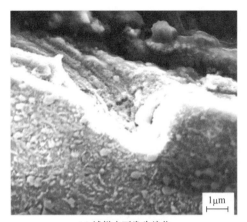

(g) 试样表面发生熔化

图 2.6　试验材料高速射击后横截面的 SEM 形貌

层剥落最终导致邻近的白层也剥落，见图 2.6(e)。图 2.6(f)中试样表面出现了絮状物，这些絮状物可能是热推进气体与身管钢的反应产物。从图 2.6(g)中可以观察到，表面由于熔化产生了腐蚀坑以及开裂的白层，在腐蚀坑的周围是白层，在沿着腐蚀的身管钢的表面白层很薄，而在凹坑区域白层很厚。同时可以观察到表面由于高速冲击磨损而形成的塑性变形。

图 2.7 显示 a 点到 b 点的成分线扫描，可知白层区域中碳、氧含量明显高于基体含量。

(a) 白层与基体界面处的微观组织

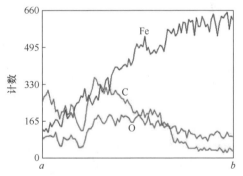

(b) 白层与基体界面处的线扫分析

图 2.7　从白层到基体的成分变化

图 2.8 分析显示出图 2.6(f)中絮状物的成分主要是氧(氧化物)。这说明在模拟射击过程中，燃烧推进气体中的碳溶解并扩散到基体中，在试样表面发生了渗碳和氧化过程；图 2.8(b)中裂缝存在 Mg、Si 和 S，这些残留物可能来源于发射药中的滑石添加物与可燃物。

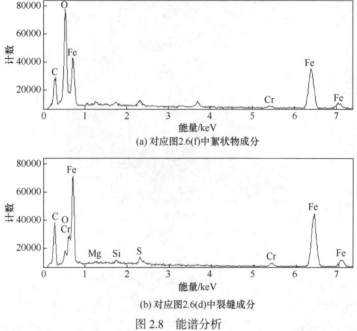

(a) 对应图2.6(f)中絮状物成分

(b) 对应图2.6(d)中裂缝成分

图 2.8　能谱分析

烧蚀环试样横截面基体和白层的 XRD 如图 2.9 所示。由图 2.9 可以得知，白层的 XRD 呈现出衍射峰的部分重叠，其衍射峰来自两种物质，即 Fe_3C 和 α-Fe，说明白层主要是由 Fe_3C 和 α-Fe 构成的，且图 2.9(b)中 Fe_3C 含量明显高于基体中 Fe_3C 的含量。这可能与燃烧推进剂中的碳气氛有关。渗碳体不仅可作为白层裂纹源，且在裂纹扩展及白层剥落中起关键作用。

同时，应用纳米显微力学探针 Nano Indenter II 对试样横截面硬度进行测试，结果表明(图 2.10)：白层距表面的距离约为 20μm，硬度最高约为 8.32GPa；在距表面约 400μm 处为基体，其硬度急剧下降约为 4.897GPa。这表明，在白层与基

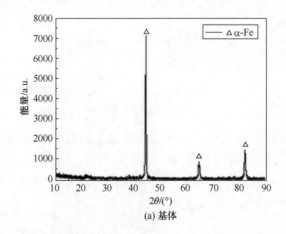

(a) 基体

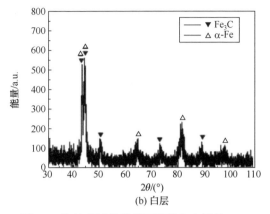

图 2.9　烧蚀环试样横截面基体和白层的 XRD

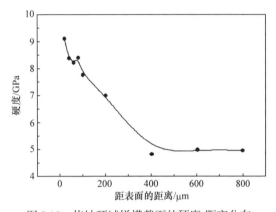

图 2.10　烧蚀环试样横截面的硬度-距离分布

体间的热影响层同时是剧烈塑性变形区，其硬度和材料特征介于白层与基体二者之间。

2.2.3　分析讨论

从上述试验推测，身管钢在高膛压火药冲击作用下，发生了由燃气-金属反应的白层剥落机制，如图 2.11 所示。

在高温、高压火药冲击磨损下，材料表面形成不易被腐蚀的白层，这可能是在高温高压情况下，含碳的燃烧气体与身管钢表面发生化学反应，部分发射药尾气使钢基体发生了渗碳，导致钢中表面的碳含量急剧上升，并在白层内形成了大量的渗碳体，渗碳会使基体钢获得高的表面硬度、耐磨性及接触疲劳强度，同时在高速冲击磨损的过程中表面层产生了塑性变形，这也导致表面层的硬度很高。

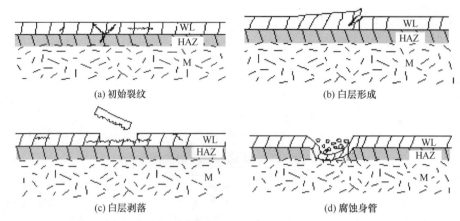

图 2.11　烧蚀磨损后的白层剥落机制(WL 为白层；HAZ 为热影响层；M 为基体)

白层中的渗碳体会促进表面产生裂纹。一方面，由于白层中的渗碳体是脆性相的，在高温、高压和热冲击的情况下抵抗热冲击较弱，所以它可能在白层和热影响层中产生裂纹并扩展。另一方面，身管钢表面层快速加热和冷却会产生高的拉伸应力，可在白层和基体钢的热影响层内产生裂纹。

从上述分析可知，白层的形成和剥落是身管钢烧蚀磨损失效的主要形式。在烧蚀磨损过程中，材料表面由于渗碳和热冲击作用形成白层，同时在快速加热和冷却过程的白层中萌生裂纹。白层的脆性裂纹在白层中扩展，导致烧蚀磨损试样白层的剥落失效，从而引起材料失效。

身管钢在高温、高压和热冲击的情况下，在表面产生大的塑性变形，当达到一定程度时，结合热燃烧气体的渗碳作用形成白层，白层中存在的渗碳体脆性很大，在随后的热冲击下渗碳体周围产生许多平行于或垂直于表面的微裂纹，微裂纹在应力作用下分叉，相交的微裂纹容易产生大的裂纹，导致白层的剥落。

身管钢表面存在着剪切应力，受此应力作用，裂纹将在倾斜于表面的方向形成并在白层中快速扩展，这样容易导致白层与基体的结合力减弱，当倾斜的裂纹与平行或垂直的裂纹相交时，将会导致白层剥落，见图 2.11(c)。

图 2.11(b)和(c)属于疲劳剥落。在图 2.11(b)中，在射击过程中重复地快速加热和冷却在白层内部产生裂纹，白层本身的裂纹沿界面扩展，导致白层的剥层失效。在图 2.11(c)中，白层沿着裂纹的方向开始剥落，直到多条裂纹相交到一起，白层彻底剥落，导致白层剥落失效。白层的剥落可以看成断裂，可以通过分析裂纹的产生和扩展来理解疲劳磨损机制。

在射击过程中，在高温情况下高压燃烧气体与身管钢表面发生化学反应，发生了渗碳和氧化，在裂缝里会残留反应产物，同时在热燃烧气体冲刷气流的作用下，反应产物会被冲刷掉，这样在表面层产生了凹坑，导致白层的烧蚀磨损，加快了腐蚀暴露身管钢的速度，这样就会加快身管钢的失效，见图 2.11(d)。

综上所述，可认为身管钢失效为腐蚀介质中的白层剥落机制。

2.3　不同种类材料的烧蚀行为

2.3.1　试验方法

试验材料为具有不同强韧性的四种材料，包括高强韧奥氏体不锈钢 (00Cr25Ni22Mn5Mo5WN)、高强韧马氏体不锈钢(0Cr15Ni5Mo3N)、二次硬化型超高强度钢(16Co14Ni10Cr2MoE)、传统枪管钢(30SiMn2MoV)，具体化学成分见表 2.3，均锻造成 ϕ30mm 的棒料，按表 2.4 热处理制度分别进行热处理。将经过热处理后的棒料加工成标准拉伸试样和标准夏比 U 形冲击试样进行材料力学性能测试，室温拉伸按《金属材料　拉伸试验　第 1 部分：室温试验方法》(GB/T 228.1—2010)进行，应变速率为 2mm/min；室温冲击试验按《金属材料　夏比摆锤冲击试验方法》(GB/T 229—2020)进行。观察四种材料最终热处理状态下的组织形貌，其中 00Cr25Ni22Mn5Mo5WN 用 10%草酸水溶液电解腐蚀，其他三种材料均用 4%硝酸酒精溶液腐蚀。将其余热处理后的棒料按图 2.1 加工成模拟烧蚀试样用于模拟烧蚀试验。

表 2.3　试验用钢的化学成分　　　　　　　　(单位：%)

牌号	元素									
	C	Ni	Cr	Co	Mn	Mo	Si	N	W	V
00Cr25Ni22Mn5Mo5WN	0.006	22	25	—	5	5	—	0.28	1.02	—
0Cr15Ni5Mo3N	0.070	4~5	14	—	—	2.5	—	0.03	—	—
16Co14Ni10Cr2MoE	0.16	10.0	2.00	14.0	0.16	1.00	0.04	—	—	—
30SiMn2MoV	0.30	—	—	—	1.72	0.54	0.55	—	—	0.2

表 2.4　试验材料的热处理与力学性能

牌号	热处理制度	硬度/HRC	抗拉强度/MPa	屈服强度/MPa	冲击韧性/(J/cm²)
00Cr25Ni22Mn5Mo5WN	1373K×0.5h，水冷	20.0	860	450	>300
0Cr15Ni5Mo3N	1313K×0.5h，水淬+723K×4h，空冷	39.5	1175	869	202.5
16Co14Ni10Cr2MoE	1133K×1h，水淬+783K×5h，空冷	49.0	1700	1560	172.5
30SiMn2MoV	1173K×0.5h，水淬+913K×3h，空冷	38.5	1060	1020	140.0

试验装置如图 2.1 所示，本试验采用 1.4g 的 2 号硝化棉点火，模拟射击发数

为 1～4 发，记录模拟射击前后模拟烧蚀试样重量变化。爆发火药为单基硝化棉火药，装药量为 13g，火药燃烧温度可达 2500～2800K，膛压可达 80～100MPa。图 2.12 为模拟射击过程典型内膛压力变化曲线，整个火药爆燃过程时长为 20～25ms，5ms 左右出现的最低谷为火药点火时间点，15ms 左右内膛压力达到最高值 85MPa。虽然模拟膛压与实弹射击中的膛压相差较大，但仍然能模拟高压气体冲刷过程，因为试样内直径(20mm)和爆发器芯轴直径(19.54mm)之间的缝隙只有 0.46mm，气流通过该缝隙的约束作用加速了对试样内表面的冲刷和烧蚀。试验后沿冲刷面垂直方向切取试样，采用金相显微镜(optical microscope，OM)、扫描电子显微镜、能谱分析以及 XRD 对烧蚀试样的组织形貌、硬度分布、相组成进行分析。

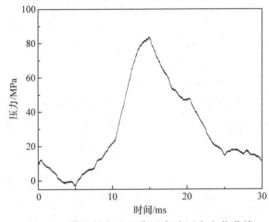

图 2.12 模拟射击过程典型内膛压力变化曲线

2.3.2 试验结果

1. 试验材料力学性能与微观组织

四种材料的最终热处理制度及材料抗拉强度和冲击韧性如表 2.4 所示。从表 2.4 中可以看出，高强韧奥氏体不锈钢 00Cr25Ni22Mn5Mo5WN 冲击韧性最好，但其硬度和强度较低，屈服强度仅为 450MPa。二次硬化型超高强度钢 16Co14Ni10Cr2MoE 具有最高的抗拉强度与屈服强度，同时兼有较高的冲击韧性。高强韧马氏体不锈钢 0Cr15Ni5Mo3N 和传统枪管钢 30SiMn2MoV 硬度、抗拉强度最接近，但冲击韧性明显高于传统枪管钢 30SiMn2MoV，具有较好的强韧性配合。四种材料最终热处理状态的金相组织如图 2.13 所示。图 2.13(a)为高强韧奥氏体不锈钢 00Cr25Ni22Mn5Mo5WN 固溶态的金相组织照片，其组织为奥氏体，具有较好的冲击韧性。高强韧马氏体不锈钢 0Cr15Ni5Mo3N 为低碳量(<0.1%)以提高其耐腐蚀性，加入 N 元素以弥补 C 含量降低导致的强度降低。淬火后可得到高位错密度的板条马氏体组织，723K 回火过程中板条马氏体发生回火，回火后由板条马氏

体转变为回火屈氏体，其组织如图 2.13(b)所示，具有良好的强韧性配合。高强韧马氏体不锈钢 0Cr15Ni5Mo3N 回火后仍保持板条状或片状，分布着细微的析出物，而且板条束均在同一个奥氏体晶粒内。二次硬化型超高强度钢 16Co14Ni10Cr2MoE 经过 783K 回火 5h，淬火板条马氏体的高密度位错为 M_2C 提供了大量的形核位置，M_2C 大量弥散析出，同时该钢镍含量很高，显著降低了 A_{c1}，在时效温度超过 783K 时，产生逆转变奥氏体，其组织为板条马氏体+残留奥氏体+M_2C+逆转变奥氏体 (图 2.13(c))。图 2.13(d)为传统枪管钢 30SiMn2MoV 在淬火、913K 高温回火后的微观组织，为典型回火索氏体。

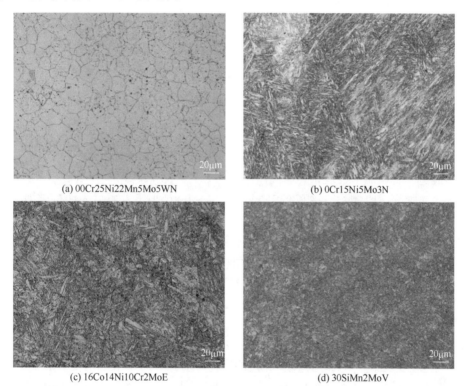

(a) 00Cr25Ni22Mn5Mo5WN

(b) 0Cr15Ni5Mo3N

(c) 16Co14Ni10Cr2MoE

(d) 30SiMn2MoV

图 2.13　四种材料最终热处理状态金相组织

2. 试样烧蚀磨损失重

图 2.14 为环形烧蚀试样在模拟射击前后重量变化。每一次模拟射击过程，环形烧蚀试样经受一次高温、高压、高速火药燃气的冲蚀。随着射击发数的增加，所有材料失重量都增加，但失重情况不一样。四种材料试样中高强韧奥氏体不锈钢 00Cr25Ni22Mn5Mo5WN 的失重最为明显，射击 1 发后烧蚀磨损失重近 30mg，4 发射击后失重达 140mg 以上，而其他三种材料在相同条件下射击 4 发后失重均在 15mg 以内。高强韧奥氏体不锈钢 00Cr25Ni22Mn5Mo5WN 试样失重严重是由其强

度、硬度最低，耐磨性较差而造成的。传统枪管钢 30SiMn2MoV 次之，高强韧马氏体不锈钢 0Cr15Ni5Mo3N 和二次硬化型超高强度钢 16Co14Ni10Cr2MoE 失重相当。

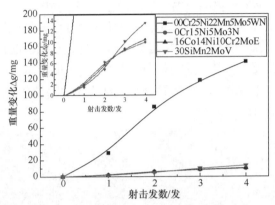

图 2.14　射击过程中烧蚀试样重量变化(Δg=射击前的重量−射击后的重量)

3. 烧蚀模拟试样内膛表面形貌

图 2.15 为四种材料射击 4 发后的内膛表面 SEM 照片。图 2.15 中均匀竖直向下的痕迹为机械加工磨痕，高速气体冲刷的方向为图中的横向。从图 2.15(a)可以看出，高强韧奥氏体不锈钢 00Cr25Ni22Mn5Mo5WN 射击 4 发后表面机械加工磨痕完全不复存在，这说明高强韧奥氏体不锈钢 00Cr25Ni22Mn5Mo5WN(硬度为20HRC)抵抗高速气流对它的冲刷磨损的能力非常弱，这也与前面的重量损失变化相吻合。图 2.15(b)为高强韧马氏体不锈钢 0Cr15Ni5Mo3N 射击 4 发后的表面形貌，图中仍可发现机械加工磨痕，这说明高强韧马氏体不锈钢 0Cr15Ni5Mo3N 射击 4发后磨损量较少，从图中还是能看出一定的冲刷"犁沟"，模拟射击过程身管内壁在高温、高压、高速火药燃气的冲刷下发生了塑性变形。高强韧马氏体不锈钢0Cr15Ni5Mo3N 内膛的腐蚀产物比高强韧奥氏体不锈钢 00Cr25Ni22Mn5Mo5WN要多，这主要是因为高强韧奥氏体不锈钢比高强韧马氏体不锈钢含有更高的 Cr、Ni，具有更优的耐腐蚀性能。图 2.15(c)为二次硬化型超高强度钢 16Co14Ni10Cr2MoE模拟射击 4 发后的表面形貌照片。4 发射击过后，虽然能看到次表层的机械加工磨痕，但表层已经出现大量的树皮状剥落坑，这可能是因为高温影响表层材料，使其瞬时出现软化现象。因为二次硬化型超高强度钢 16Co14Ni10Cr2MoE 主要强化方式是二次硬化，在高温下二次硬化析出相回熔于基体，所以最表层的硬度下降，其磨损增大。同时，高温加速了腐蚀性气体与表面的反应，其腐蚀产物为低熔点的化合物，低熔点的化合物使得表层瞬时产生熔化现象，高速气流将表面冲刷成河流沟状。图 2.15(d)是传统枪管钢 30SiMn2MoV 射击 4 发后的表面形貌照片，从图中可以看出，传统枪管钢 30SiMn2MoV 几乎看不出原机械加工磨痕，

表面烧蚀磨损较为严重。

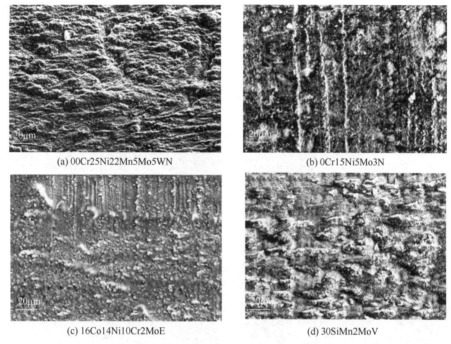

(a) 00Cr25Ni22Mn5Mo5WN

(b) 0Cr15Ni5Mo3N

(c) 16Co14Ni10Cr2MoE

(d) 30SiMn2MoV

图 2.15　模拟射击试验后试样内腔表面的形貌

4. 烧蚀模拟试样横截面形貌

图 2.16 为四种材料模拟射击后横截面金相组织图。高强韧奥氏体不锈钢 00Cr25Ni22Mn5Mo5WN 射击后的金相组织如图 2.16(a)所示，该试样采用 10%草酸水溶液电解腐蚀，从金相组织照片上能看到表层经过腐蚀后发黑，经过 4 发射击后试样黑色区域更深，与灰色的基体有明显的对比。这说明表层更容易被腐蚀，射击造成的残余应力使得电解腐蚀时该区域处于应力腐蚀状态下，而阳极溶解型应力腐蚀从缺陷(高应力区或者可能有微裂纹产生)处开始[18]，所以腐蚀速率高于基体，从而造成发黑。图 2.16(b)为高强韧马氏体不锈钢 0Cr15Ni5Mo3N 射击 4 发后的金相组织，表层已经形成耐腐蚀的白层，次表层发黑(次表层的变形量比表层小，所以耐腐蚀性比表层的白层差)，亚次表层又出现耐腐蚀性较好的亚表面白层。绝热剪切理论[19-21]认为，白层是高速应变集中的结果，因为应变集中的区域不同，所以产生了这种白层分区域出现的现象。图 2.16(c)为二次硬化型超高强度钢 16Co14Ni10Cr2MoE 射击 4 发后的金相组织，从图中能看出，二次硬化型超高强度钢在受到火药爆发冲击后均产生了耐腐蚀的白层。图 2.16(d)为传统枪管钢 30SiMn2MoV 模拟射击后的金相组织，从图中可以看出，其也产生了白层，而且

能看到明显的表面白层和亚表面白层分界,处于之间的疏松部分在腐蚀之后发黑。

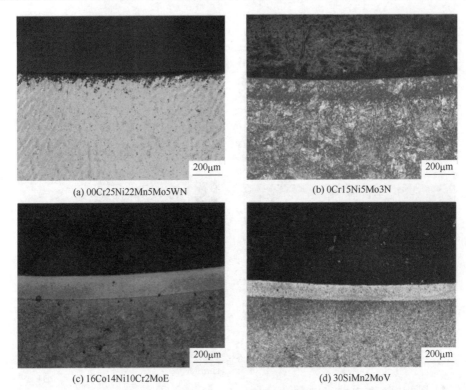

(a) 00Cr25Ni22Mn5Mo5WN

(b) 0Cr15Ni5Mo3N

(c) 16Co14Ni10Cr2MoE

(d) 30SiMn2MoV

图 2.16 试样模拟射击后横截面金相组织图

　　四种材料射击 4 发后的截面 SEM 形貌见图 2.17。图 2.17(a)为经过射击后高强韧奥氏体不锈钢 00Cr25Ni22Mn5Mo5WN 的截面 SEM 图像。由图 2.17(a)可知,高强韧奥氏体不锈钢 00Cr25Ni22Mn5Mo5WN 试样模拟射击后表层产生了一层与基体有明显分界线的白层,4 次射击以后,试样表层基体大块翻起剥落(白色椭圆圈出)。图 2.17(b)为高强韧马氏体不锈钢 0Cr15Ni5Mo3N 经过高温、高压烧蚀磨损后截面 SEM 图像,射击 4 发后可以看到白层中的裂纹已经扩展到了基体,但是白层还是完整覆盖层,出现剥落坑的地方也非常少,这说明高强韧马氏体不锈钢 0Cr15Ni5Mo3N 良好的韧性在抵抗白层剥落方面起到了作用,白层的剥落方式为疲劳剥落。试样表面的腐蚀产物少,受观测的试样上没有找到腐蚀坑,说明试样被腐蚀的程度很小。图 2.17(c)为二次硬化型超高强度钢 16Co14Ni10Cr2MoE 经过高温、高压烧蚀磨损后截面 SEM 图像,二次硬化型超高强度钢 16Co14Ni10Cr2MoE 表面产生大量的腐蚀坑。这表明二次硬化型超高强度钢 16Co14Ni10Cr2MoE 虽然硬度较高(44HRC),但是耐腐蚀性能差,这也导致表面白层严重腐蚀剥落。图 2.17(d)为传统枪管钢 30SiMn2MoV 经过模拟射击后截面 SEM 图像。从

图 2.17(d)中可以看出，4 发射击后白层的附着情况良好，没有出现大面积的剥落现象，白层中产生了裂纹并且部分已经向基体延伸，但是白层剥落坑很少，从整体上看气体的冲刷只是形成"犁沟"状的冲刷带，这说明白层的韧性好，塑性变形能力强。

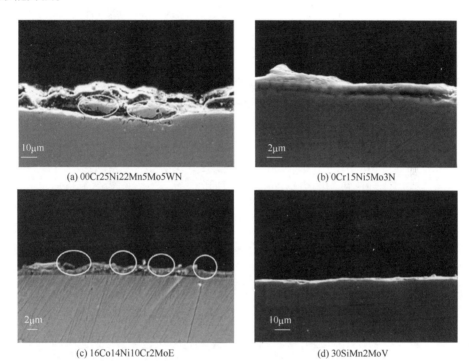

(a) 00Cr25Ni22Mn5Mo5WN　　　　　(b) 0Cr15Ni5Mo3N

(c) 16Co14Ni10Cr2MoE　　　　　(d) 30SiMn2MoV

图 2.17　试样模拟射击后截面 SEM 形貌

2.3.3　分析讨论

身管钢有较高塑性，在高温、高压燃烧气体高速冲击下，表面会产生大的塑性变形，达到一定程度时则形成不易被腐蚀的白层。高强韧奥氏体不锈钢 00Cr25Ni22Mn5Mo5WN 在四种材料中具有最高的冲击韧性，但硬度仅为 20HRC。其失效方式主要是身管内腔磨损，同时发现白层内裂纹，且在高速气体的作用下，白层和基体整体被冲刷磨损掉。其白层剥落机制的模型如图 2.18 所示。

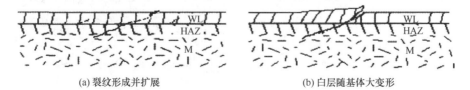

(a) 裂纹形成并扩展　　　　　(b) 白层随基体大变形

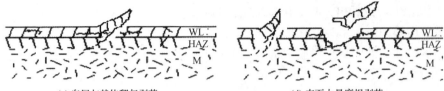

(c) 白层与基体翻起剥落　　　　(d) 表面大量磨损剥落

图 2.18　高强韧奥氏体不锈钢 00Cr25Ni22Mn5Mo5WN 白层和基体冲刷磨损剥落

(WL 为白层；HAZ 为热影响层；M 为基体)

　　身管内表面存在残余剪切应力，受此应力作用具有较高韧性的身管钢白层内会产生许多倾斜于表面的微裂纹，并在白层中快速扩展，这样容易导致白层与基体的结合力减弱，当倾斜的裂纹与平行或垂直的裂纹相交时，将会导致白层的剥落，裂纹扩展交叉也可能导致白层剥落。高强韧马氏体不锈钢 0Cr15Ni5Mo3N 和传统枪管钢 30SiMn2MoV 的白层剥落就属于这种类型，剥落方式均以白层疲劳剥落为主。其白层剥落机制的模型如图 2.19 所示。

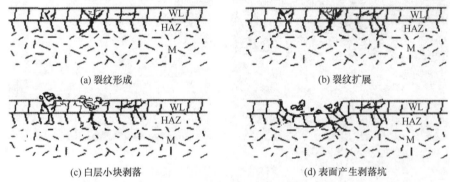

(a) 裂纹形成　　　　(b) 裂纹扩展

(c) 白层小块剥落　　　　(d) 表面产生剥落坑

图 2.19　高强韧马氏体不锈钢 0Cr15Ni5Mo3N 和传统枪管钢 30SiMn2MoV 白层剥落

(WL 为白层；HAZ 为热影响层；M 为基体)

　　裂纹在白层中扩展，导致高温、高压腐蚀性气体通过裂纹向模拟身管内壁基体渗透；随着白层的剥落、基体的暴露，这个腐蚀过程进一步加重，从而引起材料失效。根据试验结果可推断：二次硬化型超高强度钢 16Co14Ni10Cr2MoE 显示为白层腐蚀剥落机制，模型如图 2.20 所示。

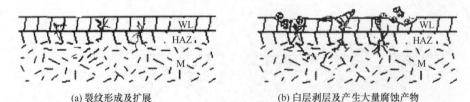

(a) 裂纹形成及扩展　　　　(b) 白层剥层及产生大量腐蚀产物

(c) 白层剥落，腐蚀产物增多　　　　　　(d) 表面产生剥落坑和腐蚀坑

图 2.20　二次硬化型超高强度钢 16Co14Ni10Cr2MoE 白层腐蚀剥落

(WL 为白层；HAZ 为热影响层；M 为基体；黑色球为腐蚀产物)

2.4　不同表面处理下身管烧蚀行为

2.4.1　试验方法

本节研究不同表面硬化处理对身管内膛烧蚀性能的影响。试样采用 25Cr3Mo3NiNbZr 身管钢，材料热处理制度为 1243K×60min 水淬+913K×240min 炉冷。将热处理好的试样加工成环形烧蚀试样，分别进行内膛表面镀铬和氮碳共渗处理，然后进行模拟烧蚀试验。

模拟烧蚀试验后沿冲刷面垂直方向切取试样，在金相镶样机上镶嵌后制成金相试样，观察烧蚀磨损表层特征，采用扫描电子显微镜及能谱分析系统对烧蚀环内膛表面组织形貌进行观察和成分分析，并采用纳米显微力学探针 Nano Indenter II 对烧蚀环的内膛表面硬度分布进行分析。

2.4.2　试验结果

1. 镀铬试样

镀铬的身管试样经过模拟射击试验后，其内膛表面形貌如图 2.21 所示。镀铬试样受到高温、高压、高速燃烧火药气体的循环往复冲刷，表面产生大量的网状裂纹，镀铬层被分成了很多孤立的"小岛"，但火药气体对镀铬层表面冲刷磨损较轻。镀铬试样经 4 次烧蚀试验后横截面的显微形貌见图 2.22。由于镀铬层的固有脆性，且射击过程中受到高温、高压火药气体的冲刷作用，镀铬层在高速火药气体冲刷下仅射击 1 发就产生了大量裂纹，如图 2.22(a)所示。火药气体爆燃时内膛表面温度急剧升高，而基体温度仍较低，因此在身管内壁产生较强的热应力，裂纹在热应力作用下向基体扩展，且在镀铬层与基体的界面处改变扩展方向，沿着界面延伸(图 2.22(b))。高速火药气体通过裂纹严重地冲刷镀铬层与基体的界面，并使裂纹间隙变宽，在裂缝间隙的尽头形成孔洞，这样会促使镀铬层分离成块状，最终导致镀铬层剥落(图 2.22(c))。

(a) 低倍　　　　　　　　　　　　　　　　(b) 高倍

图 2.21　镀铬试样射击 4 发后内膛表面形貌

(a) 射击1发，裂纹产生　　(b) 射击2发，裂纹扩展至界面　　(c) 射击4发，裂纹沿界面扩展

图 2.22　镀铬试样烧蚀后内膛横截面显微形貌

2. 氮碳共渗试样

氮碳共渗试样经模拟烧蚀试验后的内膛表面形貌和横截面显微形貌分别如图 2.23 和图 2.24 所示。内膛表面沿着冲蚀方向的裂纹与垂直于冲蚀方向的裂纹交叉在一起形成大量的显微网状裂纹(图 2.23(a))，裂纹虽不如镀铬身管密集，但其深度和宽度均要大于镀铬层表面裂纹。在高温腐蚀性火药气体的腐蚀作用下，氮

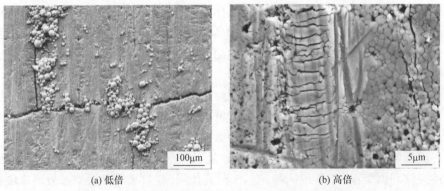

(a) 低倍　　　　　　　　　　　　　　　　(b) 高倍

图 2.23　氮碳共渗试样射击 4 发后内膛表面形貌

碳共渗试样表面部分晶界可见(图 2.23(b)，射击 4 发)。试样经氮碳共渗后表面形成高硬度化合物层，而次表面是易被侵蚀的氮碳共渗层的扩散层，其次是基体(图 2.24(a))。化合物层在高速燃烧火药气体的冲刷作用下，表面出现化合物层剥落，且产生了大量的微裂纹(图 2.24(b)，射击 1 发)。氮碳共渗层无类似镀铬层与基体的界面，表面的裂纹很容易扩展至扩散层和基体(图 2.24(c)，射击 3 发)。在射击过程中，裂纹可为高速燃烧火药气体与基体的反应提供通道，因此在裂纹处产生烧蚀，造成基体的腐蚀和磨损，如图 2.24(d)所示。

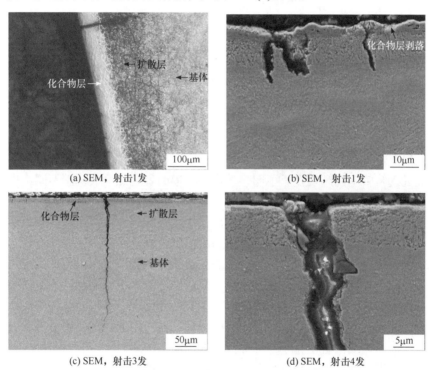

(a) SEM，射击1发　　　　　　　　(b) SEM，射击1发

(c) SEM，射击3发　　　　　　　　(d) SEM，射击4发

图 2.24　氮碳共渗试样烧蚀后内腔横截面显微形貌

3. 硬度分析

图 2.25 为镀铬、氮碳共渗表面处理试样模拟射击 4 发后内腔表面硬度分布。镀铬试样烧蚀试验后镀铬层在高温火药气体冲刷作用下表面硬度较低，这与表面镀铬层再结晶软化有关，基体材料硬度在 4.9GPa 左右；镀铬层与基体之间存在硬度逐渐降低的过渡层，过渡层的形成与基体的塑性变形有关，高压、高速燃烧火药气体冲刷内腔表面，高弹性模量的镀铬层将应变传递到基体，受火药气体高温热影响的基体发生塑性变形，变形程度的差异和温度的作用共同导致硬度的变化[21]。经氮碳共渗后身管内腔表面化合物层硬度远高于镀铬试样表面镀铬层硬度，扩散层

硬度虽下降明显，但仍显著高于基体硬度。

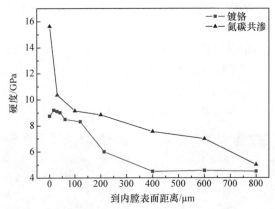

图 2.25　不同处理试样射击 4 发后内腔表面硬度分布

2.4.3　分析讨论

由以上试验结果可见：在高温、高压、高速火药气体的反复冲刷作用下，两种表面处理身管钢内腔均发生了明显的烧蚀，但两者烧蚀失效机制不同，失效模型如图 2.26 所示。

当火药爆燃时，产生的高压火药气体作用于身管钢内腔表面，内腔表面形成切向拉应力。高温的火药气体使表面镀铬层温度急剧升高，沿径向在身管内腔产生极大的温度梯度，在热应力的作用下表面镀铬层受到切向压应力。由于热传递的滞后，热应力迟于气体压力作用而产生拉应力，两者不能相互抵消，内腔受到上述高压火药气体产生的拉应力和热应力的交变作用[22]。身管内腔镀铬层在周期交变应力的作用下易产生裂纹，在随后的火药气流作用下镀铬层内产生的微裂纹在其中扩展，裂纹沿着垂直于冲蚀面向基体扩展，扩展到镀铬层与白层的界面处改变方向沿着界面延伸，裂纹相互连接使镀铬层与基体的结合力减弱，加速镀层的剥落，裸露出基体。镀层的身管是先发生镀铬层剥落，再在热应力的冲击下产生基体白层剥落[23]，使基体材料的磨损量大大减少，因此镀铬层对身管基体起到保护作用。镀铬层失效主要不是由于磨损或腐蚀，而是由镀铬层开裂和小块剥落而导致基体暴露于热的腐蚀性火药气体[24]。镀铬枪炮身管的失效方式可总结为以镀铬层剥落为主，失效模型如图 2.26(a)所示。

氮碳共渗表面处理的身管，同样受到火药气体高温、高压而产生的交变应力的作用。氮碳共渗之后的试样内表面的硬度更高、更脆，使裂纹更易于在表面及次表面形成并扩展，氮碳共渗层与基体不存在类似镀铬层与基体间的明显界面，裂纹由氮碳共渗层向基体扩展时不易改变扩展方向，所以表面产生的裂纹容易向基体方向扩展，但到达基体的时候裂纹的扩展速率减慢，扩展方向也不是单一的垂直烧蚀面的方向，而是在基体内分叉，高压的腐蚀性介质促使裂纹扩展并顺着裂纹扩展方向腐蚀氮碳共渗层，进而使腐蚀产物剥离，因此破坏了氮碳共渗层对基体的保护作用，裂纹容易向基体方向扩展，并在基体中分叉，最终截止在冲击韧性较高的基体。当裂纹扩展到基体时，裂纹的宽度随着燃烧火药气体的冲击以及弹带的反复剪切作用而变宽，在粗糙的裂缝表面会残留一些未燃烧的火药固体颗粒，当残留的火药固体颗粒再度燃烧时，火药固体颗粒就会与基体发生反应，产生烧蚀坑，因而会更严重地腐蚀基体，氮碳共渗的速射武器身管的失效方式为高速燃烧火药气体冲刷下的基体腐蚀，其失效模型如图 2.26(b)所示。

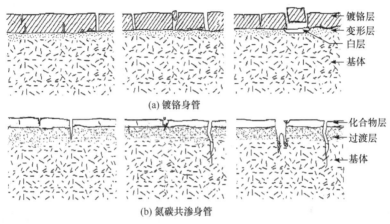

图 2.26　烧蚀工况下不同处理身管的失效模型

2.5　本章结论

(1) 四种强韧性材料，即高强韧奥氏体不锈钢 00Cr25Ni22Mn5Mo5WN、高强韧马氏体不锈钢 0Cr15Ni5Mo3N、二次硬化型超高强度钢 16Co14Ni10Cr2MoE 和传统枪管钢 30SiMn2MoV 试样内壁均产生白层。强度低、冲击韧性最高的高强韧奥氏体不锈钢 00Cr25Ni22Mn5Mo5WN，在高温、高压、高速火药气体的作用下，白层和基体整体被冲刷磨损掉。高强韧马氏体不锈钢 0Cr15Ni5Mo3N 和传统枪管钢 30SiMn2MoV 均具有较好的耐冲击磨损性能，剥落方式均以白层疲劳剥落为主。二次硬化型超高强度钢 16Co14Ni10Cr2MoE 在火药气体的冲蚀下内表面出现了大量腐蚀产物、腐蚀坑和粗大的交叉裂纹，表面呈龟裂状。同时发现，随着韧性提高，可观察到白层腐蚀剥落现象。

(2) 镀铬身管钢经烧蚀后，受到火药气体的冲刷以及镀铬层本身的脆性，导致镀铬层内产生微裂纹，并沿着镀铬层与基体界面扩展，从而导致镀铬层剥落。镀铬层内的裂纹有两种：一种是加工时产生的微裂纹，射击过程中受到高速燃烧火药气体的冲刷以及内膛表面大的温度梯度产生的热应力作用而扩展；另一种是射击过程中产生的微裂纹，是由镀铬层脆性在高速燃烧火药气体的冲刷下容易开裂造成的。裂纹独立或交互作用导致裂纹扩展和材料白层剥落。

(3) 碳氮共渗的身管内壁具有比镀铬层更高的硬度，射击过程中表面不易塑性变形，导致表面产生大量的网状微裂纹。由于它没有镀铬层与基体的结合面，所以裂纹极易沿着垂直于烧蚀面的方向，向基体快速扩展并产生大块剥落。试验结果显示出其裂纹扩展及剥落最为严重。

(4) 身管内壁失效方式均为剥落机制，但显示出不同的剥落特点和具体形态。未经处理的身管钢失效是基体表层产生的白层剥落机制，而镀铬身管钢失效方式是镀铬层剥落机制；碳氮共渗身管钢失效方式为碳氮共渗层与基体剥落机制。

参 考 文 献

[1] Wu B, Xia W, Tang Y, et al. Review on thermal effects during the firing process and measures of their thermal control[J]. Acta Armamentarii, 2003, 24(4): 525-529.

[2] Underwood J H, Vigilante G N, Mulligan C P. Review of thermo-mechanical cracking and wear mechanisms in large caliber guns[J]. Wear, 2007, 263(7-12): 1616-1621.

[3] 刘帮俊, 陈荣刚, 吴斌. 火炮身管失效机理和寿命预测[J]. 兵器装备工程学报, 2016, 37(12): 121-125, 149.

[4] 闫建伟. 基于多失效模式的枪械关重件使用寿命分析[D]. 南京: 南京理工大学, 2016.

[5] 许耀峰, 单春来, 刘朋科, 等. 火炮身管寿终机理及寿命预测方法研究综述[J]. 火炮发射与控制学报, 2020, 40(3): 89-94, 101.

[6] 吴华晴. 基于退化数据的身管使用寿命预测与分析[D]. 南京: 南京理工大学, 2014.

[7] Li X L, Zang Y, Mu L, et al. Erosion analysis of machine gun barrel and lifespan prediction under typical shooting conditions[J]. Wear, 2020, 444-445: 203177.

[8] Li X L, Mu L, Zang Y, et al. Study on performance degradation and failure analysis of machine gun barrel[J]. Defence Technology, 2020, 16(2): 362-373.

[9] Li H X, Chen G N, Zhang K, et al. Degradation failure features of chromium-plated gun barrels with a laser-discrete-quenched substrate[J]. Surface and Coatings Technology, 2007, 201(24): 9558-9564.

[10] Ardila-Giraldo O A, Pujol S. Failure mechanisms of small-scale reinforced concrete beams impacted by soft missiles[J]. Structures, 2019, 20: 620-634.

[11] Lawton B. Thermo-chemical erosion in gun barrels[J]. Wear, 2001, 251(1-12): 827-838.

[12] Cote P J, Todaro M E, Kendall G, et al. Gun bore erosion mechanisms revisited with laser pulse heating[J]. Surface and Coatings Technology, 2003, 163-164: 478-483.

[13] Sopok S, Rickard C, Dunn S. Thermal-chemical-mechanical gun bore erosion of an advanced artillery system part one: Theories and mechanisms[J]. Wear, 2005, 258(1-4): 659-670.

[14] Johnston I A. Understanding and predicting gun barrel erosion[R]. Edinburgh: DTIC Defence Science and Technology Organisation, 2005.

[15] 樊新民, 陈健中, 徐天祥. 三种镀覆层材料抗烧蚀性能评价[J]. 弹道学报, 2000, 12(1): 65-67, 72.

[16] 杨淑媛. 半密闭爆发器烧蚀管法研究[J]. 火炸药, 1986, (3): 10-16.

[17] 高海霞, 黄进峰. 速射武器身管材料的失效特征与机理分析[D]. 北京: 北京科技大学, 2008.

[18] 毋玲, 孙秦, 郭英男. 阳极溶解型应力腐蚀损伤中的能量问题研究[J]. 机械强度, 2004, 26(S1): 49-51.

[19] 杨业元, 黄维刚, 方鸿生. 大型磨机内磨球的磨损分析[J]. 机械工程材料, 1995, (5): 30-32.

[20] Bai Y. Adiabatic shear banding[J]. Advances in Applied Mechanica, 1990, 31(2):133-203.

[21] Ebihara W T, Hochrein A A, Thiruvengadam A. Some scaling laws governing gun erosion[J]. Wear, 1976, 39 (2): 307-322.

[22] Li X L, Zang Y, Lian Y, et al. An interface shear damage model of chromium coating/steel substrate under thermal erosion load[J]. Defence Technology, 2021, 17(2): 405-415.

[23] Gao H X, Huang J F, Zhang J S, et al. Formation and spalling off mechanism of white layer of rapid-firing gun steel[J]. Heat, Treatment of Metals, 2008, (10): 109-113.

[24] Montgomery R S, Sautter F K. A review of recent American work on gun erosion and its control[J]. Wear, 1984, 94(2): 193-199.

第3章　枪炮身管钢的磨损行为

3.1　引　　言

身管内膛的磨损和烧蚀是造成身管寿终的根本原因[1]，身管内膛磨损口径变大，弹丸飞行稳定性下降，导致精度下降或横弹。本章主要介绍身管内膛的磨损(尤其是高温磨损)行为、原因，提高身管内膛材料耐磨性的思路，以及通过表面强化处理加速耐磨性相关研究的进展。

3.2　磨损定义与分类

磨损定义为一个物体出于机械的原因，即在与另一气体、液体或固体配件发生接触或相对运动时，表层材料不断地发生损耗或产生变形的现象[2]。影响磨损的因素很多，如摩擦副材料、润滑条件、相对运动特征、加载方式和大小、摩擦速度、工作温度等。磨损过程一般分为三个阶段，如图 3.1 所示。①跑合磨损阶段：磨损过程的非均匀阶段，在整个磨损过程中所占比例很小，其特征是磨损率随时间的延长而降低，表面形成稳定的氧化膜、润滑油膜等。②稳定磨损阶段：磨损率较稳定的阶段，机械零部件大部分时间在此阶段服役。③剧烈磨损阶段：随着磨损的进行，摩擦次表面粗糙度增大，引起剧烈振动，磨损加剧，部件加快失效。

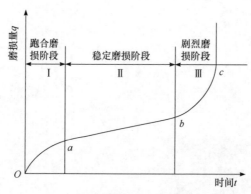

图 3.1　磨损过程三个阶段曲线[3]

按磨损按机理对其进行分类主要有黏着磨损、磨粒磨损、疲劳磨损、腐蚀磨损等。据估计，工业领域里由各类磨损造成的经济损失中黏着磨损占 15%、磨粒磨损占 50%、腐蚀磨损占 5%，疲劳磨损也占了一定比例[3]。对于身管，当火药气体推动弹丸有火药残渣时，存在黏着磨损、磨粒磨损、疲劳磨损和腐蚀磨损，如果是铜被甲，则会出现挂铜黏着磨损，因此对于身管可能出现的典型磨损的特征应该有一个清晰的认识。

3.2.1　黏着磨损

黏着磨损是指相对运动的两个表面在真实接触面区域上发生固相黏结，并从一个表面转移到另一个表面的现象[4]。固体表面从微观来看是凹凸不平的，实际上，两摩擦表面接触时并不是整个表面接触，而是许多凸出体接触。实际接触面积只占名义接触面积的很小一部分，所以接触点的局部应力很大，当应力超过某一值时，接触点就会产生黏着或焊合，并在相对切向运动中被剪断或撕裂，致使材料转移或逐渐剥落。黏着磨损常见于边界摩擦，如高速、重载和高温条件下的干滑动摩擦场合。一般来说，塑性材料比脆性材料易于发生黏着，互溶性大的材料(相同金属或晶格类型、点阵常数、电子密度、电化学性质相近的金属)黏着趋向大；单相金属比多相金属黏着趋向大，固溶体比化合物易于发生黏着；在摩擦速度一定时，黏着磨损量随法向应力的增大而增加，当接触应力超过材料硬度的 1/3 时，黏着磨损量将急剧增加；在法向应力一定时，黏着磨损量随滑动速度的增大而增加，但达到某一极大值后又随滑动速度的增大而减少。此外，摩擦副表面粗糙度、表面温度以及润滑状态对黏着磨损均有较大影响。按磨损的严重程度，黏着磨损可以分为轻微黏着磨损、一般黏着磨损、擦伤磨损和胶合磨损。黏着磨损有时也分为外摩擦和内摩擦，外摩擦时磨损只在很薄的表层发生，内摩擦则在表层内发生大范围的磨损。当表面冷却时，材料的强度高，耐损伤，但内层材料强度低，易发生塑性变形而损坏，出现表面大范围的磨损，当界面温度上升时，界面材料弱化甚至熔化，使摩擦面易于进行滑动，而不会引起材料内部的损伤，磨损仅限于很薄的表层内。

3.2.2　磨粒磨损

磨粒磨损是指外界硬颗粒或者对磨面上的硬突起物、粗糙峰在摩擦过程中引起材料表面脱落的现象。它通常发生在工程机械中，如挖掘机铲齿、犁耙、球磨机磨球、衬板等。磨粒磨损一般受材料力学性能影响，如磨料的硬度、强度、形状、大小，以及所受载荷、摩擦速度等。按照磨粒和表面的相互位置来划分，可以把磨粒磨损分为二体磨粒磨损和三体磨粒磨损；按照摩擦表面所受的应力和冲击力来划分，可以将磨粒磨损分为凿削式磨粒磨损、高应力碾碎式磨粒磨损和低应力擦伤式磨粒磨损。

3.2.3 疲劳磨损

疲劳磨损是指两个具有滚动或滑动或二者兼有的摩擦表面，在循环变化的接触应力中，接触界面因疲劳效应导致金属流失的过程。疲劳磨损主要发生于剪切应力超过材料的极限剪切强度，如齿轮、滚动轴承等的摩擦，其受摩擦条件下的宏观应力、材料的力学性能和强度及金属内部缺陷和润滑介质的性质等因素的影响。与黏着磨损和磨粒磨损不同的是，疲劳磨损一般不可避免，即便是在良好的油膜润滑条件下。疲劳磨损一般由两个阶段组成：裂纹萌生和裂纹扩展[5]。当两接触表面做滚动或滚滑复合相对运动时，交变应力的作用使接触表面发生塑性变形，萌生裂纹，裂纹扩展后产生材料的断裂剥落，而在基体表面留下一个凹坑。接触疲劳没有疲劳极限，疲劳寿命波动性很大，一般有收敛性和扩展性两种类型。收敛性疲劳磨损一般产生于机器的跑合磨损阶段，会随着跑合磨损阶段的结束而自动消失；扩展性疲劳磨损使初始的疲劳麻点随着时间的推移而进一步扩大，直至零件失效[6]。疲劳磨损有两种基本的形式：宏观疲劳磨损和微观疲劳磨损。宏观疲劳磨损是指发生于滚动接触或滚滑接触时的疲劳磨损，如凸轮、齿轮、滚动轴承等高接触副零件的表面；而微观疲劳磨损则指发生于滑动接触时的疲劳磨损，各个摩擦副都有可能发生这种形式的磨损。

3.2.4 腐蚀磨损

腐蚀磨损是指在摩擦过程中金属与周围介质发生化学反应或电化学反应，从而造成金属表面损伤的现象，通常伴随机械作用而造成磨损。氧化磨损就是一种典型的腐蚀磨损，在各类机械中普遍存在，一直受到人们的关注。任何存在于大气中的机件表面总有一层氧的吸附层，当摩擦副相对运动时，表面凹凸不平，在凸起部位单位压力很大，导致塑性变形的产生。塑性变形加速了氧向金属内部的扩散，从而形成了氧化层。由于形成的氧化层的硬度高于基体，所以氧化层具有减摩作用；同时氧化物的强度低，当摩擦副继续做相对运动时，氧化层逐渐剥落，裸露出新的金属表面，从而又发生氧化，氧化和剥落交替进行，这就是氧化磨损。大多数的观点认为，摩擦表面存在一定量的氧化物有利于减少摩擦副的直接接触，可以降低摩擦副的摩擦系数和磨损率[7]。高温磨损较室温磨损更复杂，同时伴随材料性能的恶化、热疲劳及氧化等问题的出现，改变了摩擦界面的特性，研究起来较为困难，且常常会同时出现多种类型的磨损，因此高温磨损还有待深入研究[8]。

3.3　身管内膛磨损行为

　　身管同其他工程构件一样存在因磨损而失效的现象。内膛在服役过程中受到烧蚀和磨损的共同作用，这些作用可以归纳为热因素、化学因素、机械因素三方面因素的影响，其中机械因素主要表现为身管内膛的磨损。弹丸在射击过程中，经过挤进膛线、火药燃烧及膛内运动过程，此过程涵盖了黏着磨损、磨粒磨损、疲劳磨损及腐蚀磨损的交互作用，对内膛造成了损伤、破坏。磨损的结果逐渐积累造成身管的失效，使弹丸达不到正常的前进速度和旋转速度，最终影响枪炮的各项指标。

3.3.1　身管内膛烧蚀磨损

　　身管在射击过程中存在烧蚀和磨损等破坏作用。烧蚀是指射击过程中在火药气体反复冷热循环和物理化学作用下造成金属性质的变化。磨损则指火炮内膛燃气流的冲刷及弹带、弹丸对炮膛的机械作用所造成的几何形状的破坏。烧蚀和磨损综合作用的结果是在全身管内膛各轴向位置上的直径均有不同程度的增大，其中膛线的起始段及膛线的阳线表面为损耗最严重的位置。

　　身管内膛在烧蚀磨损逐渐加重的情况下引起内膛结构变化，使身管内弹道性能发生变化，从而导致身管寿终。坡膛及膛线起始部分的烧蚀磨损会使弹丸装填位置前移，药室容积增大，弹丸挤进膛线的条件变差；而阳线表面的损耗，使弹丸在膛内运动产生摆动，影响飞行稳定性，增大射弹散布范围。

　　热因素：射击时弹丸沿内膛加速的几毫秒内，火药爆燃产生的高温火药气体使身管内膛瞬间达到很高的温度和压力，最高温度可达 1270K。由于热作用的时间极短(5～50ms)，所以每次射击时距离内壁 0.5mm 处温升仅 50K 左右，这会造成极大的动态压应力，而射击后内膛冷却过程中则会产生动态拉应力。这种应力循环，无论是对镀铬身管还是非镀铬身管均是膛面裂纹产生的直接诱因[9]。此外，热作用还能导致身管材料产生相变，最后身管内膛表面在热应力、组织应力的作用下出现疲劳裂纹的萌生和扩展[10]。

　　化学因素：火药燃烧产生的 CO 和 H_2S 与基体反应生成低熔点化合物 FeC_3 和 FeS，同时这两种化合物与身管钢中的 Fe 形成低熔点的共晶相：FeC_3-Fe、FeS-Fe。这些低熔点物质在高温推进剂尾焰作用下出现局部的熔化现象，并被火药气体冲刷掉[11]，且过量的 CO 会使内膛表面碳的浓度增加，降低钢的固相线温度，使内膛表面剪切强度降低。渗碳还会降低钢的导热性，使表面温度快速升高，加速内膛表面的软化与局部微区熔化[12]。

　　机械因素：由于火药气体的冲刷，身管内膛直径将不断扩大，在阳线部位将形成纵向的不断加宽、加深的裂纹网，在阳线的顶部和导转侧也会由于弹带的机械磨损而使径向尺寸扩大。同时，沿着弹丸前进方向运动的气流由于夹带着液态和固态生成物，还包括未燃尽的发射药粒子，其速度很高，所以对膛壁的机械磨损也很大[9]。此外，弹丸在膛内运动时，弹带及弹体也都会对内膛表面产生挤压力和摩擦力，加剧内膛的磨损[13]。磨损的结果会造成相对于射弹起动压力的初始阻力减小，从而使最大膛压下降，初速下降。此外，如果膛线磨损严重，弹带或弹丸被甲可能失灵，弹丸飞行变得不稳定。对于有镀层的身管，如镀铬身管，镀铬层与基体之间的热膨胀系数存在差异，再加上镀铬层固有裂纹的存在，在机械摩擦的作用下很容易出现镀铬层的剥落和烧蚀。应该指出的是，弹丸运动对膛口的烧蚀起主要作用。在膛线起始部位，弹丸的运动可以导致阳线的破坏及镀铬层的剥落，引起进一步的烧蚀。

需要指明的是，热因素、化学因素、机械因素三种作用不是单独存在的，而是相互影响、相互促进的。热作用、推进剂气体对内膛的腐蚀均可以加速机械磨损的进行，而磨损过程会产生大量的热，且内膛的磨损同样加速了腐蚀过程的进行。

3.3.2　身管内膛与弹丸的摩擦磨损

弹丸被射击后，在火药气体压力作用下开始运动，一直到命中既定目标后才停止运动，其所走过的轨迹称为弹道。弹道可以分为四个阶段，分别是内弹道、中间弹道、外弹道和终点弹道。其中，内弹道的定义为从弹头起动到弹丸飞出枪口瞬间弹头运动所产生的轨迹。身管内膛与弹丸的摩擦磨损过程主要发生在内弹道。

内弹道可以包括如下三个过程[14]，弹丸射击原理图如图 3.2 所示。

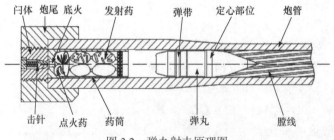

图 3.2　弹丸射击原理图

(1) 点火过程：弹丸从装入身管并到达定心部位，此时便处于待击发状态。射击定义为从点火开始，通常的做法是通过机械作用、电作用等击发底火，使得底火药着火，并进一步使得底火中的点火药燃烧，从而产生高温、高压气体以及灼热的粒子，粒子通过小孔射入装有火药的药室，使火药在高温、高压作用下发生燃烧，这个过程称为点火。

(2) 挤进膛线过程：在射击完成点火这个过程后，火药便燃烧，从而产生大量高温、高压气体，由此来推动弹丸向前运动。弹丸的弹带(或被甲)直径比膛内的阳线直径略大，所以弹丸开始运动后，弹丸的弹带(或被甲)逐渐挤进膛线，阻力也随之不断增大，当弹带完全挤进膛线时，阻力达到最大值，这时弹丸的弹带被磨出沟槽，并且与膛线完全吻合，这个过程称为弹丸的挤进膛线过程。

(3) 膛内运动过程：在弹丸的弹带全部挤进膛线后，挤进阻力便急剧下降。并且随着火药的继续燃烧，会产生高温、高压气体。在这种气体压力作用下，弹丸一方面沿着内膛轴线向前运动，另一方面又会沿着膛线做旋转运动。随着弹丸的运动，燃烧的火药气体也会随弹丸一同向前运动，这些运动都是在同一时间发生的，组成复杂膛内射击的现象，并且随着此过程的进行，弹丸速度不断增加，在弹丸到达膛口的瞬间，弹丸的速度为出膛速度。此后，弹丸离开身管内膛而在空中飞行。弹丸在膛内运动过程中会造成内膛膛线(尤其是身管前部)的磨损，如图 3.3 和图 3.4 所示，寿终枪管前部阳线受到严重磨损，阴阳线起伏明显减小[15-18]。

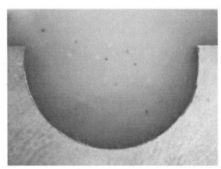

(a) 初始状态　　　　　　　　　　　　　　　(b) 寿终状态

图 3.3　枪管膛线截面图

(a) 初始状态　　　　　　　　　　　　　　　(b) 寿终状态

图 3.4　枪管膛线表面图

弹丸挤进膛线这一过程对内弹道性能具有重要的影响。枪弹和炮弹挤进过程原理相同,不同之处在于枪弹无弹带,枪弹被甲(圆柱部表面层)起弹带的作用。在弹丸挤进膛线过程和弹丸在膛内运动过程,阳线顶部和导转侧与弹带(被甲)之间的机械磨损,使内膛径向尺寸扩大。弹道学研究显示,身管内膛结构的变化会直接引起挤进压力和运动阻力的变化,进而导致内弹道性能诸元(主要指初速和膛压)和弹丸膛内运动发生变化。弹丸挤进膛线过程伴随弹丸膛线压痕的形成,膛线的损伤也会对弹丸形成新的损伤。

3.3.3　身管内膛磨损系统的研究现状

身管内膛的磨损过程除了与身管内膛材料有关,还与弹丸(被甲)材料、工况条件等因素有关,研究身管内膛磨损过程,应将其作为一个系统来考虑。对于身管内膛材料-弹丸的磨损问题采用系统分析方法,可将该系统分为以下几个部分[19]。

(1) 磨损系统的工程技术指标:主要是指身管的战技指标,包括初速、精度、寿命、内膛尺寸等。

(2) 系统的运转参数:身管与弹丸之间相互作用的参数,包括弹丸的运动速度、弹丸在膛内停留的时间、身管内膛的温度分布、弹丸在挤进膛线过程中的挤进力、弹丸在膛内运动过程中的导转力等。

(3) 系统的组成:①磨损系统包括的各组元,即摩擦副组元(身管内膛材料、弹丸(被甲)材料)、面间介质(气体介质、火药气体)和环境介质;②各组元的特性,即几何特性、材料特性;③各组元的相互作用。

(4) 磨损特征:磨损类型、磨损量等。

身管内膛材料-弹丸磨损系统的研究工作应围绕磨损系统的以上四个方面展开:磨损系统的工程技术指标多在身管所属武器装备的论证、研制过程中已经确定,并经过数轮样机试制验证。有相关学者建立了身管内膛径向最大磨损量Δd_{max}与膛线高度t_{sh}之间的关系式[20],如式(3.1)所示,其中A_1为常数,在身管内膛结构确定的前提下,可根据膛线高度制定出该磨损系统的工程技术指标:身管内膛径向最大磨损量Δd_{max}。身管内膛径向最大磨损量与身管寿命密切相关,当身管内膛径向磨损量大于该值时,判定为身管寿终。

$$\Delta d_{max} = 2(t_{sh} + A_1) \tag{3.1}$$

系统的运转参数可由身管的动力学仿真、温度场仿真、内弹道学计算等相关方法确定[21-26]。

对身管系统的组成而言,不同口径的身管工况不同,身管钢的选择也不同,同时与之匹配的弹丸(被甲)或弹带材料亦各不相同,因此摩擦副组元也不同。典型身管钢包括 30SiMn2MoV、30CrNi2MoVA、PCrNi3MoVE、32Cr2MoVA 等,材料的选择视身管工况条件的不同，有时侧重于考虑身管钢的热强性、抗烧蚀性等指标，有时侧重于考虑材料的冲击韧性、断裂韧性等指标。弹带的材料性能不同对身管寿命有着重要的影响，为使弹带切入膛线，要求弹带材料的强度、硬度不能太高且应具有良好的塑性；为了使弹带在膛内导转可靠，又要求弹带具有一定的耐磨性及较高的强度[20]。这两项要求是相互矛盾的，具体要求要依据具体情况来确定。例如，寿命较高的榴弹炮和中等初速的火炮主要采用紫铜弹带；而高初速、大威力火炮为了使弹带削光时机推迟，则更多考虑后一要求，因而常采用黄铜弹带和铜镍合金弹带。目前纯铁、工程塑料等也用来制备弹带材料，纯铁的强度好，但对炮膛的磨损大。材料工作者的研究工作更侧重于研究在系统运转参数的条件下，磨损系统构成与磨损特征之间的关系，多是针对弹带或弹丸(被甲)材料进行的。

　　第二次世界大战后，以美国陆军研究实验室为代表的有关单位对弹带与身管的相互作用开展了一系列研究。1976 年，Montgomery[27]利用销-盘摩擦磨损试验机进行了多种弹带材料和身管钢高速摩擦试验。基于试验数据，他推测在火炮射击产生的高速摩擦条件下，弹带的磨损机制可能是弹带表面熔化，进而其中一部分被去除。因此，弹带材料若想具有良好的抗磨性能，则其熔点要高。在随后的10 年中，Montgomery 针对 105mm 以上的大口径火炮射击过程中弹带磨损问题进行了一系列研究。他将弹丸在膛内运动区分为低速段和高速段，认为在不同速度段，弹带的摩擦磨损机制是不同的，在高速摩擦条件下，弹带表面会熔化，进而形成流体润滑，摩擦系数会降低。

　　Matsuyama[28]在第 19 届国际弹道会议(International Symposium on Ballistics, ISB)上发表了关于弹带/身管高速摩擦磨损的理论研究成果，基于弹丸起动后弹带表面温度达到其熔点的假设和一维瞬态热传导方程，建立了弹带熔化磨损模型，并依据该模型比较了三种替代弹带材料。在该届会议上，Wu 等[29]针对铜弹带不能满足现代大口径火炮高负荷的使用要求，利用射击的方法考察了镍、钛以及碳纤维增强复合材料三种新材料替代铜的可能性。

　　国内学者针对身管钢的耐磨性也进行了相关的试验，多为研究特定身管钢耐磨性随外界条件的变化规律。李爱娜等[30]采用自制的销-盘式干滑动摩擦磨损试验机，研究了不同硬度炮钢材料 PCrNiMo 自配副时的摩擦磨损特性，结果表明不同硬度材料的摩擦磨损具有相似的规律，磨损率随着速度、载荷的增加而增大，摩擦系数随着速度、载荷的增加而减小；在低速、低载荷条件下，接触表面以磨粒磨损为主，而在高速、高载荷条件下，接触表面以黏着磨损为主。李占君等[31]以某火炮炮膛与炮弹摩擦副为研究背景，在 MMS-1G 销-盘式高温高速摩擦磨损试验机上对 PCrNiMo 钢与 H96 配副时的干滑动摩擦磨损特性进行了研究和分析，结果表明摩擦系数随温度的升高和速度的增加而减小，磨损率随温度的升高和速度的增加而增大，在速度较小时，常温和 773K 时都表现为黏着磨损；在速度为 70m/s 条件下，常温时为剥落磨损，而 773K 时为热磨损。

经过多年的研究，学者对以下几点达成了共识：

(1) 身管内膛材料磨损问题是身管失效的主要形式；

(2) 身管内膛材料磨损与身管寿命关联机制仍未被完全揭示；

(3) 对身管内膛表面强化层磨损问题的研究较少。

总体而言，针对身管钢与弹丸(被甲)材料组成摩擦副的摩擦磨损规律需开展系统的研究，特别是关于身管内膛材料高温磨损方面的研究。

3.4　金属材料的高温磨损

为了减轻身管内膛损伤破坏、减少身管内膛磨损、延长身管寿命，需要提高身管内膛材料的耐磨性，尤其是高温耐磨性，这就需要对钢铁材料在高温下的磨损行为有一个清楚的认识。本节首先介绍现有钢铁材料的高温磨损理论；其次介绍影响钢铁材料高温磨损性能的因素；最后介绍提高钢铁材料高温磨损性能的基本方法。

3.4.1　高温磨损理论

1930 年，Fink[32]首次提出了氧化在钢铁材料中的作用，指出大气条件下，氧化层可以阻止金属之间的接触，而在真空条件下，没有氧化层的存在，出现了咬合的严重磨损现象。随后，美国麻省理工学院的 Suh[33]提出剥层理论，认为高温磨损是磨损表面在外加载荷作用下裂纹的萌生和扩展，直至脱落而形成磨屑的过程。Sin 等[34]强调了高温磨损中的黏着机理，认为温度的升高会引起金属的软化。Quinn[35]则提出了氧化磨损机制，并将常温下的氧化理论推广到高温下的滑动磨损中，指出温度升高导致表面氧化，生成的氧化层厚度一旦达到临界值氧化膜就会破除，循环剪切力施加给被破除的氧化膜使表面不断地被压实，形成釉质层。釉质层的形成有利于磨损率的降低，不过与此同时烧结后氧化膜的剥落亦充当了"颗粒"，造成材料的磨粒磨损，因此釉质层的作用比较复杂，需具体分析。Wilson 等[36]基于高环境温度、低滑动速度和低载荷条件提出了一个氧化磨损理论模型，认为磨损表面上的氧化层在摩擦过程中逐渐剥落，磨损初期无氧化层，为严重磨损；随着氧化物颗粒在磨损表面堆积，被压实形成厚的氧化物釉质层，磨损率迅速降低。他们认为在磨损过程中磨损表面上形成的氧化物颗粒可能脱离磨损表面造成磨损，也可能在磨损表面上形成层状结构，避免磨损表面间的直接接触，从而起到保护作用，这也就是氧化-剥落-再氧化机制。然而随着研究的不断深入，人们发现在高温磨损中，温度的介入会导致摩擦表面的吸附、氧化，以及材料力学性能的变化，因而高温磨损是一种极为复杂的失效形式。在一对摩擦副中，往往不只存在一种磨损形式，常为几种磨损形式共存，或者在一定条件下会发生从一种磨损形式到另一种磨损形式的转变，所以用某一种固定不变的磨损形式去解释所有的高温磨损显然是行不通的。因此，人们现在普遍愿意接受几种磨损形式共存的复合磨损机制。

陈康敏等[37]研究了 H13 钢在不同温度和载荷条件下的氧化磨损行为，室温下钢的磨损率随载荷的提高而增加，磨损表面氧化物较少，其磨损机制主要为黏着磨损；473K 时的磨损行为极为特殊，载荷从 50N 增至 100N 时，磨损表面出现较厚的氧化层，故磨损率降低，载荷从 100N 增至 200N 时磨损率略提高，且显著低于室温和 673K 时的磨损率，呈轻微氧化磨损特征；当环境温度达到 673K 时，虽然磨损表面发生了明显的氧化，但载荷的提高导致基体塑性变形和热软化，磨损表面氧化层剥落量增多，磨损率提高，当载荷超过 150N 时，磨损机制由轻微氧化磨损转变为氧化磨损和塑性挤出磨损。崔晶等[38]以 CrNiMo 钢和 H96 黄铜组成配副，研究了高温氧气环境中滑动速度、接触压力等对 CrNiMo 钢摩擦学特性的影响，结果表明高温氧气环境下，随着滑动速度和接触压力的增大，摩擦系数逐渐减小，而磨损率则逐渐增大，在滑动速度与接触压力的变化过程中，存在摩擦磨损机制的改变，当滑动速度和接触压力较低时，摩擦副的主要磨损机制是黏着磨损，随着滑动速度和接触压力的增大，主要磨损机制转变为氧化磨损。Barrau等[39]研究了两种硬度的回火态 H11，结果表明在试验条件下磨损过程中存在黏着磨损、疲劳磨损和塑性挤出磨损。Cui 等[40]研究了不同成分的 Cr-Mo-V 系钢在 673K 下的磨损性能及磨损机制，发现当钢中没有粗大的第二相时，氧化膜是降低磨损率的主要因素，其剥落发生在氧化层内部或氧化层与基体的界面，属于轻微氧化磨损；当钢中存在较为粗大的第二相时，磨损率取决于基体组织，氧化膜的剥落发生在氧化层下的基体内，其磨损机制属于严重磨损。

近年来，金属材料高温磨损的研究表明：表面氧化物以及基体材料的高温强度是影响高温磨损的主要因素，二者中哪个占据主导地位主要由外界环境载荷决定：在温度较低、载荷不大的情况下，磨损表面的氧化层决定了材料的磨损率；而在高温、重载荷下，基体材料的强度成为影响材料的主要机制。为提高材料严酷工况下的耐磨性，需要提高材料在高温下的强度。

3.4.2　高温磨损性能的影响因素

材料的高温磨损性能与其他力学性能不同，它不是材料的固有特性，而是材料在实际摩擦学系统中表现出来的综合性能[41]。换言之，影响材料高温磨损性能的因素很多，与材料服役的工况条件和本身的性质密切相关，是材料在所处条件下特定的性能。因此，材料磨损性能对所处条件具有强烈的依赖性。

1. 工况条件对高温磨损性能的影响

随着载荷、滑动速度和环境温度的提高，伴随着摩擦生热的增多，材料磨损率及摩擦系数均会发生变化，特别是存在磨损机制的改变而引起的磨损性能的突变。崔向红等[42]研究了不同试验条件下一种新型精铸热锻模具钢的高温磨损行为，该铸钢在同样试验条件下随着试验温度的升高，磨损率先升高，到473K时达到最大值，随后随着温度的继续升高而逐渐降低；673K下随着载荷的增大在100N时出现了最大的磨损率，当载荷进一步增大时，磨损率反而降低；673K下磨损率随着摩擦速度的增加逐渐下降，随着磨损时间的延长先逐渐下降，到90min时略有增加；在室温或较低温度、载荷和转速较低、磨损时间较短时，磨损机制以黏着磨损为主，磨损率较高；随着温度的升高、载荷增大、转速提高、高温磨损时间的延长，磨损机制以氧化磨损为主，氧化物数量的增加，使氧化物覆盖在表面起到保护作用，降低了黏着磨损的作用，磨损率降低。而李志等[43]研究发现3Cr2W8V钢的摩擦系数随温度的升高而降低，磨损率随着温度的升高而增大，尤其是在873K时，在不同载荷下磨损率均急剧升高；而在不同温度磨损时，载荷对摩擦系数的影响较小，摩擦系数随载荷变化的趋势平缓，并不是线性递减的，相同温度下磨损时磨损率均随载荷的增加而增大；结果表明氧化物磨屑对磨损表面的保护作用是通过氧化物磨屑对磨损表面的大面积覆盖实现的；室温、低载荷下磨损表面上形成氧化物磨屑的覆盖，而在室温、高载荷和高温下都未形成氧化物磨屑的覆盖；在高温、高载荷下，主要因3Cr2W8V钢本身的承载能力下降，氧化物磨屑未能覆盖于磨损表面，故对磨损表面起不到保护作用。崔向红等[44]研究了温度和旋转速度对铸造热锻模具钢4Cr3Mo2NiV从室温到873K的磨损行为，结果表明该钢在室温下的磨损机制主要为黏着磨损，高温下磨损机制为氧化磨损和疲劳磨损；随着环境温度的升高，磨损率首先升高，并且在473K时达到最大值，随后降低，而摩擦系数随着温度的升高逐渐增加；旋转速度增加导致磨损率明显降低，而对摩擦系数几乎没有影响。

2. 材料组织性能对高温磨损性能的影响

金属摩擦表面的硬度对耐磨性影响极大，但硬度并不是决定磨损量的唯一因素，因为它既不能代表金属塑性流动的能力，也不能说明金属对裂纹产生和扩展的抵抗能力，所以并不是硬度高，金属的耐磨性就好。金属的耐磨性还与自身的断裂韧性密切相关[45]，只有硬度和断裂韧性之间达到最佳匹配，材料才有最好的耐磨性。此外，材料的微观组织对其高温磨损性能也具有显著影响。陈其伟等[46]对铸造合金高温磨损特性的研究表明，合金在523K回火时具有最小的体积磨损量，此时合金高硬度和足够的断裂韧性相匹配；在 653K 回火时，合金的硬度下降，且组织中的 M_3C 型碳化物耐磨性差，所以磨损量较大；而在 753K 回火时，合金因碳化物的弥散强化硬度回升，韧性受到限制，但碳化物的分布有利于抗磨，且高温磨损使合金硬度下降，所以此时合金的磨损量减少，但比 523K 回火态的磨损量大；回火温度继续升高，合金的硬度逐渐下降，韧性虽然得到改善，但总的磨损量仍呈上升趋势。

崔向红等[47]研究了经不同热处理条件后的热锻模具钢的组织与其高温磨损性能的相关性，结果表明在马氏体、贝氏体和马氏体/贝氏体复相 3 种组织中，贝氏体和马氏体/贝氏体复相的高温耐磨性能较好，马氏体的高温耐磨性能最差；对于调质处理的热锻模具钢，经过 673～893K 回火处理高温耐磨性能较好，当回火温度大于 923K 或小于 673K 时，热锻模具钢的磨损率明显增大，耐磨性显著降低。哈尔滨工业大学 Wang 等[48-50]系统研究了具有不同组织的高碳钢在干滑动摩擦时的磨损行为和磨损机制的转变，结果表明高碳钢主要有三种磨损机制：轻微氧化磨损、黏着磨损和剥层磨损及熔化磨损。这三种磨损机制的转变主要与高碳钢在干滑动摩擦条件下所受的载荷和滑移速度有关。随着载荷和滑移速度的增大，高碳钢的磨损机制从轻微氧化磨损转变为严重黏着磨损和剥层磨损，载荷和滑移速度继续增大，高碳钢磨损表面的一些接触处熔化，此时熔化磨损取代黏着磨损和剥层磨损。球状珠光体、片状珠光体、贝氏体和回火马氏体等几种组织对于两种高碳钢的磨损机制并没有明显的影响，不同微观组织仅影响到钢干滑动摩擦磨损时磨损率突变的临界载荷和滑移速度。对于具有球状珠光体、片状珠光体、贝氏体和回火马氏体等几种微观组织的干滑动摩擦磨损行为研究，结果认为在轻微氧化磨损机制下，不同微观组织对该种钢的磨损量也没有明显影响；而在严重黏着磨损和剥层磨损时，不同微观组织钢的耐磨抗力以片状珠光体的最好，即使该组织的硬度低于马氏体组织。各种组织耐磨抗力的大小顺序为片状珠光体<贝氏体<回火马氏体，以球状珠光体最差。

3. 高温氧化膜对高温磨损性能的影响

钢与大多数金属一样，在空气中处于热力学不稳定状态，与氧接触时形成表面氧化层。因此，其在高温下的磨损通常与氧化同时发生，高温氧化形成的氧化层对高温磨损有决定性的作用。氧化膜的组成、结构、厚度、性能及其与基体的结合力等对材料高温磨损性能有显著影响[51]。人们在研究氧化膜发挥抗磨作用时发现，氧化膜的韧性及其与亚表层的结合力和亚表层对氧化膜的支撑作用决定了氧化膜在磨损中发挥抗磨的效果。只有在氧化膜具有一定韧性及其与亚表层之间有良好的结合强度，亚表层也能够较好地支撑氧化膜时，氧化膜才能具有更好的抗磨效果[6]。另外，氧化膜的弹性模量 E 和金属硬度 H 之间的比值越小，氧化膜的抗磨性能也越好，因为 E/H 越小越有利于促进弹性变形和降低黏着磨损率[52]。

铁的三种氧化物中，FeO 含氧 22.7%，Fe_3O_4 含氧 27.64%，Fe_2O_3 含氧 30.06%。氧化物类型除受温度的影响外，还受滑动速度的影响，低滑动速度形成 Fe_2O_3、Fe_3O_4，而 FeO 则是在较高的滑动速度下形成的。相应的磨损机制发生明显改变，氧化膜的作用如下[53]：在轻微氧化磨损时，Fe_2O_3 和 Fe_3O_4 有效地减少了磨损；Fe_3O_4 比 Fe_2O_3 更具保护作用，当主要氧化物为 Fe_3O_4 时，磨损率降低。陈康敏等[54]研究了 Cr-Mo-V 系铸钢高温磨损过程中氧化膜的形态和剥落方式，并探讨了其磨损机制，结果表明，673K 高温磨损短时间内形成一层致密的 Fe_3O_4 和 Fe_2O_3 的氧化膜，避免了钢与钢的直接接触，降低了磨损；同时，脆性氧化膜发生疲劳剥落，导致磨损；磨损率取决于氧化膜的剥落方式，在氧化膜内部剥落及氧化物与基体界面剥落，属于正常的轻微氧化磨损，磨损率较低；从基体内部开裂剥落，属严重磨损，磨损率高。杨子润等[55]研究了 3Cr3Mo2V 铸钢和 3Cr13 钢在 473K 和 673K 下的磨损性能，研究结果表明，摩擦氧化物对高温磨损行为和磨损机制有显著影响，而摩擦氧化物的减摩作用取决于其数量和基体状况，并与钢的成分和微观组织密切相关。

3.4.3　提高钢铁材料高温磨损性能的方法

当两个接触的表面产生相对滑动时，磨损是不可避免的，为提高钢铁材料的高温磨损性能，人们从工艺、摩擦条件改善、材料设计等方面做了大量的工作。

1. 材料合金化及表面成分和组织

为适应现代科技发展对新型耐高温磨损材料的需求，科研工作者做了大量材料高温耐磨性及其影响规律的研究。高温磨损中容易出现黏着磨损，通常一对摩擦副的材料应当是形成固溶体倾向最小的两种材料，要满足这个要求，应当选用不同的晶体结构材料，最好选用密排六方晶体结构材料，或者同时要求摩擦副表面易于形成金属间化合物。

李小艳等[56]研究了不同 Cr、Mo 含量热锻模具钢的高温磨损行为，随着 Cr、Mo 含量分别从 3%和 2%增加到 5%和 4%，热稳定性和硬度分别得到明显降低或略提高，当含 4%Cr 和 3%Mo 时，耐磨性最好；高温磨损抗力对钢的热稳定性和热强性变化不敏感，而对钢的组织或韧性变化极敏感，过高的 Cr(5%)虽能降低热稳定性和热强性，但仍具有较高的高温耐磨性；而过高的 Mo(4%)虽然能提高热稳定性和热强性，但由于 Mo_6C 沿晶界或板条界析出，韧性降低，所以高温耐磨性也明显降低。张妍等[57]通过合理的成分设计，经 Mo、B、V、Ti 合金化和 Re 变质处理的高铬铸铁，具有优良的抗高温磨损性能和强韧性，用于制造筛分高温烧结矿的振动筛板，使用寿命比 ZG30Cr18Mn12Si2N 耐热钢筛板提高了 2 倍以上。

杨银辉等[58]设计了一种大型球磨机衬板用铬钼合金耐磨钢，通过适当的热处理得到马氏体+残余奥氏体的组织，硬度为 52.4HRC，冲击韧性达到 32.8J/cm²，发现钢基体上弥散分布着细小的碳化物颗粒(含 Mo、V、Cr、Mn 等多种合金元素)，对提高该铬钼合金耐磨钢的耐磨性有重要作用，同样条件下其耐磨性可达到原有高锰钢的 3.75 倍。

2. 表面处理

表面强化技术是提高材料表面耐磨性的一个重要方面。应用表面强化技术，能大幅度地减少零件的摩擦与磨损，从而延长零件的使用寿命。例如，刷镀 0.1～0.5μm 厚的六方晶格软金属(如 Cd)膜层，可使黏着磨损减少约 3 个数量级；采用化学气相沉积法，即在摩擦零件表面上沉积 10～1000μm 硬度很高的 TiC 涂层，可大大减少磨粒磨损。由于涂层能够保持长期稳定有效的润滑，所以体现出了它相对于润滑油的极大优势[59]。张晓东等[60]采用激光熔覆法于 45 钢表面熔覆了 WC/Co-Cr 合金涂层，其高温耐磨性能良好，在温度高于 473K 时，熔覆层摩擦系数与磨损量均随温度的升高而降低；在磨损试验温度为室温至 473K 时，熔覆层的磨损机制表现为磨粒磨损和黏着磨损；在 473～773K 时，磨损机制转变为轻微擦伤与氧化磨损共同作用。李晖等[61]对氮化后离子镀 TiN 复合镀膜处理的 32Cr2MoV 钢、离子氮化的 32Cr2MoV 钢和离子氮化后机械抛光的 32Cr2MoV 钢进行了滑动磨损试验，结果表明，3 种试样表面都呈现磨粒磨损的特征。在 3 种试样处理中，复合镀膜的 32Cr2MoV 钢表面粗糙度比镀膜前高，摩擦力、摩擦系数、磨痕宽度、磨损量较离子氮化试样和离子氮化后机械抛光试样低，磨痕较浅，耐磨性最好；离子氮化试样经过表面机械抛光后虽然表层硬度下降，但是其粗糙度远远低于机械抛光前，弥补了硬度下降对耐磨性的不利影响，使得其耐磨性有所提高。Skolek-Stefaniszyn 等[62]在 723K、823K 条件下对 316L 钢进行了等离子渗氮处理，然后利用脉冲激光沉积技术在渗氮钢表面进行氮化硼涂层沉积，结果表明两种渗氮温度处理的 316L 钢的耐磨性较基材明显提高，且渗氮层物相组成对渗氮钢的耐磨性影响很大；渗氮钢经表面沉积氮化硼后，表面生成硼的氮化物，对渗氮钢的耐磨性有进一步提高。

3. 改善润滑条件

润滑是减少磨损的有效方法之一，因此要根据不同的工况条件正确地选用润滑剂。同时，应加速开发研制性能优良的润滑剂，并设计可靠性高、能满足使用要求的润滑系统。高晓成等[63]利用脉冲直流等离子渗氮炉对 GCr15 钢进行等离子渗氮处理,并对比研究了等离子渗氮 GCr15 钢与 GCr15 钢基材在含二烷基二硫代磷酸锌(ZDDP)润滑时的磨损性能，结果表明：等离子渗氮处理可以明显提高

GCr15 钢的表面硬度值，在 ZDDP 作用下，其减摩性能和抗磨性能都有明显的提高，其中在质量分数为 1.5%的 ZDDP 润滑作用下具有最优的效果，研究证明这是由于在等离子渗氮 GCr15 钢和未渗氮 GCr15 钢摩擦表面分别生成了正磷酸盐和焦磷酸盐的摩擦反应膜，并且在前者表面的磷酸盐膜总量多于后者，可以有效地隔离摩擦副表面之间的直接接触。李星亮等[64, 65]研究了含无硫磷有机钨添加剂的润滑油润滑作用下 GCr15 渗氮轴承钢的磨损性能，系统考察了渗氮轴承钢表面、基材表面与有机钨添加剂润滑油的交互作用规律，结果表明：在含无硫磷有机物添加剂的润滑油润滑作用下,渗氮轴承钢表面的摩擦系数和摩斑直径小于基体材料，摩擦系数降低了 24.8%，相比基材表面，渗氮钢表面对有机碳链和有机物具有更强的吸附作用，摩擦反应膜中 W 和 C 含量较高，使其表现出良好的减摩性能，摩擦反应膜中的 WN 使其表现出更优异的抗磨性能。

4. 正确选材与合理结构设计

正确选择摩擦副的配对材料是减少磨损的重要途径，当以黏着磨损为主时，应当选用互溶性小的材料；当以磨粒磨损为主时，应该选用硬度高的材料或设法提高所选材料的硬度，也可选用抗磨粒磨损的材料；如果以疲劳磨损为主，则选用不含非金属夹杂物的优质钢材。此外，合理的结构设计可以减少摩擦副的磨损，因而设计出的结构应该有利于表面膜的形成与恢复，压力的分布应当是均匀的，而且应有利于散热和磨屑的排出。在结构设计中也可以采用置换原理，即许可设计一个磨损较快的零件，以便保护另一个重要零件。

3.4.4　摩擦运动方式

在实际生产中，机械零部件之间存在各种各样的运动方式，因此它们之间的摩擦也多种多样，经过观察、归类和抽象，可以将常见的摩擦运动方式归为以下四类[66]：

(1) 下试样线性往复运动和(或)上试样线性运动。这种运动方式有三种演化形式，如图 3.5 所示。

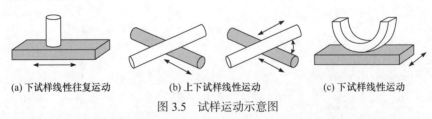

　　(a) 下试样线性往复运动　　　　(b) 上下试样线性运动　　　　(c) 下试样线性运动

图 3.5　试样运动示意图

(2) 下试样旋转运动，上试样线性或旋转运动，如图 3.6 所示。

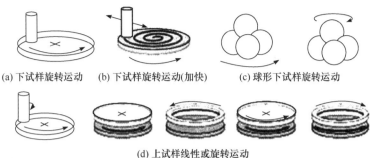

(a) 下试样旋转运动　(b) 下试样旋转运动(加快)　(c) 球形下试样旋转运动

(d) 上试样线性或旋转运动

图 3.6　试样旋转运动示意图

(3) 下试样旋转运动，上试样线性运动或旋转运动，如图 3.7 所示。

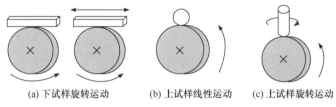

(a) 下试样旋转运动　　　(b) 上试样线性运动　　　(c) 上试样旋转运动

图 3.7　上下试样运动示意图

(4) 下试样线性运动，上试样线性运动，如图 3.8 所示。

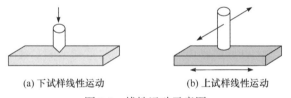

(a) 下试样线性运动　　　　　　　(b) 上试样线性运动

图 3.8　线性运动示意图

3.5　身管钢耐磨性能研究

现役大部分身管对内膛进行镀铬处理以提高身管内膛的耐磨性，镀铬层剥落后会露出基材表面与弹丸接触发生磨损，身管基体材料在高温下的耐磨性对身管内膛耐磨性以及身管寿命十分重要。此外，还有些身管内膛不镀铬，基材直接与弹丸接触，受到弹丸的挤压磨损。本节采用球-盘式高温磨损试验装置，以身管钢 30SiMn2MoV 和新型热作模具钢 25Cr3Mo2NiWVNb 为载体，进行高温磨损试验，以研究分析材料磨损性能的差异及其影响因素。

3.5.1　试验过程

身管内膛温度会随着连续射弹发数的积累而升高，同时弹丸挤进膛线时挤进力较大，内膛发生较为严重的磨损，因此对两种材料 30SiMn2MoV 和 25Cr3Mo2NiWVNb 在不同温度(室温、473K、673K、773K、873K)下进行耐磨性能比较。试验参数选用 200N 载荷及 400r/min 转速，使用 MG-2000 摩擦磨损试验机，直径为 5mm 的 WC 球作为对磨材料，摩擦半径为 10mm，磨损时间为 10min，开展其室温和高温下的磨损失效机理研究。

3.5.2　身管钢摩擦磨损性能

图 3.9 为高强韧热作模具钢 25Cr3Mo2NiWVNb 和现用 30SiMn2MoV 的磨损率与平均摩擦系数随温度的变化曲线。由图 3.9(a)可见，两种钢的磨损率曲线均呈现先升高后降低再升高的趋势，但在不同温度下 25Cr3Mo2NiWVNb 的磨损率均较 30SiMn2MoV 低；室温下两种钢磨损率都较低；随着温度升高到 473K，磨损率升高，但 30SiMn2MoV 的上升趋势更大；随着温度升高到 673K，磨损率逐渐下降；当温度继续升高到 773K 时，25Cr3Mo2NiWVNb 的磨损率在 673K 的基础上继续下降，而 30SiMn2MoV 的磨损率开始上升，并已明显高于较低温度下的磨损率；当温度继续升高到 873K 时，30SiMn2MoV 表面形成了大量的氧化膜，其磨损率急剧增大，同时有部分氧化物剥落，导致磨损量变化幅度增大，表现为磨损率曲线误差加大，25Cr3Mo2NiWVNb 的磨损率增大相对平缓，但也升高到室温下的 3 倍左右。可见 25Cr3Mo2NiWVNb 的磨损率在不同温度下均低于 30SiMn2MoV，尤其是在 773K 以上的高温下，25Cr3Mo2NiWVNb 的耐磨性明显优于 30SiMn2MoV，耐磨性提高了 3～8 倍。图 3.9(b)示出了两种钢在不同温度下平均摩擦系数的变化，可见尽管 30SiMn2MoV 的平均摩擦系数随温度的不同变化得更剧烈，且较 25Cr3Mo2NiWVNb 高，但两种钢的平均摩擦系数整体变化趋势相同。室温下平均摩擦系数最高，随着温度的升高，平均摩擦系数呈现先降低再

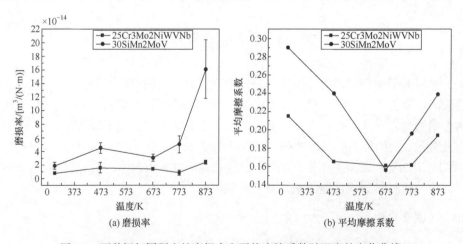

(a) 磨损率　　　　　　　　　　　　　　(b) 平均摩擦系数

图 3.9　两种钢相同硬度的磨损率和平均摩擦系数随温度的变化曲线

升高的趋势。氧化物在一定温度范围内具有减摩作用，但在 873K 时氧化物分层剥落，摩擦表面氧化层在持续载荷的挤压下出现脆裂，大量的碎屑以磨粒形式停留在磨痕中，增加了金属摩擦副之间的摩擦力。可见摩擦系数与磨损率没有相对应的关系，磨损率取决于摩擦条件和材料本身的性能，而摩擦系数与摩擦副表面的状态密切相关，当摩擦表面粗糙度低，刚度大，且与对磨金属无交互作用时，摩擦系数低，反之，则具有较高的摩擦系数。温度升高会使这些因素发生明显变化。

　　图 3.10 为两种钢在不同温度磨损后的磨痕表面轮廓及尺寸。可见，两种钢在高硬度 WC 球的连续滑动挤压下出现圆弧状的磨痕轮廓，磨痕尺寸随着温度的变化而变化，但形状基本相似，并且从零点线以上部分可以看出在不同温度下磨损均出现了不同程度的塑性挤出。图 3.10(c)示出了两种钢在各温度下磨损后磨痕宽度、磨痕深度变化，随着温度升高，磨痕尺寸的变化规律与其各自的磨损率变化

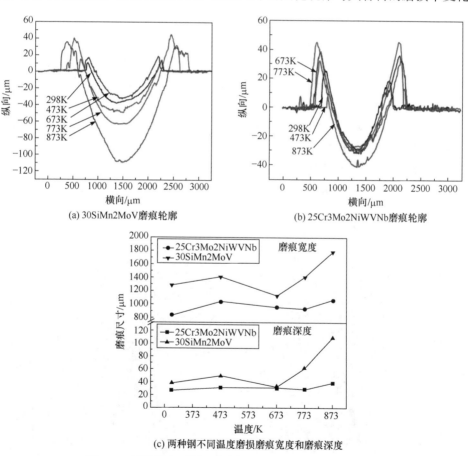

(a) 30SiMn2MoV磨痕轮廓　　　　　　(b) 25Cr3Mo2NiWVNb磨痕轮廓

(c) 两种钢不同温度磨损磨痕宽度和磨痕深度

图 3.10　两种钢在不同温度磨损后的磨痕表面轮廓及尺寸

趋势相同，室温下，25Cr3Mo2NiWVNb 的磨痕深度为 27μm，磨痕宽度为 839μm，473～773K 磨痕的深度和宽度无明显变化，到 873K 时磨痕深度略增加，达到 38μm，磨痕宽度达到 1063μm。30SiMn2MoV 在常温下的磨痕深度为 38μm，磨痕宽度为 1281μm，298～473K 及 773～873K 磨痕深度与磨痕宽度增加，而温度为 473K～673K 时，磨痕深度与磨痕宽度减小，873K 时，磨痕深度为 109μm，磨痕宽度为 1790μm，较 25Cr3Mo2NiWVNb 明显增加。对于 30SiMn2MoV，高于 673K 时，其磨痕宽度和磨痕深度明显上升，对于 25Cr3Mo2NiWVNb，即使到 873K，其磨痕深度和磨痕宽度与低温磨损时的差别不大，说明 25Cr3Mo2NiWVNb 在各温度区间均具有更优异的抗磨性能。

3.5.3　身管钢摩擦磨损形貌

图 3.11 为 25Cr3Mo2NiWVNb 在不同温度下的磨损表面形貌。室温下磨损表面几乎没有氧化物生成，上摩擦副 WC 球与钢直接接触，高速滑动下使基体表面出现塑性变形，由摩擦力引起的剪切应力重复作用导致接触凸点的疲劳剥落，呈典型的疲劳磨损特征(图 3.11(a))。473K 下磨损表面生成一层极薄的氧化膜，并在连续载荷下开始碎裂，出现大面积的剥落区(图 3.11(b))。673K 下(图 3.11(c))可见由接触凸点的剪切和破裂而导致的破坏，并有少量氧化膜剥落坑，且在剥落区边缘呈疏松状，出现大量球状氧化物磨屑。773K 时氧化加剧，在试验载荷下表层氧化膜碎裂，呈多孔状(图 3.11(d))。随着环境温度的继续升高和机械摩擦产生的热效应，873K 时钢的表面氧化膜厚度增加，而其强度往往降低，在摩擦力作用下发生大面积剥落，同时剥落区又形成新的氧化膜，见图 3.12 的能谱分析结果，这样的氧化-剥落过程循环进行，磨损表面出现大面积剥落，磨损率大幅增加(图 3.11(e))。

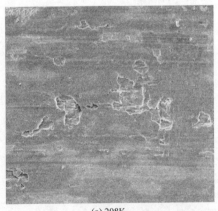 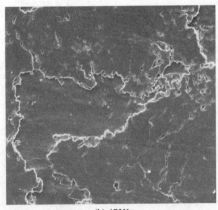

(a) 298K　　　　　　　　　　　　　(b) 473K

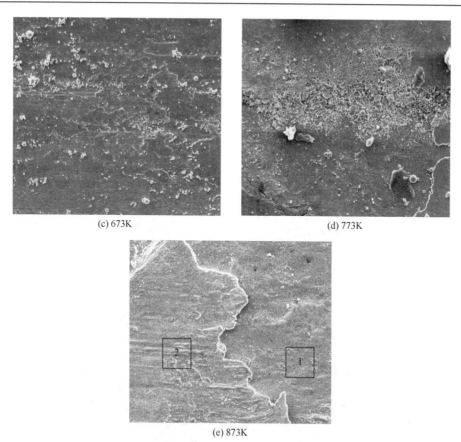

(c) 673K

(d) 773K

(e) 873K

图 3.11　25Cr3Mo2NiWVNb 在不同温度下的磨损表面形貌

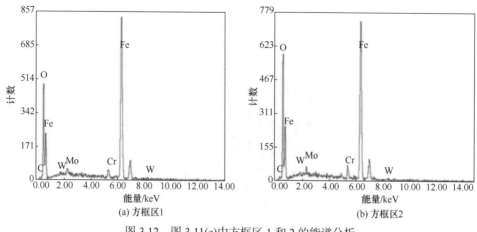

(a) 方框区1

(b) 方框区2

图 3.12　图 3.11(e)中方框区 1 和 2 的能谱分析

图 3.13 为 30SiMn2MoV 在不同温度下的磨损表面形貌。常温下磨损表面在

试验载荷的连续挤压下重复变形，产生疲劳，表面出现大而浅的痘斑状凹坑，呈典型的疲劳磨损特征(图 3.13(a))，与新材料的磨损机制相同。473K 时，试样表

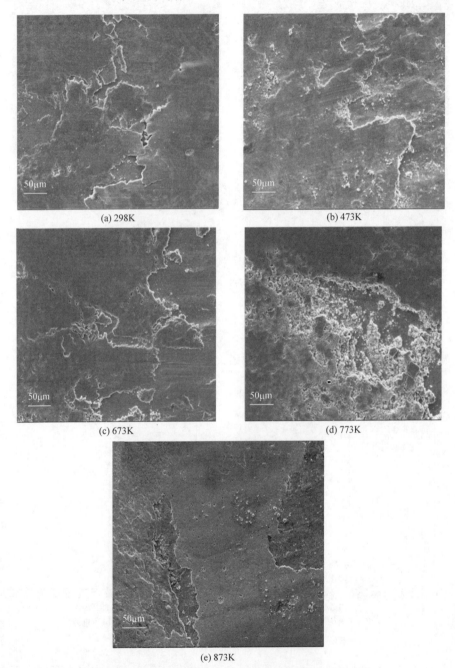

图 3.13　30SiMn2MoV 在不同温度下的磨损表面形貌

面剥落坑面积增大，黏附大量磨损碎屑(图 3.13(b))。随着温度升高到 673K，在环境温度和摩擦热的共同作用下，表面氧化层增厚，并发生破裂，大量脱落(图 3.13(c))。当温度达到 773K 时，试样氧化严重，表面氧化层呈疏松多孔状，氧化层在载荷作用下出现严重碎裂(图 3.13(d))。873K 时，氧化层碎裂，并出现大面积的撕裂脱落，部分区域露出基材表面(图 3.13(e))。

环境温度和载荷引起钢的磨损行为改变的一个重要因素是磨损表面温度变化导致钢表面轮廓和组织性能的变化[37]。磨损温度的提高，一方面使材料表面更易形成氧化层，氧化物的数量、厚度和形态对钢的磨损行为与磨损机制产生决定性的影响；另一方面使材料表面硬度降低，亚表层在磨损过程中产生塑性变形和应变硬化。

在磨损过程中，摩擦力、正压力及环境温度的共同作用使磨损表面发生塑性变形，亚表层晶粒破碎，位错密度增加，产生明显的应变硬化，其程度可由截面的显微硬度分布来体现。图 3.14 为两种材料在不同温度下磨损后亚表层显微硬度沿深度方向的分布曲线。两种钢热处理后硬度均在 450HV 左右，25Cr3Mo2NiWVNb 在 298K 和 473K 下磨损后磨损亚表层硬度变化较大，最高分别可达 590HV、570HV，硬化距离达到 120μm，673K 时亚表层应变硬化效应更为明显，硬度最高可达 650HV，硬化距离增至 180μm。当环境温度继续升高时，亚表层受影响距离增大，达到 210μm，但硬化效果逐渐减弱，773K 下亚表层硬度最高值为 560HV，873K 下磨损后磨损亚表层硬度约为 470HV(图 3.14(a))。30SiMn2MoV 的亚表层硬化效果较 25Cr3Mo2NiWVNb 低，常温下磨损亚表层硬度最高达 507HV，较 25Cr3Mo2NiWVNb 低 80HV 左右，473K 和 673K 为 560HV 左右，硬化距离为 120μm。随着温度继续升高，材料的基体硬度降低 50HV 左右，热影响距离增至 180μm，但亚表层硬化效果减弱，甚至在 873K 时发生明显的软化，硬度最低只有 260HV(图 3.14(b))。

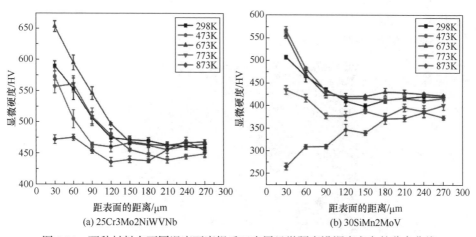

(a) 25Cr3Mo2NiWVNb　　　　　　　(b) 30SiMn2MoV

图 3.14　两种材料在不同温度下磨损后亚表层显微硬度沿深度方向的分布曲线

　　研究表明[67, 68]，金属材料在热变形过程中因形变而产生的应变硬化过程与动态回火、再结晶所引起的软化过程是同时存在的，热变形后金属的组织和性能取决于它们之间相互抵消的程度。同时发现，材料的热强性提高，其高温耐磨性随之提高。

3.5.4　身管钢摩擦磨损机制

　　材料的磨损率或耐磨性被认为是工况条件(法向压力 F，滑动速度 v，温度 T_0)和材料的热、机械和化学性能的函数。因此，无论为何种磨损机制，下式都成立[69]：

$$W_i = f_i \{F, v, T_0, 性能\}$$

即材料的耐磨性与材料本身性质和工况条件有关。而材料的磨损行为与磨损机制相关，两者均随着材料本身的组织、性能和试验条件的改变而改变。因此，可根据磨损行为和磨损特征来界定材料的磨损机制。一定条件下占主导地位的磨损机制决定了材料的磨损行为和磨损特征，所以分析材料的磨损机制对于分析材料磨损行为和提高材料耐磨性具有重要意义。

　　在磨损过程中，随着温度的升高，摩擦副材料表面的氧化程度增大，氧化膜将参与摩擦磨损过程，一方面附着于摩擦表面凹凸处的氧化物起到减轻表面微凸体接触时的机械互锁作用，减小由此产生的摩擦力[60]；另一方面由于表面氧化膜的隔离作用，氧化物强度较低，易变形，起到减摩作用[70]。然而摩擦氧化物并不总是减少磨损的，更多的氧化物并不意味着对磨损更多的保护。研究表明[71, 72]，具有一定厚度的单层氧化物是氧化磨损(轻微磨损)中的典型形貌，可减轻磨损，而多层氧化物容易出现剥落，不能减轻磨损，反而会加重磨损。

　　除氧化层外，基体材料本身的性能也是影响材料高温下耐磨性的主要因素。在高温下基体材料起到支撑氧化层的作用，若基体材料不能有效地支撑氧化层，则氧化层发生剥落、分层，甚至被压入基体内部。

　　30SiMn2MoV 经调质后微观组织形貌如图 3.15 所示，可以看到，923K 回火

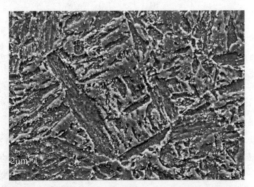

图 3.15　30SiMn2MoV 基体回火态微观组织形貌

处理后马氏体形貌已消失，铁素体板条间析出细小的碳化物颗粒。图 3.16 中进行碳化物能谱分析，通过电化学萃取的方法得到其中的碳化物颗粒，对其进行 XRD 衍射分析，其结果如图 3.16 所示。能谱分析结果显示，该析出物可能为 Fe 和 V 的碳化物，结合 XRD 图谱可以看到，析出物主要为 Fe 的碳化物，即渗碳体 Fe₃C，伴随少量的 VC。

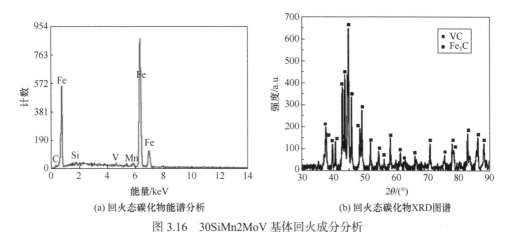

(a) 回火态碳化物能谱分析　　　　(b) 回火态碳化物XRD图谱

图 3.16　30SiMn2MoV 基体回火成分分析

25Cr3Mo2NiWVNb 通过低 C、Mo、V、W 合金的科学配比，并采用组织与碳化物控制技术，获得优异的室温及高温性能。钢中形成的 Nb(C，N)特殊碳化物在 1323K 以下能有效控制钢的晶粒长大，从而获得细小均匀的马氏体组织；在回火过程中，随回火温度的升高，MC、M₂C 型碳化物分阶段析出，调制处理后获得良好的强韧性配合。其基体回火态微观组织形貌如图 3.17 所示，可以看到，25Cr3Mo2NiWVNb 在 923K 时组织仍为回火索氏体组织，但仍能保持马氏体板条形态。

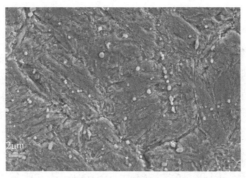

图 3.17　25Cr3Mo2NiWVNb 基体回火态微观组织形貌

对图 3.17 中较大尺寸的碳化物进行能谱分析，通过电化学萃取的方法得到其中的碳化物颗粒,并对其进行 XRD 衍射分析,结果如图 3.18 所示,该颗粒状析出物中合金元素 W、Mo、Cr 的含量明显高于其基体本身的合金元素含量,可以初步判断该析出物可能为这些元素在回火过程中逐步形核产生的合金碳化物,结合 XRD 图谱可以看到,析出碳化物主要有 Cr_7C_3、WC、Mo_2C 等。相较于渗碳体 Fe_3C,这些合金碳化物的析出起到了二次强化的效果,同时有效提高了马氏体保持其形态的能力,使得基体材料在高温下仍能保持良好的力学性能,能够提高材料的高温耐磨性。

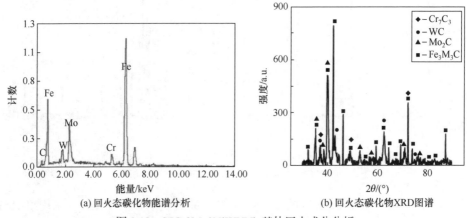

(a) 回火态碳化物能谱分析　　　　　　　　(b) 回火态碳化物XRD图谱

图 3.18　25Cr3Mo2NiWVNb 基体回火成分分析

通过对 25Cr3Mo2NiWVNb 和 30SiMn2MoV 高温磨损性能和磨损机制的分析,可以得出以下结论。

(1) 身管钢磨损均与温度有关,且随着温度的升高均呈先升高后降低再升高的趋势。在各温度下,30SiMn2MoV 的磨损率均高于 25Cr3Mo2NiWVNb,且在 773K 以上尤为明显。室温下 25Cr3Mo2NiWVNb 磨损率为 $0.9×10^{-14}m^3/(N·m)$,30SiMn2MoV 磨损率为 $1.9×10^{-14}m^3/(N·m)$;773K 时,25Cr3Mo2NiWVNb 磨损率为 $0.8×10^{-14}m^3/(N·m)$,30SiMn2MoV 为 $4.8×10^{-14}m^3/(N·m)$;873K 时,30SiMn2MoV 磨损率约为 25Cr3Mo2NiWVNb 的 8 倍。

(2) 影响身管钢高温磨损性能的因素主要有两方面:一方面是磨损过程产生的氧化层;另一方面是基体材料在高温下的性能。其中,基体材料性能与回火组织、碳化物种类、数量、尺寸和分布有关。25Cr3Mo2NiWVNb 调质态马氏体板条形态依然可见,同时基体中析出了 Cr_7C_3、WC、Mo_2C 等碳化物,相较于渗碳体的 Fe_3C,这些合金碳化物的析出起到了二次强化的效果,同时有效提高了马氏体保持其形态的能力。因此,25Cr3Mo2NiWVNb 具有优异的高温热稳定性,在高温下为表面氧化层或表面硬化层提供很好的支撑,从而表现出优异的高温耐磨性。30SiMn2MoV 材料在调质态马氏体板条形貌已消失,析出碳化物主要为 Fe_3C,

其硬度较低，高温耐磨性明显下降。

3.5.5　高温摩擦试验机

金属高温摩擦磨损稳态试验设备主要用于研究材料的高温摩擦学行为。它既能为工作于室温环境的摩擦副提供选材依据，又可以为高温耐磨材料的研制和开发提供摩擦系数与耐磨性数据[66]。常见的摩擦磨损试验装置包括以下几种。

1. 销-盘式旋转运动高温摩擦试验机

销-盘式旋转运动高温摩擦试验机是广泛使用的摩擦磨损设备，其结构简图如图 3.19 所示。销-盘式旋转运动高温摩擦试验机具有许多优于其他摩擦试验装置的地方，试验条件容易变化以模拟真实磨损、摩擦应用中的条件，如滑动速度、温度、气氛、载荷以及配副磨损材料。中国科学院兰州化学物理研究所和中国科学院金属研究所分别在 20 世纪 70～90 年代研究出销-盘式旋转运动高温摩擦试验机，将传统的摩擦试验机的销-盘接触试样放置在管式炉腔中加热保温并进行摩擦磨损试验。对销-盘式试验装置进行改进，可以进行球-盘式摩擦磨损试验，二者磨损方式相近，区别在于：前者是将研究对象制为金属销与特定材料的盘对磨，后者是将研究对象制为盘，与特定材料的球对磨。

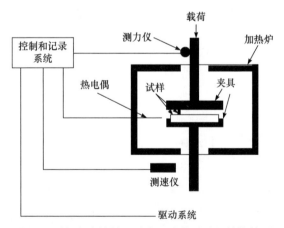

图 3.19　销-盘式旋转运动高温摩擦试验机结构简图

2. 往复销-盘高温摩擦试验机

往复销-盘高温摩擦试验机结构简图如图 3.20 所示。内燃机中缸套和活塞环间的运动是最有代表性的往复式运动，这种运动方式中摩擦副的滑动速度随时间周期性地变化。当接触点改变运动方向时，该处的速度为零，在油润滑时该处很难形成油膜而加重磨损；而滑动速度最大点位于行程的中央。

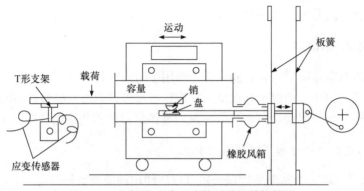

图 3.20　往复销-盘高温摩擦试验机结构简图

3. 往复环-块高温摩擦试验机

往复环-块高温摩擦试验机用于汽车发动机阀门-阀门座磨损的加速模拟试验，结构简图如图 3.21 所示。

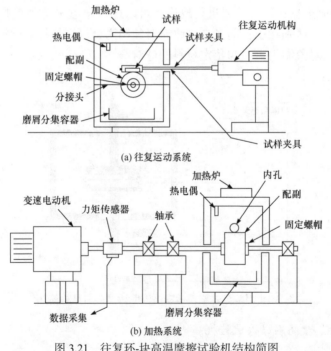

(a) 往复运动系统

(b) 加热系统

图 3.21　往复环-块高温摩擦试验机结构简图

3.6　身管内膛表面处理后的耐磨性能

自枪炮出现以来，人们就不断改进其性能，以期将火力更大的弹丸更精准地投射到更远的地方，且要求其身管寿命越长。为此，越来越多的发射药被装进身管内腔，这就使得射击时身管承受越来越严重的火药气体热作用和物理化学作用、高速流动火药气体冲刷作用以及弹丸对膛壁的磨损作用。大威力身管的烧蚀磨损现象越来越严重，已成为降低火炮弹道性能、导致身管报废的重要因素。

目前，装备的制式枪炮身管虽然采用了低爆温发射药、发射药内添加缓蚀剂、改善弹带或炮膛结构、采用短衬管及内腔镀铬等技术措施，使枪炮身管寿命得到提高，并满足相应战术指标，但还是难以满足现代战争的要求，且越来越受到未来枪炮身管更高膛压、更高寿命要求的挑战。为此，国内外兵器枪炮工程科技人员在研究和探索身管烧蚀机理的同时，开发研究了多种材料表面处理技术，包括表面镀层、表面渗层等。为提高身管抗烧蚀性和耐磨性做出了许多有益尝试，现简述如下。

3.6.1　不同材料电镀铬的耐磨性能

对大多数身管而言，内腔表面多进行电镀铬处理，在内腔表面沉积一层耐磨的金属镀铬层，可以显著提高身管内腔的耐磨性以及身管寿命。但电镀铬后的身管内腔耐磨性同样受基体材料影响，基体材料的不同影响镀铬层性能。以下对镀铬后的 25Cr3Mo2NiWVNb 和 30SiMn2MoV 两种材料的高温磨损性能进行对比研究，并分析产生差异的原因。

1. 试验过程

对 30SiMn2MoV 和 25Cr3Mo2NiWVNb 镀铬试样在 673K、873K 下，进行了 8min 的高温磨损测试，使用 MG-2000 摩擦磨损试验机(载荷：100N；转速：200r/min；摩擦半径：10mm)，直径 5mm 的 WC 球作为对磨材料，研究了不同基体镀铬层在 673K、873K 下的磨损失效机理。

2. 镀铬后高温磨损性能

30SiMn2MoV、25Cr3Mo2NiWVNb 镀铬后高温磨损试验的磨损体积如图 3.22 所示，由图可见，673K 下，25Cr3Mo2NiWVNb 磨损体积为 $1.8mm^3$，30SiMn2MoV 磨损体积为 $2.4mm^3$；873K 下，25Cr3Mo2NiWVNb 磨损体积为 $3.2mm^3$，30SiMn2MoV 磨损体积为 $6.1mm^3$。在相同试验环境下的镀铬试样，30SiMn2MoV 镀铬后的磨损体积约为 25Cr3Mo2NiWVNb 的 2 倍。

30SiMn2MoV、25Cr3Mo2NiWVNb 镀铬后在 673K、873K 进行高温磨损试验后的试样表面形貌如图 3.23 所示，可见磨损试样表面出现了一定程度的氧化，表面呈黏着磨损。各温度下 30SiMn2MoV 的磨痕均大于 25Cr3Mo2NiWVNb，而两种材料 873K 的磨痕均大于 673K 的试样。

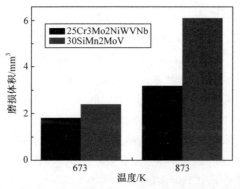

图 3.22　两种基体材料镀铬后高温磨损试验的磨损体积

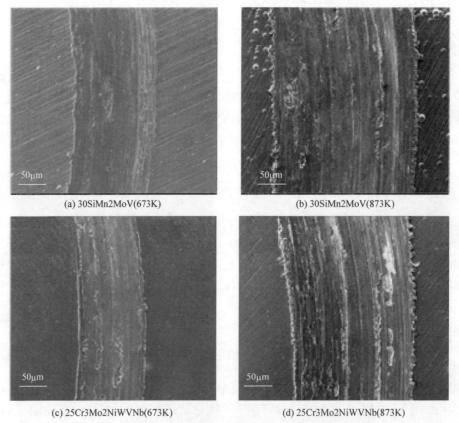

(a) 30SiMn2MoV(673K)　　　　　　　　　　(b) 30SiMn2MoV(873K)

(c) 25Cr3Mo2NiWVNb(673K)　　　　　　　(d) 25Cr3Mo2NiWVNb(873K)

图 3.23　两种基体材料镀铬后 673K 和 873K 磨损表面形貌

　　30SiMn2MoV、25Cr3Mo2NiWVNb 镀铬后在 673K、873K 进行高温磨损试验后的试样表面磨痕轮廓如图 3.24 和图 3.25 所示，可见在各温度下，30SiMn2MoV 的磨痕轮廓均大于 25Cr3Mo2NiWVNb，且 873K 下的磨痕轮廓大于 673K 下的磨

痕轮廓，磨痕轮廓的结果与材料磨损体积相一致。如前所述，25Cr3Mo2NiWVNb
由于合金元素构成不同，调质态处理试样马氏体板条形态依然可见，基体析出
Cr_7C_3、WC、Mo_2C 等碳化物，具有更好的热稳定性，在高温下为表面的镀铬层
提供了良好的支撑，该钢材料的这些特点使其与镀铬层具有更好的配合，表现出
更好的高温耐磨性。

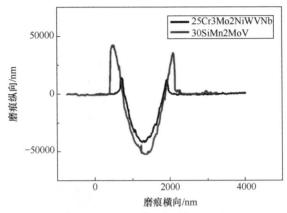

图 3.24 673K 下两种基体材料镀铬试样磨痕轮廓

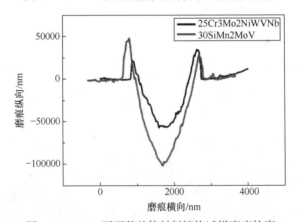

图 3.25 873K 下两种基体材料镀铬试样磨痕轮廓

3.6.2 渗氮处理提高身管内膛耐磨性

由于六价铬在电镀过程中污染严重，所以人们一直在探索替代六价铬的工艺，
对 25Cr3Mo2NiWVNb 分别进行盐浴渗氮处理和镀铬处理，分析了渗氮处理替代
镀铬处理作为身管内膛强化处理的可行性。

(1) 试验过程：对 25Cr3Mo2NiWVNb 镀铬、渗氮试样在 673K、873K 下，进
行 8min 的高温磨损测试，使用 MG-2000 摩擦磨损试验机(载荷：100N；转速：

200r/min；摩擦半径：10mm)，直径为 5mm 的 WC 球作为对磨材料，研究了不同基体镀铬层在 673K、873K 下的磨损失效机理。

(2) 两种强化处理后摩擦磨损性能：25Cr3Mo2NiWVNb 镀铬及渗氮后高温磨损试验的磨损体积如图 3.26 所示，可见 673K 下，镀铬磨损体积为 1.8mm³，渗氮磨损体积为 0.4mm³；873K 下，镀铬磨损体积为 3.2mm³，渗氮磨损体积为 0.8mm³。在 673K 以及 873K 时，渗氮处理的热作模具钢材料磨损体积均明显小于镀铬处理的试样，具有更佳的耐磨性。

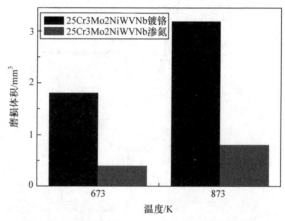

图 3.26　镀铬及渗氮后 673K 和 873K 磨损体积

25Cr3Mo2NiWVNb 渗氮试样在 673K、873K 进行高温磨损试验后的试样表面形貌如图 3.27 所示，673K 时试样表面磨痕轮廓规整，深度较浅；873K 时试样表面磨痕轮廓已不再规整，出现较大的起伏波动。

(a) 673K　　　　　　　　　　　　(b) 873K

图 3.27　25Cr3Mo2NiWVNb 渗氮后试样表面形貌

25Cr3Mo2NiWVNb 镀铬及渗氮试样在 673K、873K 进行高温磨损试验后的试样表面轮廓分别如图 3.28 和图 3.29 所示,可见在各温度下,渗氮处理的磨损体积均小于镀铬处理,对于同一种表面处理方式,873K 下的磨损体积大于 673K 下的磨损体积。

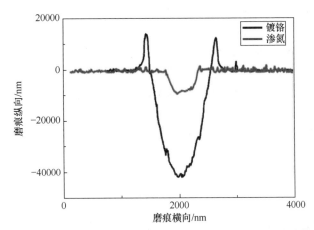

图 3.28　25Cr3Mo2NiWVNb 两种表面处理试样 673K 下磨痕轮廓

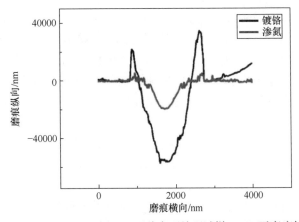

图 3.29　25Cr3Mo2NiWVNb 两种表面处理试样 873K 下磨痕轮廓

盐浴渗氮处理可以在不改变基体材料力学性能的前提下改善材料的表面性能。其原理是通过盐浴中的氰酸根分解产生活性 N 原子和 C 原子[73],由于表面化学势高于材料内部,N 原子不断向表面吸附并通过晶界、亚晶界及位错等通道渗入材料内部一定深度,并与基体中的合金元素形成高硬度的氮化物,同时在材料表面生成一层致密的白亮层(化合物层)及扩散层,致密的白亮层具有优异的耐腐蚀性和耐磨性,处理后渗氮层硬度随着深度的加深逐渐降低,保证强化层与基体材料有良好的过渡和结合力[74-76]。由于盐浴处理的温度一般在 723~853K,低于一般材料的回火温度(高于 873K),所以渗氮后心部的力学性能不会有明显变化,基体仍保持调质态的强韧性，一般盐浴渗氮后还需要进行盐浴氧化，材料表面形成 Fe_3O_4 可以提高其耐腐蚀性[77]。25Cr3Mo2NiWVNb 渗氮处理后，表面除有铁的氮化物 $Fe_{2-3}N$、Fe_4N 及铁的氧化物 Fe_3O_4 外，还有极其微小的合金氮化物 M(Cr、Mo、W、V、Nb)N，这些合金氮化物具有比铁的氮化物更高的硬度和高温稳定性，其耐高温磨损性能显著提高。

25Cr3Mo2NiWVNb 渗氮处理后的高温耐磨性较镀铬处理显著提高，表明经渗氮处理后的材料在高温下具有良好的耐磨性，这种特点表明：仅从此工况下的耐磨性考虑，而没有考虑到强度，特别是抗烧蚀等性能前提下，结合 2.4 节研究结果，认为渗氮处理在某些工况下可考虑作为身管内膛强化处理，用于提高身管内膛耐磨性，具体效果需反复研究和实弹验证后才能得出。

3.7　本　章　结　论

身管同其他工程构件一样存在因磨损而失效的现象。身管内膛在子弹射击过程中受到烧蚀和磨损的共同作用，导致全身管内膛各处的直径均有不同程度的增大，在膛线的起始段及膛线的阳线表面损伤最严重。内膛的破坏作用主要受三个因素影响，即热因素、化学因素、机械因素，其中机械因素主要表现为身管内膛的磨损。弹丸在射击过程中，经过挤进膛线、膛内运动两个过程，对内膛造成了损伤、破坏。磨损的结果逐渐积累，影响身管的战技指标，最终造成身管的失效。研究身管内膛磨损过程，应将其作为一个系统来考虑，全面考察磨损系统的工程技术目标、系统的运转参数、系统的构成、磨损特征等要素。

为减轻身管内膛磨损，延长身管使用寿命，需要提高身管内膛材料的耐磨性，尤其是高温耐磨性。身管内膛材料的磨损行为与磨损机制研究仍需开展大量的工作，可从身管基体材料与身管内膛表面强化两方面着手，提高身管内膛材料的高温耐磨性。身管内膛要求身管基体材料具有良好的高温热强性，这不仅有利于提升材料自身的高温耐磨性，也有利于与身管内膛镀铬层配合。

本章有以下初步研究结论和进展：

(1) 对身管基体表面进行镀铬处理后再进行高温磨损试验。在各温度下，30SiMn2MoV 镀铬试样的磨痕轮廓均大于 25Cr3Mo2NiWVNb 镀铬处理试样，且 873K 下的磨痕轮廓大于 673K 下的磨痕轮廓。25Cr3Mo2NiWVNb 磨损体积较 30SiMn2MoV 减少了 1/2。

(2) 25Cr3Mo2NiWVNb 调质态试样马氏体板条形态依然可见，基体析出 Cr_7C_3、WC、MoC 等碳化物，具有更好的热稳定性，在高温下为表面的镀铬层提供了良好支撑，使基体与镀铬层的结合力更强，表现出更好的高温耐磨性。

(3) 对 25Cr3Mo2NiWVNb 基体表面进行镀铬处理及渗氮处理,随后进行高温磨损试验。在各温度下,渗氮处理的磨损体积均小于镀铬,且 873K 下的磨损体积大于 673K 下的磨损体积。673K 下,镀铬磨损体积为 1.8mm^3,渗氮磨损体积为 0.4mm^3;873K 下,镀铬磨损体积为 3.2mm^3,渗氮磨损体积为 0.8mm^3。

(4) 25Cr3Mo2NiWVNb 渗氮处理后耐磨性提高与表面物相的变化有关,经过渗氮处理的试样表面物相为 Fe$_{2-3}$N 及 Fe$_3$O$_4$,还有合金氮化物 M(Cr/Mo、W、V、Nb)N,在改善耐蚀性的同时,提高了表面的硬度和材料的耐磨性,上述试验结果仅只能反映某一方面在具体实验室研究的耐磨特征,关于其对身管寿命的影响需要通过大量系统研究与综合分析,并通过实弹考核验证才能得出。

参 考 文 献

[1] 白德忠. 身管失效与炮钢材料[M]. 北京: 兵器工业出版社, 1989.
[2] 高原. 新型高 Cr 热作模具钢表面软氮化处理对热疲劳和高温磨损的影响[D]. 长春: 吉林大学, 2011.
[3] 王光宏. 高性能渗氮钢的摩擦磨损特性研究[D]. 广州: 华南理工大学, 2013.
[4] 全永昕, 施高义. 摩擦磨损原理[M]. 杭州: 浙江大学出版社, 1988.
[5] 邵荷生, 曲敬信, 许小棣, 等. 摩擦与磨损[M]. 北京: 煤炭工业出版社, 1992.
[6] 李小艳. 精铸热锻模具钢高温磨损性能的研究[D]. 镇江: 江苏大学, 2006.
[7] 束德林. 工程材料的力学性能[M]. 2 版. 北京: 机械工业出版社, 2007.
[8] 李日良. 高硼中碳合金高温磨损性能及机理研究[D]. 昆明: 昆明理工大学, 2013.
[9] 于伟, 田庆涛, 于旭东, 等. 火炮内膛烧蚀磨损研究综述[J]. 四川兵工学报, 2010, 31(2): 97-99.
[10] 向丽萍. 速射武器身管强韧性对失效行为的影响[D]. 北京: 北京科技大学, 2011.
[11] Sopok S, Rickard C, Dunn S. Thermal-chemical-mechanical gun bore erosion of an advanced artillery system part two: Modeling and predictions[J]. Wear, 2005, 258(1-4): 671-683.
[12] 张振山, 吴永峰. 炮管内膛烧蚀磨损现象的分析[J]. 装甲兵工程学院学报, 2003, 17(2): 67-70.
[13] 王泽山, 徐复明, 张豪侠. 火药装药设计原理[M]. 北京: 兵器工业出版社, 1995.
[14] 韩文祥. 弹丸挤进变形模拟问题研究[D]. 南京: 南京理工大学, 2009.
[15] 乔自平, 李峻松, 薛钧. 大口径机枪枪管失效规律研究[J]. 兵工学报, 2015, 36(12): 2231-2240.
[16] 刘伟. 速射武器身管烧蚀寿命预测[D]. 南京: 南京理工大学, 2013.
[17] 欧阳青. 火炮身管烧蚀磨损与寿命问题研究[D]. 南京: 南京理工大学, 2013.
[18] 金文奇, 冯三任, 徐达. 火炮身管寿命推断技术与工程实践[M]. 北京:国防工业出版社, 2014.
[19] 孙家枢. 金属的磨损[M]. 北京: 冶金工业出版社, 1996.
[20] 张喜发, 卢兴华. 火炮烧蚀内弹道学[M]. 北京: 国防工业出版社, 2001.
[21] 朱蓉. 89 式 12.7mm 重机枪动力学仿真与优化[D]. 南京: 南京理工大学, 2006.

[22] 陈杨. 95式班用机枪动力学分析及优化设计[D]. 南京: 南京理工大学, 2005.

[23] 张树霞. 弹带挤进过程的有限元分析[J]. 四川兵工学报, 2008, 29(2): 51-52.

[24] 陈龙淼, 林贵, 李淼. 弹丸高速挤进过程动态试验设计与分析[J]. 南京理工大学学报, 2015, 39(2): 139-143.

[25] 吴永海, 徐诚, 陆昌龙, 等. 基于流固耦合的某速射火炮身管温度场仿真计算[J]. 兵工学报, 2008, 29(3): 266-270.

[26] 金志明. 枪炮内弹道学[M]. 北京: 北京理工大学出版社, 2004.

[27] Montgomery R S. Friction and wear at high sliding speeds[J]. Wear, 1976, 36(3): 275-298.

[28] Matsuyama T. Friction and wear mechanism at high sliding speeds[C]. 19th International Symposium of Ballistics, Interlaken, 2001.

[29] Wu B, Zheng J, Tian Q T, et al. Friction and wear between rotating band and gun barrel during engraving process[J]. Wear, 2014, 318(1-2): 106-113.

[30] 李爱娜, 孙乐民, 李占君, 等. PCrNiMo 材料摩擦磨损特性研究[J]. 润滑与密封, 2006, 31(4): 127-128.

[31] 李占君, 王霞. 温度对 PCrMo 钢摩擦磨损性能的影响[J]. 热加工工艺, 2011, 40(16): 10-12.

[32] Fink M. Wear oxidation-a new component of wear[J]. Transactions of the American Society for Steel Treating, 1930, 18: 1026-1034.

[33] Suh N P. An overview of the delamination theory of wear[J]. Wear, 1977, 44(1): 1-16.

[34] Sin H, Saka N, Suh N P. Abrasive wear mechanisms and the grit size effect[J]. Wear, 1979, 55(1): 163-190.

[35] Quinn T F J. Oxidational wear modelling Part III, The effects of speed and elevated temperatures[J]. Wear, 1998, 216(2): 262-275.

[36] Wilson J E, Stott F H, Wood G C. The development of wear-protective oxides and their influence on sliding friction[J]. Mathematical and Physical Sciences, 1980, 369(1739): 1934-1990.

[37] 陈康敏, 王兰, 王树奇, 等. H13 钢氧化磨损行为的研究[J]. 摩擦学学报, 2011, 31(4): 317-322.

[38] 崔晶, 陈跃, 刘敬超, 等. 高温氧气条件下CrNiMo钢的摩擦磨损特性研究[J]. 润滑与密封, 2009, 34(2): 35-37.

[39] Barrau O, Boher C, Gras R, et al. Analysis of the friction and wear behaviour of hot work tool steel for forging[J]. Wear, 2003, 255(7-12): 1444-1454.

[40] Cui X H, Wang S Q, Wang F, et al. Research on oxidation wear mechanism of the cast steels[J]. Wear, 2008, 265(3-4): 468-476.

[41] 温诗铸. 材料磨损研究的进展与思考[J]. 摩擦学学报, 2008, 28(1): 1-5.

[42] 崔向红, 王树奇, 陈康敏, 等. 精铸热锻模具钢高温磨损行为的研究[J]. 农业机械学报, 2004, 35(1): 150-153.

[43] 李志, 曲敬信, 周平安, 等. 3Cr2W8V 钢高温高载下的干摩擦滑动磨损特性[J]. 钢铁研究学报, 2000, 12(4): 36-42.

[44] 崔向红, 王树奇, 姜启川, 等. 4Cr3Mo2NiV 铸造热锻模具钢的高温磨损机理[J]. 金属学报, 2005, 41(10): 1116-1120.

[45] 高彩桥. 摩擦金属学[M]. 哈尔滨: 哈尔滨工业大学出版社, 1988.

[46] 陈其伟, 蔡长生, 游兴河. 热处理对 Gx180CrWV-20 铸造合金高温磨损特性的影响[J]. 钢铁研究学报, 2004, 16(1): 62-65.

[47] 崔向红, 姜启川, 王树奇. 新型精铸热锻模具钢高温磨损性能同其显微组织的相关性[J]. 摩擦学学报, 2005, 25(3): 211-215.

[48] Wang Y, Li X D, Feng Z C. The relationship between the product of load and sliding speed with friction temperature and sliding wear of a 52100 steel[J]. Scripta Metallurgica et Materialia, 1995, 33(7): 1163-1168.

[49] Wang Y, Lei T Q. Wear behavior of steel 1080 with different microstructures during dry sliding[J]. Wear, 1996, 194(1-2): 44-53.

[50] Wang Y, Lei T Q, Liu J J. Tribo-metallographic behavior of high carbon steels in dry sliding: I. Wear mechanisms and their transition[J]. Wear, 1999, 231(1): 1-11.

[51] 崔向红. 新型铸造热锻模具钢高温磨损行为的研究[D]. 长春: 吉林大学, 2006.

[52] Dong H, Bell T. Enhanced wear resistance of titanium surfaces by a new thermal oxidation treatment[J]. Wear, 2000, 238(2): 131-137.

[53] Earles S W E, Hayler M G. Wear characteristics of some metals in relation to surface temperature[J]. Wear, 1972, 20(1): 51-57.

[54] 陈康敏, 王树奇, 杨子润, 等. 钢的高温氧化磨损及氧化物膜的研究[J]. 摩擦学学报, 2008, 28(5): 475-479.

[55] 杨子润, 王树奇, 孙瑜, 等. 摩擦氧化物在钢的高温磨损中的形成和作用[J]. 江苏大学学报(自然科学版), 2013, 34(6): 709-714.

[56] 李小艳, 王树奇, 崔向红, 等. 铬和钼对精铸热锻模具钢高温磨损行为的影响[J]. 铸造技术, 2007, 28(6): 761-765.

[57] 张妍, 符寒光. 抗高温磨损高铬铸铁的研究[J]. 热加工工艺, 2002, 31(2): 48-50.

[58] 杨银辉, 李志勋, 王长记, 等. 球磨机衬板用铬钼合金钢耐磨性的应用研究[J]. 矿山机械, 2015, 43(3):87-90.

[59] 李久盛. 摩擦学的最新进展和发展趋势[J]. 润滑油与燃料, 2007, 80(17): 1-10.

[60] 张晓东, 曾招余波, 揭晓华, 等. 激光熔覆 WC/Co-Cr 合金涂层的高温磨损性能[J]. 材料热处理学报, 2015, 36(3): 177-181.

[61] 李晖, 李润方, 许洪斌, 等. 不同表面状态的 32Cr2MoV 的滑动摩擦试验比较[J]. 材料导报, 2006, 20(11): 144-146, 149.

[62] Skolek-Stefaniszyn E, Burdynska S, Mroz W, et al. Structure and wear resistance of the composite layers produced by glow discharge nitriding and PLD method on AISI 316L austenitic stainless steel[J]. Vacuum, 2009, 83(12): 1442-1447.

[63] 高晓成, 岳文, 王成彪, 等. 含二烷基二硫代磷酸锌润滑下等离子渗氮钢的摩擦磨损性能研究[J]. 摩擦学学报, 2011, 31(6): 592-598.

[64] 李星亮, 岳文, 王成彪, 等. 无硫磷有机钨添加剂作用下离子渗氮轴承钢的摩擦学性能[J]. 石油学报(石油加工), 2012, 28(2): 338-344.

[65] Li X L, Yue W, Wang C B, et al. Comparing tribological behaviors of plasma nitrided and untreated bearing steel under lubrication with phosphor and sulfur-free organotungsten

additive[J]. Tribology International, 2012, 51: 47-53.

[66] 熊党生, 李建亮. 高温摩擦磨损与润滑[M]. 西安: 西北工业大学出版社, 2013.

[67] 宋仁伯, 项建英, 侯东坡, 等. 316L 不锈钢热加工硬化行为及机制[J]. 金属学报, 2010, 46(1): 57-61.

[68] 胡赓祥, 蔡珣, 戎咏华. 材料科学基础[M]. 上海: 上海交通大学, 2010.

[69] Lim S C, Ashby M F, Brunton J H. Wear-rate transitions and their relationship to wear mechanisms[J]. Acta Metallurgica, 1987, 35(6): 1343-1348.

[70] 李晨辉, 吴晓春, 谢尘, 等. Cr8 型模具钢耐磨性能研究[J]. 摩擦学学报, 2013, 33(1): 36-43.

[71] 魏敏先. 严酷工况下钢铁材料的氧化磨损及轻微——严重磨损转变[D]. 镇江: 江苏大学, 2011.

[72] Wei M X, Wang S Q, Wang L, et al. Effect of tempering conditions on wear resistance in various wear mechanisms of H13 steel[J]. Tribology International, 2011, 44(7-8): 898-905.

[73] Fares M L, Touhami M Z, Belaid M, et al. Surface characteristics analysis of nitrocarburized (Tenifer) and carbonitrided industrial steel AISI 02 types[J]. Surface and Interface Analysis, 2009, 41(3): 179-186.

[74] 李远辉. QPQ 技术对材料力学性能和抗蚀性影响的研究[D]. 镇江: 江苏大学, 2007.

[75] Cai W, Meng F N, Gao X Y, et al. Effect of QPQ nitriding time on wear and corrosion behavior of 45 carbon steel[J]. Applied Surface Science, 2012, 261: 411-414.

[76] Li H Y, Luo D F, Yeung C F, et al. Microstructural studies of QPQ complex salt bath heat-treated steels[J]. Journal of Materials Processing Technology, 1997, 69(1-3): 45-49.

[77] Li G J, Wang J, Peng Q, et al. Influence of salt bath nitrocarburizing and post-oxidation process on surface microstructure evolution of 17-4PH stainless steel[J]. Journal of Materials Processing Technology, 2008, 207(1-3): 187-192.

第4章　枪炮身管钢的高温性能

4.1　引　言

在连续射击时，膛内高温、高压的火药气体以极高的频率冲击身管，在此瞬间，膛内热量来不及向外扩散，内壁温度会迅速升高。此时，身管材料高温强度导致射击过程中身管微变形使射击精度下降，此外，高温强度低将造成身管内腔坡膛阳线变形甚至开裂剥落，加速基体与镀铬层的烧蚀剥落，从而导致初速下降等。因此，目前身管高温强度是决定和制约身管寿命的核心。本章主要分析由身管材料高温强度不足引起身管失效的原因，分析身管材料的高温强化机理并提出提升身管材料高温性能的新思路。

4.2　身管钢工况及面临的挑战

4.2.1　服役工况对身管钢高温强度的要求

各种口径的枪炮，无论是自动武器，还是单发武器，其火药均会造成内腔表面温度快速升高，而身管材料高温强度低，不仅将加速内腔烧蚀，更易造成内腔阳线变形甚至开裂剥落等，使武器系统由于初速、精度等下降而寿终。

随着现代战争技术的发展，通过设计与弹药威力的提升，中大口径压制火炮的射程和精度等显著提高，以及各种突击火炮膛压越来越高，都对身管内腔抗烧蚀、高温强度与高温刚度等方面提出了全新的要求。同时，越来越先进的陆基与机载高精度、强突防力、强威慑力的中远程精确打击技术(如先进推进技术、高效杀伤弹头技术和精确制导技术等)将在未来战争中发挥巨大作用。小口径速射武器是对抗这类技术及武器的重要手段。中小口径速射武器具有反应快、火力密集等特点，可迅速击毁低空进犯的敌机与导弹，是防御系统一道不可或缺的屏障。

自20世纪80年代以来，作战飞机往往采用低空或超低空飞行与攻击来躲避防空雷达的捕捉，防空导弹因低空段制导性能差、命中方程无解而存在射击死角的问题。故当雷达、导弹无法成功进行低空防御时，只能将任务交给中小口径火炮去完成，这就要求中小口径火炮的射程要远、射高要高、威力要大、精度要高、射速要快，以便能够最迅速、最有效地压制敌人的火力，摧毁敌人的战机、导弹和工事设施。

　　从武器的发展过程可知，小口径速射武器若要保证良好的防御能力，必须紧跟武器装备的发展，提升弹丸射速和威力。使速射武器向高威力、高精度、高射速等要求发展的重要因素是在射击时赋予弹丸足够的动能。因为只有具备更高的能量，弹丸才能达到更远的射程和射高；对于反坦克武器，只有具备了更高的能量，才能对日益强化的装甲具有更强的穿甲能力与破坏力；同时，高的初速可以缩短弹丸到达目标的飞行时间，减小提前修正量以提高命中精度。有文献报道[1]，初速下降10%，命中精度将下降64%，因此提高火炮弹丸的动能，成为速射武器发展的一个核心问题。那么，该如何使速射武器弹丸获得足够的动能？对于某种类型的枪炮弹，在火药种类固定的前提下，弹丸动能的获得是火药气体做功的结果。两者的关系可由内弹道方程表示[2]：

$$-\frac{\phi}{2}mV_g^2 = \frac{\omega f_v}{K-1}\eta_t \tag{4.1}$$

式中，ϕ 为次要功计算系数；m 为弹丸的质量；V_g 为弹丸出炮口的速度；ω 为火药装药的重量；f_v 为火药的定容火药力；K 为火药气体的绝热指数；η_t 为火炮热功效率系数，或称为有效功系数：

$$\eta_t = 1 - \left(\frac{l_0}{l_0 + l_g}\right)^{K-1} \tag{4.2}$$

式中，l_0 为药室容积缩径长；l_g 为弹丸全行程长。火药量一定，f_v、K 为定值，故 $f_v \times \eta_t$=常数，有

$$-\frac{\phi}{2}mV_g^2 = \frac{\omega}{K-1}f_v \times \eta_t \tag{4.3}$$

即装药量与火药气体做功成正比。

　　式(4.1)等号右边 $\dfrac{\omega f_v}{K-1}$ 表示火药的潜能，乘以 η_t 表示潜能实际转化为火药气体的功。这部分功包括弹丸获得的主要功 $-\dfrac{1}{2}mV_g^2$ 和次要功。总功即用 $-\dfrac{\phi}{2}mV_g^2$ 表示，实际上也就是膛压-行程(P-l)曲线下的面积，如图4.1所示，即

$$\frac{\omega f_v}{K-1}\eta_t = \int_0^{l_g} SP\,\mathrm{d}l \tag{4.4}$$

式中，S 为炮膛截面积；P 为膛压。式(4.4)是行程 l 的函数。

　　显然，在不改变火药种类的前提下，要提高弹丸的动能，就要增加火药的装药量 ω。装药量 ω 增大，膛压也相应提高。膛压是指弹丸射击时，药室内火药燃烧后气体膨胀在炮(枪)膛内壁单位面积上所产生的作用力。一般身管膛压为0.1～400MPa，变化趋势如图4.2所示。膛压的变化直接影响火炮射击的精度，并影响

射击安全。高膛压火炮的出现是提高初速的一个重要途径，然而膛压提高以后，将出现新的问题，如由身管钢强度不足而产生的破坏。

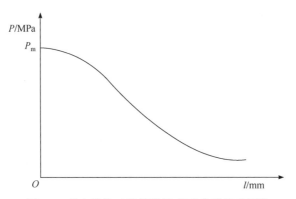

图 4.1　弹丸激发时身管膛压-行程曲线示意图[3]

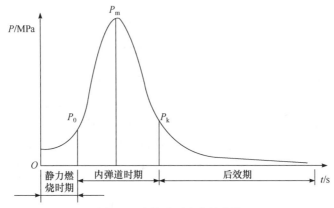

图 4.2　身管膛压变化趋势[2]

因此，随着武器装备的发展，通过改进火药、加大装药量等方式提高膛压已成为目前各口径枪炮武器获得足够作战性能的主要方式。例如，20 世纪 60 年代初至今美国陆军在 90mm、105mm 坦克和反坦克炮的各种脱壳穿甲弹、破甲弹和榴弹的装药上，以及在 76mm、155mm 和 203mm 的中大口径火炮中广泛使用了 M30 系列三基药，但随着高膛压武器的发展，美国陆军深感三基药的能量、爆温等性能已不能满足武器的要求，故美国为提高火炮威力，开始着手研究火药。在 1976 年美国召开的"火炸药及其组分的制造工艺会议"上，美国海军马里兰州海军军械站介绍了他们研发的一种无压延的，含硝化纤维素、TMETN(三羟甲基乙烷三硝酸酯)和 TEGDN(二缩三乙二醇二硝酸酯)的无溶剂发射药，并已将其成功应用于小型火箭和大口径炮射击弹。据称，研究这种发射药的目的是使弹丸获得较高的能量以便穿透装甲，同时具有较低的等容火焰温度，降低严重烧蚀，尤其适用于高膛压武器。此外，为了改善压力-时间曲线，降低曲线陡直度，美国又研制了一类含混合硝胺组分的新型三基药，这种新型三基药一般可以分为两个能量级：火药力 $110×10(kg·dm)/kg$，瞬时火焰温度达 $2700～2800K$ 级和火药力 $120×10(kg·dm)/kg$，瞬时火焰温度达 $3000～3300K$ 级(火焰温度非内膛温度)。前者主要适用于航炮和小口径高炮等高射速武器，以及大口径地炮和舰炮；后者主要作为高膛压反坦克炮弹发射药[4]。

4.2.2　身管的高温及超温工况

随着武器的发展，火炮特别是速射武器射速的不断提高，对身管材料高温性能提出了更高要求。当自动炮高射速连续射击时，膛内高温、高压火药气体以极高的频率冲击身管，在极短的时间内热量来不及向外扩散，身管内壁温度会在瞬间升高。管径比大的身管，其外壁温度上升相对缓慢，但身管内膛表面温升很快，瞬间可达 1000K 及以上；而管径比小的身管，其内膛和外壁温度升高均很快。现代高射速小口径自动炮通常采用薄壁身管结构以减小火炮本身的体积和重量。因此，在速射武器连续射击条件下，身管壁温度会持续升高，很容易使得整个身管出现严重的高温工况甚至超温工况。

身管高温工况的不利影响主要体现在以下几个方面[5]。

(1) 发射药自燃及炸膛：炮弹进入炮膛后，在进行瞄准并等待射击的一段时间内，发射药吸收高温管壁放出的热量，会很快达到发射药(或可燃药筒)的自燃点。通常，灼热的火炮药室(或轻武器身管)能引发引信、发射药(或是炸药装药)，可能造成偶然的或自发的射击或爆炸，若膛温过高仍继续射击，则可能发生炸膛现象。

(2) 射击速度受到限制：灼热炮身引起身管钢性能下降和装药等问题，严重影响火炮的安全使用。为确保安全，在进行一定数量炮弹的连续射击时，要求射击速度不得超过规定的极限射击速度。

(3) 身管钢强度等性能下降：炮钢材料的温度变化试验表明，炮钢的强度是随温度的上升而下降的。在一些射击试验中，曾出现身管的胀膛现象，胀膛位置多在温升最高部位，这说明炮管胀膛度往往与其身管高温后的材料强度等性能，以及内膛材料强度急剧下降有关，特别是由于现用身管钢高温强度低而表现更为突出，且成为行业亟待解决的瓶颈。

(4) 射击精度降低：身管发热对射击精度的影响也是很大的，内膛热胀和磨损都会造成内膛直径增大，弹带和膛壁就不能密闭火药气体，引起膛压下降，从而使得初速下降、射击精度降低，这种情形往往随每发射击而变化。

(5) 身管烧蚀磨损加重：烧蚀现象是由众多因素综合作用或交互作用引起的，包括热因素、热-机械因素、热-化学因素，其中热因素是最根本的。剧烈的热因素可使炮膛表面内层金属软化甚至熔化，这层材料可能被火药气体和弹带带走。在高温下，火药气体中的某些组分同炮膛表面的金属发生反应，其在弹带和火药气体作用下很容易产生裂纹并造成剥落。

(6) 身管的热应力加大：火炮射击时火药燃烧生成的热量中，相当大的部分是被身管吸收的，该热量是逐步输入膛壁的，身管壁存在较大的温度梯度，从而产生相当大的热应力。热冲击在射击过程中会导致身管内壁动态压应力，而在射击后内膛冷却过程中身管内壁产生动态拉应力，这种拉压应力循环是造成身管产生裂纹的直接诱因。

以上问题，特别是当身管钢高温强度低时表现更为突出。因此，提升身管钢高温强度已成为解决身管瓶颈难题的关键所在。

速射武器如大口径重机枪、小口径速射高炮和航炮等在射击时不仅受到高频率的高压脉冲作用，还受到高温火药气体的冲刷作用。高温火药气体对内膛的破坏作用体现在两方面：一方面是在射击时，内膛表面铬层受到的加热和冷却都在瞬时完成，由于材料的热膨胀系数不同，反复的加热冷却会产生热疲劳，导致铬层开裂；另一方面是在连续射击时，周期性的热流脉冲不断重复作用于身管内壁，导致身管内壁的热累积非常严重，随着射击发数的增加，身管内壁将出现软化等现象。

如前所述，速射武器在连续射击时，分为内弹道期、后效期和间隔期三个阶段。内弹道期弹丸在膛内运动，火药气体温度迅速升高，并且短时间内使身管内膛表面温度稳定达到 873～973K；后效期弹丸出膛后，膛内高温火药气体仍向身管内壁传热；在内弹道期和后效期，身管内壁承受强迫热对流和热辐射作用，外壁与空气之间进行自然对流传热和辐射传热；后效期结束后至第二次弹丸激发前为间隔期，在此阶段，身管内外壁皆与空气进行自然对流传热。南京理工大学的刘伟[6]对速射武器射击的温度场进行了大量模拟分析，使用有限元法求解身管温度场分布，利用 ANSYS 软件进行模拟计算，采用 ANSYS 参数化设计语言(ANSYS parametric design language，APDL)编制程序，将火药气体温度和强迫对流传热系数公式写入求解程序，以该公式计算结果作为身管内膛的边界条件参数，计算获得三种射击规范(表 4.1)。

表 4.1　三种射击规范[6]

射击规范	内容
1	一个冷却周期射弹 20 发，分为三个短点射，分别为 7 发、7 发、6 发，短点射间隔 2s，20 发结束后水冷至常温
2	一个冷却周期射弹 30 发，分为三个 5 发的短点射，短点射间隔 2s，之后进行一个 15 发的长点射，短点射与长点射之间间隔 2s，长点射结束后水冷至常温
3	一个冷却周期射弹 50 发，50 发连射，射击完毕水冷至常温

按照上面所述的三种射击规范进行射击，第一个冷却周期结束，身管膛线起始部位危险区域的内膛温度模拟情况如图 4.3 所示。

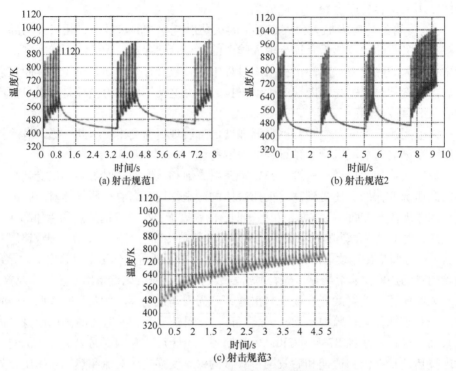

图 4.3　三种射击规范下身管内壁温度模拟变化[6]

由图 4.3 可以看出，连射时，危险截面内壁点的温度响应呈周期性变化，变化频率与武器射频一致。在连射时，将射击中任何一发与前一发相比较，内壁初始温度有一定程度的增幅，说明身管温度场一直在进行非稳态导热。究其原因为外壁与空气自然对流传热，对流传热系数非常小，身管吸收的热并不能快速散去，导致热量逐渐累积。这种热量累积的情况在射击频率高的高射速枪炮身管中尤为严重。从模拟结果中可以看出，在连续射击 50 发条件下，身管内壁温度可达 973K，对于一般高温强度偏低的材料，此温度下膛线强度急剧下降，很容易被弹丸冲击、挤压变形，出现内膛尺寸扩大等现象，严重时甚至导致胀膛现象，并带来严重后果。

即使采用液冷系统，由于身管有一定的壁厚，热量从身管内膛表面传至身管外壁冷却液中需要一定的时间，所以身管内壁温度的降低也十分有限。有研究[7]以某液冷火炮为研究对象，采用计算流体动力学(computing fluid dynamics，CFD)方法，通过多场耦合软件 ANSYS/CFD 为计算平台，采用 APDL 和 FORTRAN 语言编制程序进行计算。连续射击 70 发后，有无冷却系统及相同冷却液、不同流速条件下，身管内壁温度的差异，如图 4.4 所示。采用射击规范为：射频 60 发/min，冷却水流速 1.5m/s、3m/s、4.5m/s。

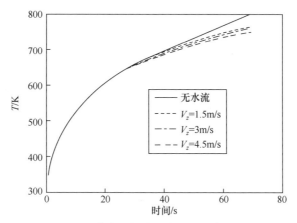

图 4.4　水冷系统内膛表面温度模拟[7]

在连续射击时，外表面水流冷却对内膛表面残留温度的影响有限。当射击至第 28 发时，内膛表面残留温度产生轻微变化，第 70 发结束，当冷却水流速为 3m/s 时，内膛表面残留温度仅下降 30K 左右。当冷却水流速达到一定值时，增加流速对内膛表面残留温度影响很小，第 70 发结束，当冷却水流速分别为 1.5m/s、3m/s 和 4.5m/s 时，内膛表面残留温度只相差 9K 左右。

综上所述，由于枪炮向高战力、高威力发展，其各种口径的身管在作战时将承受更高的膛压和要求，特别是在连续射击中，火药燃烧产生的高温难以散去，在身管内壁快速积累造成超温工况。身管钢应满足此工况条件下对高温性能的要求。本章以下内容将对击发时的身管进行受力分析，结合强度理论与软件模拟进行计算，得到射击过程中对身管钢的强度要求，希望通过对材料成分、组织、性能、工艺的系统研究得出解决的具体思路和方案。

4.3　身管钢强度的理论计算

4.3.1　射击时身管受力分析

射击时，枪炮身管承受复杂的作用力，有火药气体压力、弹头在膛内运动时的摩擦力、身管后座的惯性力和因受热而产生的热应力等。为了简化计算，近似认为身管仅受均匀分布的火药气体压力。由于身管不存在刚性位移，火药气体压力为均匀分布压力，外界大气压力不计，边界约束呈轴对称分布，有研究[8]以某身管壁内某微小单元体为研究对象，应力分析如图 4.5 所示。

由于约束是轴对称分布的，所以为轴对称平面位移问题，位移与 θ 无关，身管任意截面应力分布见图 4.6。

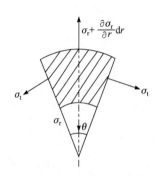

图 4.5　身管壁内某微小单元体受力分析[8]　　　　图 4.6　身管任意截面应力分布[8]

应力表达式和边界条件表达式分别为

$$
\begin{cases}
\sigma_\theta = \dfrac{A_1}{r^2} + 2C \\[2mm]
\sigma_\theta = -\dfrac{A_1}{r^2} + 2C \\[2mm]
\tau_{r\theta} = 0
\end{cases}
\tag{4.5}
$$

$$
\begin{cases}
(\tau_{r\theta})_{r=r_1} = 0 \\
(\tau_{r\theta})_{r=r_2} = 0 \\
(\sigma_r)_{r=r_1} = -p \\
(\sigma_r)_{r=r_2} = 0
\end{cases}
\tag{4.6}
$$

$$
\begin{cases}
\sigma_r = \dfrac{r_1^2 r_2^2}{r_2^2 - r_1^2}\dfrac{-p}{r^2} + \dfrac{r_1^2 p}{r_2^2 - r_1^2} \\[3mm]
\sigma_\theta = -\dfrac{r_1^2 r_2^2}{r_2^2 - r_1^2}\dfrac{-p}{r^2} + \dfrac{r_1^2 p}{r_2^2 - r_1^2} \\[3mm]
\tau_{r\theta} = 0
\end{cases}
\tag{4.7}
$$

式中，σ_r 为径向应力；σ_θ 为环向应力；$\tau_{r\theta}$ 为切应力；r_1 为身管内径；r_2 为身管外径；p 为身管所承受的均匀分布压力。式(4.5)和式(4.6)联立可以得到微小单元体的各向应力值，见式(4.7)。

4.3.2　材料的强度理论

强度失效的主要形式有两种，即屈服与断裂。相应地，强度理论也分成两类：

一类是解释断裂失效的,其中有最大拉应力理论和最大伸长线应变理论;另一类是解释屈服失效的,其中有最大切应力理论和畸变能密度理论。

最大拉应力理论(第一强度理论):这一理论认为最大拉应力是引起断裂的主要因素,即无论是什么应力状态,只要最大拉应力达到与材料性质有关的某一极限值,材料就发生断裂。既然最大拉应力的极限值与应力状态无关,于是就可用单向应力状态确定这一极限值。单向拉伸只有 $\sigma_1(\sigma_2=\sigma_3=0)$,当 σ_1 达到极限应力 σ_b 时,材料发生断裂。根据这一理论,无论是什么应力状态,只要最大拉应力 σ_1 达到 σ_b 就导致断裂。于是,得到断裂准则:

$$\sigma_1 = \sigma_b \tag{4.8}$$

将极限应力 σ_b 除以安全因数得到许用应力 $[\sigma]$,所以按第一强度理论建立的强度条件是

$$\sigma_1 \leqslant [\sigma] \tag{4.9}$$

这一理论没有考虑其他两个应力的影响,而且在没有拉应力的状态下(如单向压缩、三向压缩等)也无法得到应用,故不适合身管工况。

最大伸长线应变理论(第二强度理论):这一理论认为最大伸长线应变是引起断裂的主要因素,即无论什么应力状态,只要最大伸长线应变 ε_1 达到与材料性质有关的某一极限值,材料即发生断裂。ε_1 的极限值既然与应力状态无关,也可由单向拉伸来确定。设单向拉伸直到断裂仍可用胡克定律计算应变,则拉断时伸长线应变的极限值应为 $\varepsilon_\mu = \dfrac{\sigma_b}{E}$。按照这一理论,在任意应力状态下,只要 ε_1 达到极限值 $\dfrac{\sigma_b}{E}$,材料就会发生断裂。故得到断裂准则为

$$\varepsilon_1 = \frac{\sigma_b}{E} \tag{4.10}$$

由广义胡克定律:

$$\varepsilon_1 = \frac{1}{E}\left[\sigma_1 - \mu(\sigma_2 + \sigma_3)\right] \tag{4.11}$$

代入式(4.10)得断裂准则为

$$\sigma_1 - \mu(\sigma_2 + \sigma_3) = \sigma_b \tag{4.12}$$

将 σ_b 除以安全因数得到许用应力 $[\sigma]$,于是按第二强度理论建立的强度条件是

$$\sigma_1 - \mu(\sigma_2 + \sigma_3) \leqslant [\sigma] \tag{4.13}$$

然而,第二强度理论适用于不易发生形变的、受强大拉应力的脆性材料,故而不适用于受力复杂的身管钢[9]。

最大切应力理论(第三强度理论)：这一理论认为最大切应力是引起屈服的主要因素，即认为无论什么应力状态，只要最大切应力 τ_{max} 达到与材料性质有关的某一极限值，材料就会发生屈服。在单向拉伸条件下，当与轴线成 45°的斜截面上的 $\tau_{max} = \dfrac{\sigma_s}{2}$ 时(横截面上的正应力为 σ_s)，出现屈服。可见，$\dfrac{\sigma_s}{2}$ 就是导致屈服的最大切应力的极限值。因为这一极限值与应力状态无关，所以在任意应力状态下，只要 τ_{max} 达到 $\dfrac{\sigma_s}{2}$，就引起材料的屈服。任意应力状态下($\sigma_1 > \sigma_2 > \sigma_3$)：

$$\tau_{max} = \frac{\sigma_1 - \sigma_3}{2} \tag{4.14}$$

于是得屈服准则：

$$\frac{\sigma_1 - \sigma_3}{2} = \frac{\sigma_s}{2} \tag{4.15}$$

或

$$\sigma_1 - \sigma_3 = \sigma_s \tag{4.16}$$

将 σ_s 转换为许用应力 $[\sigma]$，得到按第三强度理论建立的强度条件为

$$\sigma_1 - \sigma_3 \leqslant [\sigma] \tag{4.17}$$

最大切应力理论较为满意地解释了塑性材料的屈服现象。例如，当低碳钢拉伸时，沿与轴线成 45°的方向出现滑移线，是材料内部沿这一方向滑移的痕迹，沿这一方向的斜面上切应力也恰为最大值。

畸变能密度理论(第四强度理论)：这一理论认为畸变能密度是引起屈服的主要因素，即认为无论什么应力状态，只要畸变能密度 v_d 达到与材料性质有关的某一极限值，材料就发生屈服。在单向拉伸条件下，屈服应力为 σ_θ，相应的畸变能密度为 $\dfrac{1+\mu}{6E}(2\sigma_s^2)$。这就是导致屈服的畸变能密度的极限值。在任意应力状态下，只要畸变能密度 v_d 到达上述极限值，便引起材料的屈服。故畸变能密度屈服准则为

$$v_d = \frac{1+\mu}{6E}(2\sigma_s^2) \tag{4.18}$$

在任意应力状态下：

$$v_d = \frac{1+\mu}{6E}\Big[(\sigma_1 - \sigma_2)^2 + (\sigma_2 - \sigma_3)^2 + (\sigma_3 - \sigma_1)^2\Big] \tag{4.19}$$

代入式(4.18)，得

$$\sqrt{\frac{1}{2}\Big[(\sigma_1 - \sigma_2)^2 + (\sigma_2 - \sigma_3)^2 + (\sigma_3 - \sigma_1)^2\Big]} = \sigma_s \tag{4.20}$$

上述屈服准则为一椭圆形曲线。把 σ_s 除以安全因数得到许用应力 $[\sigma]$，于是，按第四强度理论得到的强度条件是

$$\sqrt{\frac{1}{2}\left[(\sigma_1-\sigma_2)^2+(\sigma_2-\sigma_3)^2+(\sigma_3-\sigma_1)^2\right]}\leqslant[\sigma] \tag{4.21}$$

结合强度理论与厚壁筒内壁受力理论可以得到如下强度理论公式[10-12]。

1. 最大拉应力理论(第一强度理论)

最大拉应力理论认为最大拉应力是引起材料断裂破坏的主要因素。按该理论建立的强度条件是 $\sigma_1\leqslant[\sigma]$。

经验证明，该理论不能解决身管强度问题。因为该理论没有考虑其他两个主应力对材料断裂破坏的影响，而且没有拉应力的应力状态(如单向压缩等)时也无法应用。它只适用于脆性材料，枪管设计一般不使用该理论。

2. 最大伸长线应变理论(第二强度理论)

最大伸长线应变理论认为材料在某一方向的伸长或压缩变形是材料破损的主要原因，即当最大伸长线应变达到简单拉压条件下的极限应变时，材料即被破坏。因此，为了保证枪管强度，要求这个变形不得超出没有残余变形的某一极限。计算枪管承受火药气体压力情况下的应力为

$$\sigma_t=E\varepsilon_t=\frac{r_1^2 p}{r_2^2-r_1^2}\left[\left(1+\nu\frac{r_2^2}{r^2}\right)+(1-\mu)\right] \tag{4.22}$$

式中，E 为枪管材料弹性极限；ε_t 为枪管某断面的切向线应变；ν 为泊松比。

当 $r=r_1$ 时，$\sigma_t=\sigma_{t1}$ 为切应力的最大值：

$$\sigma_{t1}=\frac{\nu r_2^2+(2-\nu)r_1^2}{r_2^2-r_1^2}p \tag{4.23}$$

第二强度理论是按照断裂的强度来建立的，适合断裂形式的破坏。例如，当构件受三向等值压力时，压缩变形可以达到很大的数值，远超过单向压缩试验弹性极限状态时的最大压缩变形，但构件仍未达到塑性变形状态。另按此理论，当构件在两个方向受拉时，似乎比单向受拉时更安全，因此正常工作条件下前者为

$$\sigma_1-\nu\sigma_2<\sigma_0$$

式中，σ_0 为单向拉伸时材料的容许拉应力；σ_1 与 σ_2 为两个方向的拉应力。

当单向受力时，其应力为 $\sigma_{1A}<\sigma_0$，所以 σ_1 可大于 σ_{1A}，但这与试验结果不完全吻合。这说明第二强度理论是有一定限制条件的。

从身管受力分析来看，该理论属于三向应力状态，而身管绝不允许出现断裂

破坏，即炸膛，所以使用第二强度理论，计算结果与试验结果会存在较大误差。

在长期实践中，设计者通常采用反复调整安全系数的方法来达到设计要求，这就增加了计算的难度。

3. 最大切应力理论(第三强度理论)

最大切应力理论认为最大切应力是引起材料塑性流动破坏的主要因素。

$$\sigma_t = \frac{2r_1^2 r_2^2}{r_2^2 - r_1^2}\frac{p}{r^2} \tag{4.24}$$

当 $r=r_1$ 时，$\sigma_t = \sigma_{t1}$ 为切应力的最大值：

$$\sigma_{t1} = \frac{2r_2^2 p}{r_2^2 - r_1^2} \tag{4.25}$$

$$p = \frac{r_2^2 - r_1^2}{2r_2^2}\sigma_{t1} \tag{4.26}$$

令 $\dfrac{r_2}{r_1} = a$，则 $p = \dfrac{a^2-1}{2a^2}\sigma_{t1}$。

从身管受力来看，在使用第三强度理论时，用切应力和径向应力来决定材料的强度，未考虑轴向应力的影响，虽然与身管受力仍有不符，但比使用第二强度理论更接近实际。

4. 畸变能密度理论(第四强度理论)

畸变能密度理论认为材料塑性流动主要取决于畸变能密度。

$$\sigma_t = \frac{r_1^2 p}{r_2^2 - r_1^2}\sqrt{\frac{3r_2^4}{r^4}+1} \tag{4.27}$$

当 $r=r_1$ 时，$\sigma_t = \sigma_{t1}$ 为切应力的最大值：

$$\sigma_{t1} = \frac{\sqrt{3r_2^4 + r_1^4}}{r_2^2 - r_1^2}p \tag{4.28}$$

令 $\dfrac{r_2}{r_1} = a$，则 $p = \dfrac{a^2-1}{\sqrt{3a^4+1}}\sigma_{t1}$。

第四强度理论全面地考虑三个方向上的应力和变形，所以对身管材料来说，在复杂应力状态下，使用该强度理论比第三强度理论更接近实际。

4.3.3　基于第四强度理论对身管钢强度数值计算

从文献[13]可知某自动步枪枪管(枪管材料参数详见表 4.2)各断面位置(图 4.7)

及膛压(表 4.3)。当求解枪管在膛压作用下的应力大小时，首先将最大膛压点延伸至膛底，向右延伸 2.5 倍口径。根据第四强度理论，采用 ABAQUS 软件模拟仿真计算。

表 4.2　某枪管钢力学性能[13]

指标	抗拉强度/MPa	屈服点/MPa	伸长率/%	泊松比
某枪管钢	950	850	15	0.27

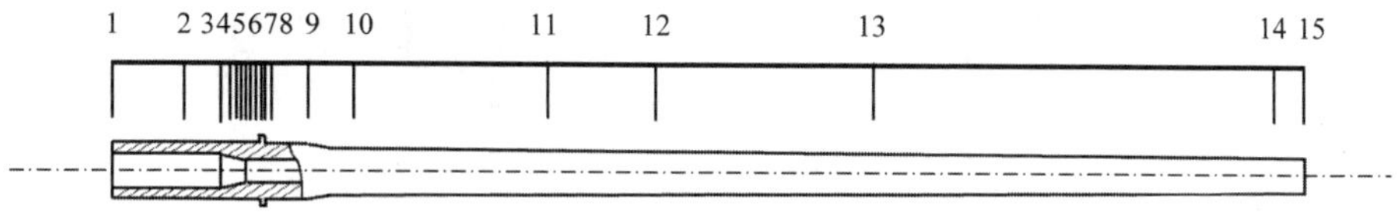

图 4.7　计算部位示意图[13]

通过第四强度理论可以计算得到如表 4.3 所示结果。

表 4.3　第四强度理论计算的某自动步枪枪管各部位所需屈服强度[13]

断面	断面位置/mm	内径/mm	外径/mm	膛压/MPa	第四强度准则/MPa
1-1	0	5.68	11.00	280.0	669.09
2-2	18.50	5.27	11.50	280.0	618.3
3-3	27.20	5.06	11.50	280.0	605.15
4-4	29.50	4.37	11.50	280.0	568.79
5-5	34.70	4.33	11.00	280.0	576.19
6-6	36.70	4.30	14.50	280.0	532.42
7-7	40.00	4.20	14.50	280.0	530.01
8-8	45.70	3.96	11.00	279.8	558.34
9-9	69.00	3.96	9.03	240.7	519.34
10-10	95.00	3.96	8.75	194.6	426.83
11-11	186.50	3.96	8.28	110.5	250.31
12-12	260.50	3.96	8.00	81.8	189.53
13-13	447.00	3.96	7.28	49.9	124.53
14-14	507.00	3.96	6.35	44.4	128.98
15-15	520.00	3.96	6.35	44.0	127.82

通过材料的性能数据可以建立枪管几何模型，见图 4.8。将建立的几何模型导入 Hypermesh 前处理软件进行有限元网格划分，单元类型采用等参六面体单元，将划分好的网格模型导入 ABAQUS 软件进行设置求解并进行后处理。膛压施加是通过空间解析场建立参数方程，使得膛压是关于轴向距离的函数(图 4.9)，计算结果见表 4.4。

图 4.8　枪管有限元模型及膛压施加[13]

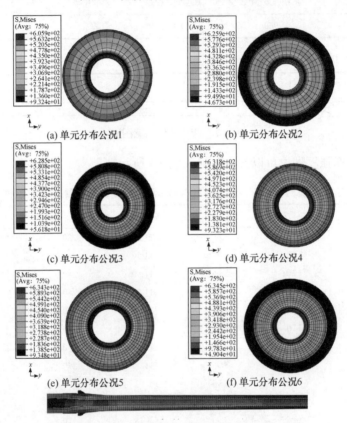

图 4.9　不同工况下枪管 von Mises 应力云图(单位：MPa)[13]

表 4.4　某自动步枪枪管各部位所需材料屈服强度[13]

断面	断面位置/mm	内径/mm	外径/mm	膛压/MPa	ABAQUS 解/MPa
1-1	0	5.68	11.00	280.0	634.50
2-2	18.50	5.27	11.50	280.0	600.00
3-3	27.20	5.06	11.50	280.0	561.81
4-4	29.50	4.37	11.50	280.0	585.02
5-5	34.70	4.33	11.00	280.0	525.75
6-6	36.70	4.30	14.50	280.0	514.56
7-7	40.00	4.20	14.50	280.0	508.65
8-8	45.70	3.96	11.00	279.8	555.96

续表

断面	断面位置/mm	内径/mm	外径/mm	膛压/MPa	ABAQUS 解/MPa
9-9	69.00	3.96	9.03	240.7	519.73
10-10	95.00	3.96	8.75	194.6	427.29
11-11	186.50	3.96	8.28	110.5	248.16
12-12	260.50	3.96	8.00	81.8	188.24
13-13	447.00	3.96	7.28	49.9	118.12
14-14	507.00	3.96	6.35	44.4	121.13
15-15	520.00	3.96	6.35	44.0	117.21

　　根据 ABAQUS 软件计算结果可知：枪管屈服强度最大值为 634.5MPa，位置在枪管弹膛部分前端内表面处。ABAQUS 软件仿真结果与第四强度理论计算结果相对误差较小，两者计算结果反映出的变化规律一致性较高。

　　由于身管屈服强度极限是根据理想状态下的强度理论推导出来的，考虑到实际工况下身管受力并非理想状态，设计压力(计算出身管内表面上的压力)与实际射击时的压力应有一定的差别，应当将身管各横截面的设计压力(计算压力)乘以相应的安全系数 n，得到身管各部位的理论弹性强度极限，从文献[12]查询得到身管各部位大致安全系数如表 4.5 所示。

表 4.5　身管各部位安全系数[12]

身管部位	药室部	弹膛部	口部
安全系数 n	1.0～1.1	1.0～1.2	2.0～2.5

　　由上述计算可以看出，身管药室部受到最大膛压，又有身管药室部的安全因数 n=1.0～1.1，故此时身管所需的屈服极限为

$$P_1 = (1.0 \sim 1.1) \times 669\text{MPa} = (669 \sim 735.9)\text{MPa} \tag{4.29}$$

　　枪管射击时枪管钢屈服强度应高于式(4.29)中计算获得的 669～735.9MPa。通常情况下常用枪炮身管材料室温强度可满足此要求。

　　枪管钢一般室温条件下屈服极限会大于计算结果上限 735.9MPa，但在射击过程中，火药爆燃产生高温、高压气体，高温气体使身管尤其是身管内层温度升高，从而使材料的强度、耐磨性等性能有较大程度的降低。例如，传统枪管钢 30SiMn2MoV 在室温条件下屈服强度约为 800MPa，但在 973K 高温条件下，屈服强度仅为 100～150MPa，同时耐磨性也明显降低。强度、耐磨性的下降，不仅可导致身管微变形，而且将加剧烧蚀与枪管口部尺寸变大，表现为精度下降、椭圆弹及横弹出现，从而导致身管寿终，甚至持续火力下降，也存在高温强度过低而

导致的胀膛甚至炸膛。

高温强度是制约身管寿命的关键，目前已达成共识，但对安全方面风险的报道很少，现归纳分析如下：

(1) 连续射击时速射火炮身管内腔温度可以达 873～973K，大口径火炮内膛温度也很高，但由于身管的厚度，热量在径向厚度传播较慢，这导致身管的中、外部温度较低，且强度仍能维持在较高水平。但长时间，尤其是贴近实战的超长连射，会使风险急速增大。

(2) 高温强度偏低导致的事故虽未经常出现，但事故发生的风险仍然存在，特别是当身管寿命需要提高、连射数需要增加、连射间隔需要缩短时，风险会大大提高，又特别是在持续射击时，身管整体温度升高导致身管整体强度下降而出现极大的安全风险。

(3) 高温强度不足是导致精度，特别是初速等下降的最主要因素。其原因在于即使是单发射击，尤其是火炮装药量很大的大口径火炮、小口径速射炮，也会导致身管内膛表面温度快速上升，从而由于高温强度不足而发生身管内膛表面软化变形，出现身管坡膛部位镀铬层和基体磨损剥落急剧加大，甚至出现阳线被拔出或断裂，导致初速快速下降。这是目前身管寿终的主要原因。

因此，提升身管强度等高温性能是行业亟待解决的核心难题。

4.4　身管钢高温强度研究进展

4.4.1　金属材料高温强度的基本概念

身管钢的高温强度是身管在高温下能保持初速和精度的基本保证。有研究表明[14]，材料热强性越高，抗烧蚀性越好，身管寿命越长。故较高的高温强度，应该成为身管钢的选材新要求和关键标准之一。

根据《金属材料 拉伸试验 第2部分：高温试验方法》(GB/T 228.2—2015)，本试验选择圆形比例试样，如表 4.6 和图 4.10 所示。高温拉伸试验在 DDL50 电子万能试验机上进行。标准规定，加热装置应能使试样在 30min 内加热至规定测试温度。温度的允许偏差和温度梯度见表 4.7,试样在规定测试温度至少保持 10～15min 开始试验。

表 4.6　圆形比例试样尺寸　　　　　　　(单位：mm)

d_0	D	C	R	L_0	L_c	H	L	B
$\phi5\pm0.03$	M12-6h	2	5	25	30	15	70	B1.6/5

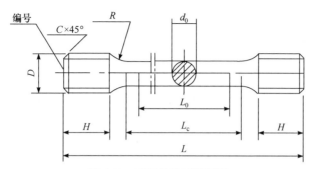

图 4.10　高温拉伸试样图纸

表 4.7　温度的允许偏差和温度梯度　　　　　（单位：K）

规定温度 θ	θ 与 θ_i 的允许偏差	温度梯度
$\theta \leqslant 873$	±3	3
$873 < \theta \leqslant 1073$	±4	4
$1073 < \theta \leqslant 1273$	±5	5

　　加热装置均热区长度应不小于试样标准距离的 2 倍，指示温度 θ_i 是指在试样平行长度表面上所测量的温度。在测定各项性能时，均应使温度保持在表 4.7 规定的范围内。

　　热电偶测温端应与试样表面有良好的热接触，并避免加热体对热电偶的直接热辐射。当试样标准距离小于 50mm 时，应在试样平行长度两端各固定一支热电偶；当试样标准距离等于或大于 50mm 时，应在试样平行长度两端及中间各固定一支热电偶。如果从经验中已知加热炉与试样的相对位置保证试样温度的变化不超过表 4.7 规定的范围，则热电偶的数目可以减少。

　　将试样逐渐加热至规定温度，加热过程中，试样的温度不应超过规定温度偏差上限，达到规定温度后至少保持 10min，然后调整引伸计零点。

　　应对试样无冲击施加力，力的作用应使试样连续变形。试验力轴线应与试样轴线一致，以使试样标准距离内的弯曲或扭转减至最小。

　　试验开始至达到屈服强度期间，试样的应变速率应在 0.001～0.005/min 尽可能保持恒定，仲裁试验采用中间应变速率。

　　如果仅测定抗拉强度，试样的应变速率应在 0.02～0.20/min 尽量保持恒定，仲裁试验采用中间应变速率。试样拉伸至断裂，从记录的拉伸曲线图上确定试验过程中达到的最大力，用最大力除以试样原始横截面积得到抗拉强度。

　　为了测定断后伸长率，应将试样断裂部分紧密对接在一起，使其轴线处于同一直线上。应使用分辨率足够的装置测量断后伸长率，准确至 0.25mm。

　　在室温下将拉断的圆形横截面试样在断裂处紧密对接在一起，使其轴线处于同一直线上，在其直径最小处的两个相互垂直方向测量直径，用其算术平均值计算最小横截面积。

4.4.2　金属材料的高温强化机制

金属材料的高温强化机制主要包括固溶强化、第二相强化、晶界强化等，下面将对几种强化机制进行简要说明[15]。

1. 固溶强化

通过提高原子结合力和使晶格产生畸变，增大固溶体中的位错运动阻力，从而实现固溶强化。通常，固溶强化机制在温度 $T \leqslant 0.6T_{熔}$（熔点的热力学温度）时发挥作用。

固溶强化程度与溶质类型有关，一般情况下间隙式固溶强化效果优于置换式固溶强化效果。固溶强化效果不同的原因可以用溶质产生的应力场与位错应力场的相互作用来解释，间隙式溶质产生的晶格畸变大，与位错相互作用明显，故固溶强化效果好。固溶强化可以由晶格畸变造成的内应力来计算。对于稀固溶体，它的屈服强度 τ 可由式(4.30)来计算：

$$\tau = 2G\varepsilon C' \tag{4.30}$$

式中，G 为切变模量；C' 为溶质原子的浓度；ε 为晶格错配度。ε 可用基体的晶格常数 α_0 及其与溶质原子的晶格常数之差 $\Delta\alpha$ 来表示，即

$$\varepsilon = \frac{\Delta\alpha}{C'\alpha_0} \tag{4.31}$$

有试验已经证明[16]，屈服强度的增加与晶格常数的变化确实有如式(4.30)所示的线性关系，但并不是晶格常数的单一函数，还与溶质元素的电子浓度等有关；此外，堆垛层错的晶体结构与母相的晶体结构不同，因此堆垛层错也会对固溶强化效果产生影响。

固溶强化效果不仅与所加入元素本身的强化效果有关，还直接与加入元素的量有关。在溶解度范围内使尽可能多的元素固溶，可使固溶强化得到充分发挥。

2. 第二相强化

第二相强化的效果与合金中第二相的本质(第二相种类、晶体结构、化学成分、与基体的配合程度)、大小、数量和稳定性密切相关。细小弥散分布的碳化物相可以作为强化相，同时，高温下第二相强化的效果与其稳定性密切相关。只有不断提高第二相的最高稳定温度，才能发挥第二相在更高温度下的强化作用。

从位错理论出发,第二相强化效应是与位错和第二相的交互作用密切相关的。当运动着的位错遇到第二相时, 主要有两种交互作用类型, 即切过机制与绕过机制, 均对位错运动起阻碍作用, 如图 4.11 所示。

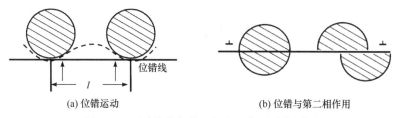

(a) 位错运动　　　　　　　　　　(b) 位错与第二相作用

图 4.11　运动位错与第二相交互作用示意图[15]

当第二相尺寸很小且与基体保持良好共格关系时, 一般满足切过机制。Kelly-Nicholson 理论认为, 当位错切过可变形的共格或半共格沉淀粒子时, 粒子内部出现新界面而产生额外强化量[17]。位错切过粒子的情形复杂, 涉及第二相粒子本身的结构及其与基体的关系, 其对强度增量计算如式(4.32)所示。

$$\sigma = M\tau = \frac{2\times 11\gamma^{3/2}}{\sqrt{2A'Gb^2}}d^{1/2}f^{1/2} \tag{4.32}$$

式中, γ 为析出相与基体的界面能, J/m^2; d 为析出相直径, μm; f 为析出相体积分数; A' 为位错线张力函数; b 为位错伯格斯矢量; M 为平均 Schmid 取向因子, 碳钢一般取 2; G 为剪切模量, GPa。

当第二相离子为较高硬度的不可变形颗粒时, 与位错的交互作用符合绕过机制, 即 Ashby-Orowan 理论。在位错弯弓越过的过程中粒子既不切变也不断裂, 因此需更大外加应力才能使位错绕过第二相粒子继续滑移并留下位错环, 位错环围绕着第二相粒子形成的应力场阻碍下一个位错的继续移动。Mandal 等[18]对 Ashby-Orowan 模型进行了修正:

$$\sigma = 5.38\frac{Gb\sqrt{f}}{2d}\ln\left(\frac{d}{b}\right) \tag{4.33}$$

综上所述, 当析出相尺寸较小时, 切过机制起主要作用, 析出强化增量随着尺寸的增加而增大; 当析出相尺寸较大时, 绕过机制起主要作用, 析出强化增量随着尺寸的增加而减小。因此, 在两种强化机制的综合作用下, 当第二相颗粒尺寸在临界尺寸时, 析出强化效果最大, 如图 4.12 所示。该临界尺寸 d_c 可由式(4.34)计算:

$$d_c = 0.209\frac{Gb^2}{K\gamma'}\ln\left(\frac{d_c}{2b}\right) \tag{4.34}$$

式中, γ' 为析出相与基体的界面能, J/m^2; K 为常数。

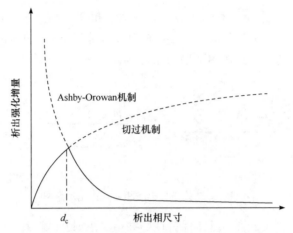

图 4.12　析出强化增量与析出相尺寸的关系曲线[14]

3. 晶界强化

在材料的所有强化手段中,大多都是以适当地牺牲韧性来提高材料室温强度,而细晶强化可以同时提高材料的室温强度和韧性。在温度条件不高的情况下,材料强度符合霍尔-佩奇公式,即

$$\sigma_y = \sigma_0 + \frac{K_y}{\sqrt{d}} \tag{4.35}$$

式中, σ_y 为材料的屈服极限,是材料发生 0.2%变形时的屈服应力 $\sigma_{0.2}$,通常可以用显微硬度 HV 来表示; σ_0 为移动单个位错时产生的晶格摩擦阻力; K_y 为一个常数,与材料的种类、性质以及晶粒尺寸有关; d 为平均晶粒直径。从霍尔-佩奇公式中可以看出,晶粒越小,材料的屈服强度越大。

然而,晶界在高温形变时表现为薄弱环节。在常温下,晶界强度比晶内强度高,但晶界强度随温度升高下降得很快,在某一温度区间,晶内强度与晶界强度大致相当,此温度为等强温度,温度再升高,晶界强度就比晶内强度低。故在高温条件下,合金中应避免含有使晶界弱化的有害杂质元素,并应含有能有效强化晶界的微量元素。

除有害杂质元素外,气体(如氮气和氧气)的影响也很大,这些元素在合金中主要以夹杂物的状态存在,气体含量高使夹杂物数量增多,尺寸变大导致强度降低。

为了消除有害杂质元素和气体的不利作用,以及进一步净化和强化晶界,可以有意识地加入某些微量元素,如周期表中所示的硼、锆、铪、碱土元素镁、钙、钡,以及稀土元素镧、铈等。硼的原子半径略大于碳,故在组成间隙固溶体方面和碳有一定的相似性。加入极微量的硼即可以在晶界处偏聚产生局部合金化,强烈地改变晶界状态,降低元素在晶界的扩散过程来强化晶界。合金中硼的加入会降低碳的溶解度而影响到晶界碳化物的析出，能够抑制晶界碳化物以不利状态的片层状"胞状析出"以及改善晶界碳化物密集不均匀分布的状态。因此，有时在考虑晶界碳化物对热强性的影响时，要把碳、硼两个元素综合起来考虑；碱土元素镁、钙、钡，以及稀土元素镧、铈等由于化学性活泼，与氧有很大的亲和力，可以在合金冶炼的过程中起到良好的脱气、去气效果，同时能和一些低熔点杂质生成密度较小的难熔化合物，故在冶炼过程中能综合地起到去气和去夹杂的作用，消除有害杂质元素在晶界的不利作用，即通过净化晶界来提高高温性能。

4.4.3　身管钢的高温强度

对传统枪管钢、传统炮钢、传统热作模具钢及新型热作模具钢进行了 973K 下的高温强度测试，其结果见表 4.8。

表 4.8　几种身管钢 973K 的典型高温力学性能

测试温度/K	材料分类	材料	抗拉强度/MPa	屈服强度/MPa	断后延伸率/%	断面收缩率/%
973	传统枪管钢	30SiMn2MoV	190	100	40	95.5
	传统炮钢	PCrNi3MoVE	176	100	79	94
	传统热作模具钢	4Cr5MoSiV	226	179	55	95
		4Cr5MoSiV1	292	255	42	96
	新型热作模具钢	25Cr3Mo2NiWVNb	550	420	40	81

注：表 4.8 数据出自《黑色金属手册》。

从表 4.8 中可见，新型热作模具钢与目前使用的传统材料相比，高温强度明显提高，特别是 973K 高温强度可达到 500MPa 以上。

对传统枪管钢进行了各种状态下的高温强度测试，其结果见表 4.9。由此可见，在 973K 下保温时间对材料高温性能也有一定的影响。

表 4.9　30SiMn2MoV 在 973K 拉伸试验过程中不同保温时间的力学性能

材料	温度/K	保温时间/min	抗拉强度/MPa	屈服强度/MPa	断后延伸率/%	断面收缩率/%
30SiMn2MoV	973	10	222	105	40.0	95.5
		5	234	108	35.2	89
		1	241	107	34.0	84
		0	281	118	34.0	79

注：试验材料室温抗拉强度 1072MPa，屈服强度 1007MPa，断后延伸率 14%，断面收缩率 60%。

4.4.4　高温强化的主要机理

身管在持续射击过程中由于内膛热量快速累积，温升剧烈，身管内膛温度可达到甚至超过 973K。新型热作模具钢与传统枪管钢相比，可以形成纳米尺寸特殊弥散分布碳化物和球形且尺寸在 0.1～1.5μm 的 M_2C、MC 型一次碳化物，可以在提高高温强度的同时使基体具有很高的耐磨性。因此，提高身管钢高温强度应以成分的设计优化、热处理工艺优化来实现。

1. 合金成分影响

碳对钢的组织性能影响极为显著，一部分碳进入钢的基体中引起固溶强化，所以钢中碳含量决定淬火钢的基体硬度。另一部分碳将和合金元素结合形成合金碳化物。对于热作模具钢，这种合金碳化物不仅包括淬火未溶碳化物，还包括回火过程中在淬火马氏体基体上弥散析出的二次碳化物。新型热作模具钢碳含量在 0.2%～0.3%，同时采取多元微合金化来提高其强度，即形成二次硬化的合金碳化物，以提高材料的热强性。

铬是合金工具钢中最常用的合金元素，也是价格比较低的元素。在美国的 AISI H 系列热作模具钢中，都含有不同含量的铬，其范围在 2%～12%。加入 2%～3%的铬能显著提高淬透性，同时对钢的硬度、强度、耐磨性、高温强度、热态硬度、韧性和抗氧化性都有增强作用。

钼在钢中存在于固溶体和碳化物中，主要目的是在高温回火后生成 Mo_2C 实现第二相强化，Mo_2C 通常细小弥散地分布在基体中以提高材料的红硬性，也相应地增大了抗拉强度和屈服强度。钼原子的扩散速率远远小于碳原子的扩散速率，通常在 823K 以下很难扩散，从而显著提高了马氏体的回火稳定性。但同时，钼含量也不能太高，否则二次硬化程度太大会使冲击韧性下降，通常认为 3%的钼含量是使钢中发生脱碳敏感的临界值。设计的新型热作模具钢钼含量不低于 1%，同时不超过 3%。

钨在回火过程中可形成 M_2C、MC 型碳化物，第二相强化和加工硬化，并且能够延缓回火过程中马氏体的分解，提高马氏体的回火稳定性。同时，钨的加入可以抑制材料冶炼与锻造过程中钼的挥发和氧化，钨钼联合添加的效果比单独添加两种元素要好。

钒在钢中形成的碳化物具有较高的稳定性，与碳有很强的亲和力，与钼的碳化物一起形成第二相强化，提高钢的室温强度和高温强度，但过量添加钒会降低冲击韧性，所以钒的添加不宜过多。在钢中加入的钒超过 0.5%时，就可以形成稳定的 V_4C_3，并构成二次硬化，二次硬化峰值的温度约为 873K。

铌与碳有极强的亲和力，与碳形成极为稳定的化合物，在高达 1323K 温度时，仍可发挥有效的细化晶粒的作用，故加入铌后可适当提高奥氏体化温度，加大合金元素固溶度，在有效控制钢的晶粒长大使材料保持优良室温强韧性的同时，进一步提高材料的热强性、热稳定性等性能。然而，加入过多铌会加重钢锭中的偏析，改变 MC 相液析碳化物的类型，提高 MC 相析出温度，产生较多的液析碳化物，从而降低韧性。

通过在合金中加入合理配比的 Cr、Mo、W、Nb、V 等元素，并优化锻造、预热处理、热处理等加工处理工序，可以达到增加合金元素固溶度以提高高温强度，同时实现细化组织以提高韧性的目标。

2. 热处理工艺影响

1) 淬火工艺对高温强度的影响

为简化试验步骤，选择新型热作模具钢 25Cr3Mo2NiWVNb 为单一研究对象，开展不同热处理工艺对材料高温强度影响的研究，见表 4.10、图 4.13 和图 4.14。

淬火温度对强度和塑性的影响主要是由微观组织的变化引起的。淬火组织一般是马氏体，马氏体是碳在 α-Fe 中的过饱和固溶体。其形态依马氏体碳含量的高低而形成两种基本形态，即板条马氏体和片状马氏体。两者在金相形态、亚结构特征、晶体学位向关系及性能等各方面均不相同。试验表明[19]，高碳马氏体为片状马氏体，其亚结构主要为孪晶，又称为孪晶马氏体。小于 0.2%碳含量能形成板条马氏体，板条马氏体的亚结构为位错，也称为位错马氏体。碳含量为 0.2%~0.4%的马氏体则是以片状马氏体为主的马氏体混合组织。

表 4.10　淬火温度对 25Cr3Mo2NiWVNb 高温强度的影响

淬火温度/K	回火温度/K	高温拉伸性能			
		测试温度/K	抗拉强度/MPa	屈服强度/MPa	断后延伸率/%	断面收缩率/%
1173	923	873	590	500	26.0	83.0
		973	310	210	42.0	93.0
1223	923	873	685	585	22.0	76.0
		973	415	310	27.5	84.5
1253	923	873	735	630	21.0	72.0
		973	440	350	29.0	76.5
1293	923	873	795	680	17.0	56.5
		973	485	385	21.0	75.5
1333	923	873	840	725	13.0	35.5
		973	535	450	19.5	60.0

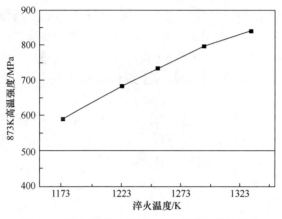

图 4.13　淬火温度对材料 873K 高温强度的影响

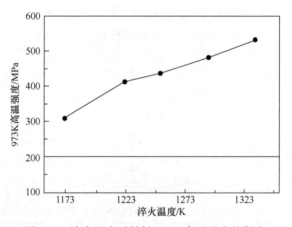

图 4.14　淬火温度对材料 973K 高温强度的影响

随着淬火温度的升高，材料的高温强度提高，塑韧性略有降低。淬火温度由 1173K 提高至 1333K，材料在 873K 高温下的抗拉强度从 590MPa 提高至 840MPa，提高约 42%；973K 高温下的抗拉强度从 310MPa 提高至 535MPa，提高约 73%。

奥氏体化温度提高，奥氏体中固溶的 Mo、W、V 等合金元素增加，固溶强化效果增强，再加上 Mo、W、V、Nb 等合金元素在回火析出的特殊碳化物二次硬化作用的共同贡献，使材料的高温强度提高。

2) 回火过程对材料组织及性能的影响

取退火态试样，在 1253K 保温 1h，水冷，然后分别在 673～953K 的 8 个温度进行回火，各温度回火时间均为 2h，空冷。然后测试其硬度和冲击韧性，并对不同温度回火后的组织进行分析。

材料经 1253K 淬火、不同温度回火 2h，空冷后的材料硬度和冲击韧性见图 4.15。从图 4.15 中可以看出，723K 以下，随着回火温度升高，硬度逐渐降低；

723K 回火，硬度为 45.2HRC；723K 以上回火，硬度略有升高；823K 左右回火，硬度出现峰值，为 47.4HRC；823K 以上回火，硬度逐渐下降；923K 回火，硬度约为 40HRC；953K 回火，硬度为 32.5HRC。

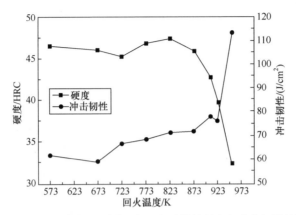

图 4.15　1253K 淬火、不同回火温度对材料硬度和冲击韧性的影响

钢材经过淬火、回火后，决定其硬度变化的主要因素是马氏体基体本身的变化，残余奥氏体的分解和碳化物的析出、长大与转化。由图 4.15 可以发现，随着回火温度的升高，回火硬度整体呈下降趋势，而在 823K 附近回火时，硬度略有升高，出现二次硬化现象，这是由于固溶一定量的强碳化物形成元素(如 Mo、W、V 等)的合金马氏体在较高回火温度时，碳化物发生转变，形成高度弥散的特殊碳化物颗粒，对回火马氏体基体产生弥散强化效果，使 823K 左右回火后，钢的硬度略有上升，显示出一定的二次硬化现象。当回火温度超过 873K 时，由于合金碳化物的进一步析出与长大，碳化物与基体共格关系降低，强化效果开始减弱；同时，经过高温回火后，基体中的合金元素及过饱和的碳也已大量析出，固溶强化作用也降低，两种因素共同作用导致硬度的显著下降。

当钢材加热至奥氏体化温度时，合金元素不断地溶入奥氏体中。回火时，固溶于基体中的合金元素不断地析出，以合金碳化物的形式弥散地分布在基体中，起到弥散强化的作用。M_2C 和 MC 型碳化物均为独立形核长大，弥散分布于晶界、马氏体板条界等，有效阻止马氏体的回火再结晶，增强钢的高温稳定性。另外，它们的析出也是引起二次硬化现象的主要原因[20]。

材料经 1253K 淬火、673K 回火后的微观组织及能量色散 X 射线(EDX)分析见图 4.16，从图中可见，基体组织仍为板条状高密度位错，基体为回火马氏体，板条束的宽度为 0.2～0.5μm。马氏体内部和晶界区域有尺寸为 0.5～1μm、富 Mo 和 W 的碳化物。基体上比较细小的碳化物可能为低温回火析出的合金渗碳体 M_3C。

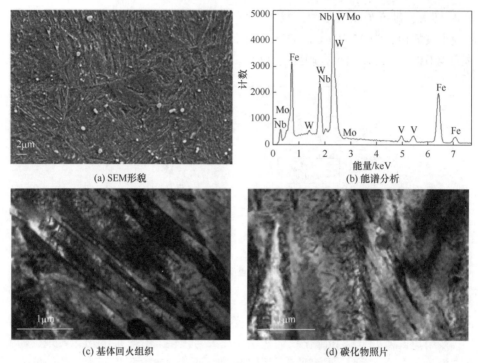

(a) SEM形貌　　　　　　　　　　　(b) 能谱分析

(c) 基体回火组织　　　　　　　　　　(d) 碳化物照片

图 4.16　1253K 淬火、673K 回火后的微观组织及 EDX 分析

823K 回火后，基体向回火索氏体过渡，其微观组织及 EDX 分析见图 4.17。可以看到，基体中的板条内仍有大量位错，其中的亚结构开始回火，板条界上的位错通过滑移与攀移而相互抵消，使位错密度下降，部分板条界消失，相邻板条合并成宽的板条(图 4.17(c))；同时，还可以看到粗大的未溶碳化物颗粒，马氏体板条内的位错缠结处及马氏体板条界上有细小的新析出相(图 4.17(d))。虽然α相的回火可引起基体软化，但这些析出相与基体保持共格关系，起到弥散强化作用，使基体硬度略有上升。

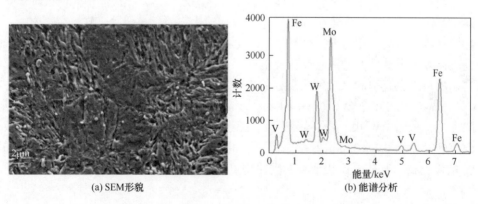

(a) SEM形貌　　　　　　　　　　　(b) 能谱分析

(c) 基体回火组织　　　　　　　　　　　　(d) 碳化物照片

图 4.17　1253K 淬火、823K 回火后的微观组织及 EDX 分析

对 1253K 淬火、823K 回火后的试样进行 TEM 分析，见图 4.18，发现其中短棒状析出相，其长度为 50~80nm，宽度为 5~10nm，并对其进行选区衍射分析，发现析出相为 M_2C 型碳化物，见图 4.18(b)，M_2C 型碳化物的 $(0\bar{1}10)$ 面与基体 α-Fe 的 $(\bar{1}0\bar{1})$ 面平行，说明析出相沿着基体的 $(\bar{1}0\bar{1})$ 面析出。有研究表明[21-23]，回火时 M_2C 的析出可使材料的硬度增加，出现二次硬化现象。

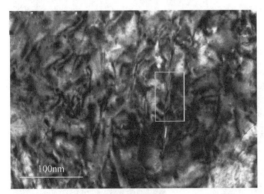
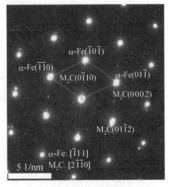

(a) TEM形貌　　　　　　　　　　　　　　(b) 衍射斑点标定

图 4.18　1253K 淬火、823K 回火态试样 TEM 选区衍射

923K 回火后，其微观组织及 EDX 分析见图 4.19。在此回火温度下，α相仍未发生再结晶，基体为回火索氏体，但α相回火现象明显，亚晶开始合并；马氏体形态仍较为明显，且在板条内仍然有高密度的位错(图 4.19(c)、(d))。

对 1253K 淬火、923K 回火后试样中的碳化物进行衍射分析，见图 4.20 和图 4.21，发现其为 M_2C 和 M_6C(M 代表 Mo 和 W)型碳化物。M_2C 和 M_6C 型碳化物具有较高的硬度和热稳定性，弥散分布于基体中，会增加基体的强度，提高基体在高温下的稳定性，使材料具有良好的高温性能以及良好的耐磨性。

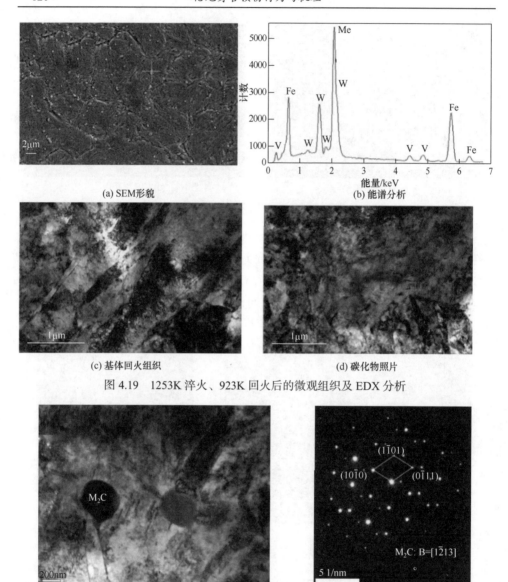

(a) SEM形貌

(b) 能谱分析

(c) 基体回火组织

(d) 碳化物照片

图 4.19 1253K 淬火、923K 回火后的微观组织及 EDX 分析

(a) TEM形貌

(b) 衍射斑点分析

图 4.20 M₂C 型碳化物 TEM 形貌和衍射斑点分析

为了精确分析 923K 回火后的碳化物种类，对 1253K 淬火、923K 回火态的试样进行碳化物萃取，并进行 XRD 分析，结果见表 4.11 和图 4.22。

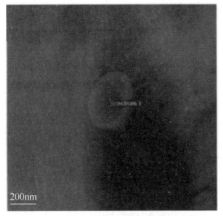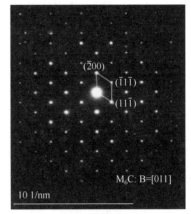

| (a) TEM形貌 | (b) 衍射斑点分析 |

图 4.21　M₆C 型碳化物 TEM 形貌和衍射斑点分析

表 4.11　析出相的 X 射线衍射分析结果

状态	析出相类型	晶系	点阵常数/nm
1253K 淬火、923K 回火态	M₆C	面心立方	$a_0=1.104\sim1.106$
	VC	面心立方	$a_0=0.418\sim0.419$
	M₂C	六方晶系	$a_0=0.2910\sim0.2980$ $c_0=0.4598\sim0.4708$
	NbC	面心立方	$a_0=0.444\sim0.445$

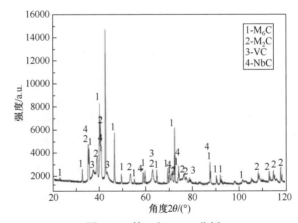

图 4.22　第二相 XRD 分析

同时，对第二相进行定量测定，其测定结果见表 4.12。从表中可以看出，新型热作模具钢经过 1253K 淬火、923K 回火后，基体中的碳化物由 M₂C、M₆C、

VC 和 NbC 组成，其中 Mo、W、V 的含量较高，分别为 1.205%、0.760% 和 0.296%；同时可以看出，析出相的总含量为 3.0% 左右，而碳化物中的 Cr 含量仅有 0.207%，说明特殊合金碳化物主要由强碳化物元素 Mo、W、V 形成，起到弥散强化的作用，而 Cr 主要固溶在基体中起增强淬透性和固溶强化作用。

表 4.12　25Cr3Mo2NiWVNb 经 1253K 淬火、923K 回火后析出相元素含量分析

（单位：%）

Fe	Cr	Mo	W	V	Nb	Σ(析出相)
0.443	0.207	1.205	0.760	0.296	0.162	3.073

回火过程就是合金元素不断析出形成碳化物的过程，不同温度形成不同类型的碳化物。在回火过程中，由于温度升高，板条马氏体中弥散的细小碳化物部分溶解，溶解的碳化物在晶界和马氏体板条界不断重新形核析出、聚集，尺寸不断增大，温度越高，时间越长，晶界和马氏体板条界处的碳化物尺寸越大。碳化物的析出和粗化过程必然会引起基体固溶合金元素的贫化，弱化固溶强化与弥散强化效果，从而导致材料在高温下的强度快速降低。

高温条件下，随着温度的升高，原子内部能量增加，使得原子运动加剧，从而降低了金属原子间的结合力，致使钢的强度随着温度的升高而降低。而新型热作模具钢由于 Cr、Ni、Mo、W、V 等合金元素的固溶强化作用，以及析出相 M_2C、M_6C 和 MC 的沉淀强化作用，使其在高温下还能保持较高的高温强度。

此外，通过材料 α-Fe 基体的面间距随回火温度的变化，也能清楚地显示出材料回火时析出相的析出规律，见图 4.23。

从以上试验和分析可见：回火过程中碳化物主要析出渗碳体和 Mo_2C。随着回火温度的升高，先后析出渗碳体和 Mo_2C。在 873K 回火时，渗碳体含量最大，呈圆片状，均匀分布于晶内。913K 回火时，Mo_2C 明显析出，颗粒细小均匀，呈圆点状，尺寸约为 30nm，这时材料的强韧性配合好，硬度约为 37.5HRC，此后 Mo_2C 长大。这些细小弥散碳化物的存在，起到了强烈的第二相强化作用。

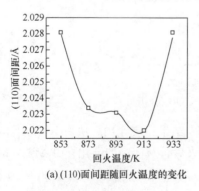

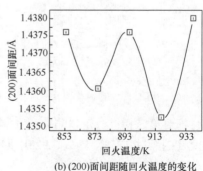

(a) (110)面间距随回火温度的变化　　　(b) (200)面间距随回火温度的变化

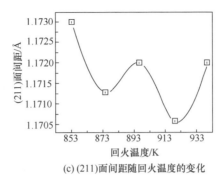

(c) (211)面间距随回火温度的变化

图 4.23　不同晶面间距在不同回火温度下的变化

25Cr3Mo2NiWVNb 在不同温度的回火过程中，碳化物有如下行为：渗碳体型碳化物在 793K 左右回火时溶解；在 833～893K 回火时，不断形成 M_2C 和 MC型碳化物；高于 893K 回火时，M_2C 型碳化物不断溶解而转变为 M_6C 型碳化物。MC、M_2C 型碳化物是独立形核长大的，同时伴随 M_3C 的溶解，由于 Mo 和 V 的扩散能力差，新析出的碳化物弥散度高，在位错处析出且不易聚集长大，与α相保持共格关系，阻碍α相的回火与再结晶，提高材料的热稳定性[24,25]。一般情况下，M_2C和 MC 型碳化物的弥散强化作用可保持在 873～973K[26-28]，使 25Cr3Mo2NiWVNb具有良好的回火稳定性和高温热强性。

对回火后试样中的碳化物进行高分辨 TEM 分析，见图 4.24，发现主要形成M_2C 和 MC 型纳米级碳化物。其中，M_2C 型碳化物与基体保持 $(0\bar{1}10)_{M_2C}//(01\bar{1})_{\alpha\text{-Fe}}$的位向关系，界面错配度约为 5.7%；MC 型碳化物与基体保持 Baker-Nutting 取向关系，即 $(010)_{MC}//(011)_{\alpha\text{-Fe}}$、$(100)_{MC}//(100)_{\alpha\text{-Fe}}$，界面错配度约为 2.9%。由碳化物与基体界面的傅里叶逆变换图像可以观察到，碳化物基体界面既包含个别晶格失配半共格界面，也包含具有弹性畸变的共格界面。根据式(4.32)和式(4.33)，其共

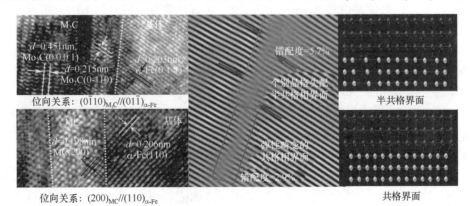

图 4.24　碳化物与基体共格/半共格界面强化

格/半共格界面使碳化物与基体保持低的错配度，因此相比传统碳化物的半共格界面，其具有更高的热稳定性。同时，在强化效果上，既可通过半共格界面产生界面位错，也可通过共格界面产生弹性畸变阻碍位错运动，两者综合强化，实现身管材料高温强度翻倍提升。

综上所述：25Cr3Mo2NiWVNb 高温条件下仍能保持较高的强度水平，与钢中添加的合金元素以及调质后的相变产物有关。新型身管钢经高温淬火后合金元素充分固溶，使得回火后基体仍分布有较高密度的位错，具有马氏体形态，其上弥散分布高稳定性碳化物，形成 W、Mo、Cr、Ni 等合金元素的固溶强化，以及 M_2C、MC 等碳化物的多尺度弥散强化，共同提高材料的高温性能。

4.5　身管钢高温硬度研究进展

4.5.1　高温硬度的基本概念

硬度是材料表面在一个小范围内抵抗弹性变形、塑性变形或破断的能力，是表征材料性能的一个综合物理量，是很重要的力学性能之一。由于弹丸在射击的过程中，对膛线存在剪切应力的作用，文献[16]指出，材料的表面硬度与身管射击过程中所能承受的剪切应力成正比，材料能够承受的剪切应力公式如下：

$$\tau_0 = \frac{1}{6}HV \times \left[9.8MPa/(kg/mm^2) \right] \tag{4.36}$$

式中，τ_0 为身管内壁所能承受的剪切应力；HV 为材料显微硬度。

在高温工况下，基体存在随温度升高硬度降低以及随持续高温时间延长硬度降低的现象。对于身管钢，特别是长时间连续射击身管，在实际工作的过程中，会存在长时间连续使用的工况。高温强度与硬度的降低使膛线容易塌陷，导致内膛尺寸增大，烧蚀寿命降低。故身管钢既应具有在高温下长时间工作的能力，也应具有足够的硬度和强度，膛线在高温条件下能保持的硬度和强度越高，越有利于保持膛线的完整，越能持续而稳定地提供火力，保证连续服役时的射击精度；基体足够的高温强度也能提供给镀铬层很好的支撑力，使基体表面的镀铬层不容易脱落，提高烧蚀寿命。

为此选取 30SiMn2MoV 和新型热作模具钢两种材料进行高温硬度对比试验。根据《金属材料 洛氏硬度试验 第 1 部分：试验方法》(GB/T 230.1—2018)，对材料的淬火态、回火态试样在 TH320 型洛氏硬度仪上进行洛氏硬度测试；根据《金属 维氏硬度试验 第 1 部分：试验方法》(GB/T 4340.1—2009)，对过冷奥氏体连续冷却转变曲线测试试样横截面进行维氏硬度测试。

高温硬度在 Akashi AVK-A 高温维氏硬度试验仪上进行。加热前抽真空到

10^{-4}Torr[①]，加载前通入高纯氩气，加载值为 5kgf[②]。测试时，将试样加热，保温 10min，温度波动在 ±5K。测试时，保温 10s，分别在 373K、473K、573K、673K、773K、873K 和 973K 下测定其维氏硬度，每个温度测试五点取平均值。

4.5.2　高温硬度的变化规律

　　材料高温硬度的研究选择传统枪管钢 30SiMn2MoV、25Cr3Mo3NiNbZr 与研制的高强韧新型热作模具钢 25Cr3Mo2NiWVNb 进行对比。为对比相同室温硬度条件下材料在高温时基体硬度的下降趋势，对试验材料均处理至相同的硬度，然后测试其从室温至 973K 条件下高温硬度结果，见图 4.25。从图 4.25 中可以看出，随着温度升高，两种材料的高温硬度整体呈下降趋势，但下降程度不同。在 473K 以下，两种材料的高温硬度均下降较为缓慢，超过 473K 以后，两种材料的高温硬度下降趋势不同。30SiMn2MoV 在 473K 时的高温硬度为 307HV，473K 以上，高温硬度下降趋势开始增大，773K 时，高温硬度降低至 203HV；773K 以上，高温硬度陡然降低，873K 和 973K 时材料的高温硬度分别为 98HV 和 76HV。新型热作模具钢在 473K 时的高温硬度为 302HV，473K 以上，高温硬度下降仍较为缓慢，673K 时的高温硬度为 279HV；673K 以上，高温硬度下降趋势略有增加，773K 时的高温硬度为 245HV，873K 和 973K 时的高温硬度分别为 234HV 和 219HV。

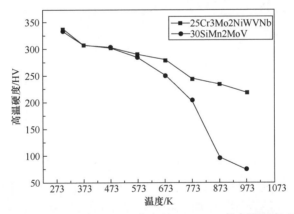

图 4.25　25Cr3Mo2NiWVNb 与 30SiMn2MoV 的高温硬度对比

　　从图 4.25 中可以看出，新型热作模具钢的高温硬度明显高于传统枪管钢 30SiMn2MoV，尤其是在身管工况温度为 873～973K 的高温区更为显著，硬度达到 30SiMn2MoV 的 2.5 倍。从图 4.26 可见新型热作模具钢高温硬度也比 25Cr3Mo3NiNbZr 高，新型热作模具钢高温硬度明显下降，温度也从 25Cr3Mo3-

---

① 1Torr=1.33322×10^2Pa。

② 1kgf=9.80665N。

NiNbZr 的 733K 提高到 793K。这表明材料具有更好的高温红硬性和高温硬度。

　　新型热作模具钢具有更好的高温红硬性，这主要是 Cr、Mo、W 的固溶强化作用，以及 M_2C 和 MC 的弥散强化作用共同作用的结果。加入的 Cr、Mo、W 结合形成了 M_2C 和 MC 硬质点。传统枪管钢 30SiMn2MoV 主要在高温回火时形成，有文献指出，M_7C_3 的硬度为 $1300\sim1800$HV，$M_{23}C_6$ 的硬度为 1560HV，而 WC 的硬度为 1780HV，Mo_2C 的硬度为 3200HV，这些硬度较高的 MC、M_2C 型碳化物弥散分布在晶内和晶界上，提高了材料的硬度。

　　对于热稳定性的研究，试验材料选取 30SiMn2MoV、新型热作模具钢，1223K 淬火、908K 回火和 1253K 淬火、923K 回火两种工艺，处理至 40HRC。两种材料的试样分别在 893K 和 933K 保温不同的时间，取出空冷后测试洛氏硬度，从而对比两种材料的热稳定性。试验测试取回火态试样，切成 10mm×10mm×15mm 的尺寸，试验温度分别为：①893K，分别保温 2h、4h、6h、8h 和 10h；②933K，分别保温 1h、2h、3h 和 4h。保温后，用洛氏硬度计测试试样的硬度，多次测试取平均值。

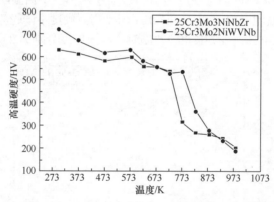

图 4.26　25Cr3Mo2NiWVNb 和 25Cr3Mo3NiNbZr 高温硬度对比

　　经两种工艺处理的材料在 893K 和 933K 的热稳定性分别见图 4.27 和图 4.28。从整体上看，经处理材料硬度下降率较小，其热稳定性均高于未处理 30SiMn2MoV。经过 893K 保温 10h 后，经处理材料的硬度高于 34HRC；而 30SiMn2MoV 的硬度已降低至 32HRC。

　　在钢中，一是 Mo、W、Cr、V 等合金元素溶入基体，提高了基体的高温强度，所以减少了钢的软化，有较强的稳定性；二是由于钢的组织在升温时发生变化，由硬组织变为软组织，如马氏体分解、碳化物集聚以及基体的再结晶，这些变化都是不可逆的，所以当温度降至室温时，高温时的软组织被保留下来，称为不可逆软化。适量 Mo、V 等合金元素在固溶体中扩散系数小，可有效减缓碳化物析出和集聚的速率，起到固溶强化的作用，从而提高材料的高温强度和高温硬度等性能。

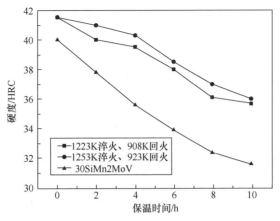

图 4.27　893K 保温条件下的热稳定性

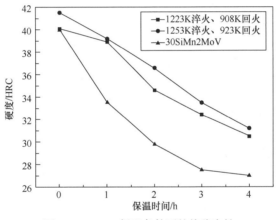

图 4.28　933K 保温条件下的热稳定性

4.6　本 章 结 论

(1) 高温强度不足是导致精度,特别是初速等下降的最主要因素。因高温强度不足而发生身管内膛基体材料表面软化、膛线变形、开裂等,还可使身管坡膛部位镀铬层和基体磨损剥落急剧加大,甚至出现阳线、弯折被拔出或断裂,导致初速快速下降,这是目前身管寿终的主要原因。

(2) 枪炮身管,特别是中大口径火炮身管具有相当厚度,材料仍能满足枪炮身管对强度等性能的要求,但射击时身管内膛表面温升迅速(如 873~973K),可导致内膛表层金属软化而产生变形、开裂与剥落,进而导致火炮初速和精度下降。特别是持续火力下的薄壁速射武器,可出现身管整体温升到发红状态,除影响初速、精度等外，还有可能出现身管整体软化而发生断裂的安全风险。

(3) 枪炮射击时，其内膛表面急剧温升，身管的高温强度对寿命和可靠性具有关键作用。根据身管失效行为与机理的研究，并结合国内外相关研究报道，可得出在保证身管钢对室温低温性能的前提下，提高枪炮身管材料高温强度是高性能枪炮身管钢的关键，这对提高枪炮寿命和安全性均具有重要作用。

参 考 文 献

[1] 崔军, 杜建革, 穆歌. 弹丸初速评定火炮身管寿命研究[J]. 火炮发射与控制学报, 2003, 24(S1): 134-137.

[2] 赵宝昌, 张柏生, 刘庆荣. 高膛压火炮用发射药[J]. 火炸药, 1981, (4): 5-14.

[3] 蔡伟妹, 易连军, 徐万和. 一种新的内弹道膛压计算方法[J]. 四川兵工学报, 2012, 33(2): 16-17.

[4] 辛跃. 美国高膛压火炮用发射药的研制概况[J]. 火炸药, 1982, (5): 40-45.

[5] Moravec J, Hub M. Automatic correction of barrel distorted images using a cascaded evolutionary estimator[J]. Information Sciences, 2016, 366: 70-98.

[6] 刘伟. 速射武器身管烧蚀寿命预测[D]. 南京: 南京理工大学, 2013.

[7] 吴永海, 徐诚, 陆昌龙, 等. 基于流固耦合的某速射火炮身管温度场仿真计算[J]. 兵工学报, 2008, 29(3): 266-270.

[8] 张振辉, 秦涛, 付强. 枪管强度的理论计算与数值计算的误差分析[J]. 兵工自动化, 2015, 34(1): 28-31.

[9] 刘鸿文. 材料力学[M]. 5 版. 北京: 高等教育出版社, 2011.

[10] 赵陕冬, 郭三学, 潘常海. 对枪管强度理论问题的探讨[J]. 武警技术学院学报, 1997, 13(1): 52-54.

[11] 马福球, 陈运生, 朵英贤. 火炮与自动武器[M]. 北京: 北京理工大学出版社, 2003.

[12] 张相炎, 郑建国, 袁人枢. 火炮设计理论[M]. 北京: 北京理工大学出版社, 2014.

[13] Durham S D, Padgett W J. A probabilistic stress-strength model and its application to fatigue failure in gun barrels[J]. Journal of Statistical Planning and Inference, 1991, 29(1-2): 67-74.

[14] 施雯, 刘以宽. QRO 90 Supreme 热作模具钢的性能[J]. 金属热处理, 1997, 22(1): 25-28.

[15] 陈国良. 高温合金学[M]. 北京: 冶金工业出版社, 1988.

[16] Ridley N, Maropoulos S, Paul J D H. Effects of heat treatment on microstructure and mechanical properties of Cr-Mo-3.5Ni-V steel[J]. Materials Science and Technology, 1994, 10(3): 239-249.

[17] Yong Q, Ma M, Wu B. Microalloyed Steel, Physical and Mechanical Metallurgy[M]. Beijing: Mechanical Industry Press, 1989.

[18] Mandal G, Roy C, Ghosh S K, et al. Structure-property relationship in a 2GPa grade micro-alloyed ultrahigh strength steel[J]. Journal of Alloys and Compounds, 2017, 705: 817-827.

[19] 刘云旭. 金属热处理原理[M]. 北京: 机械工业出版社, 1981.

[20] 武会宾, 尚成嘉, 杨善武, 等. 超细化低碳贝氏体钢的回火组织及力学性能[J]. 金属学报, 2004, 40(11): 1143-1150.

[21] 赵振业. 超高强度钢中二次硬化现象研究[J]. 航空材料学报, 2002, 22(4): 46-55.

[22] 王毛球, 董瀚, 王琪, 等. 3Cr-3Mo 二次硬化钢的回火组织和力学性能[J]. 钢铁, 2003, 38(3): 38-42, 49.

[23] 俞学节. 6Cr4Mo3Ni2WV 工模具钢二次硬化过程的透射电镜观察[J]. 金属学报, 1980, 16(1): 53-58, 131.

[24] 王小军, 徐明纲, 陈秋龙, 等. 热作模具钢QRO90与8407(H13)回火稳定性对比研究[J]. 上海金属, 1998, 20(2): 8-11.

[25] 陈景榕, 李承基. 金属与合金中的固态相变[M]. 北京: 冶金工业出版社, 1997.

[26] 冯晓曾. 模具钢与热处理[M]. 北京: 机械工业出版社, 1984.

[27] 李平安, 高军. 热作模具钢的热稳定性研究[J]. 金属热处理, 1997, 22(12): 10-12.

[28] 雍岐龙, 裴和中, 田建国, 等. 钒在钢中的物理冶金学基础数据[J]. 钢铁研究学报, 1998, (2): 66-69.

第5章　身管钢燃烧侵蚀行为

5.1　引　　言

长期以来，人们对于木炭、煤、石油及各种化学制品的燃烧现象很熟悉。但是，对于金属材料，特别是不易燃烧的钢铁、镍合金材料等在高温富氧，尤其是高压富氧下，也会发生类似于木材等的燃烧行为并造成设备或整个系统的爆炸现象则非常陌生。在富氧、高速冲击与磨损等极端工况条件下，绝大多数金属材料都会发生一种既不同于氧化，也不同于熔化，而是类似于木材、尼龙等材料的燃烧现象，即富氧等极端工况下金属的燃烧现象[1]。简单地说，镁条可以在空气中燃烧，铁丝在纯氧中也会发生燃烧，对于抗燃烧性能更好的铁基、镍基等金属/合金材料，只要环境条件适当，也会发生剧烈的燃烧。典型的事例有：1980 年，在美国国家航空航天局(National Aeronautics and Space Administration, NASA)约翰逊航天中心试验场发生爆炸，现场发现此爆炸由发动机第二级铝制调节阀燃烧引起，当时氧压为 41.4Mpa；1984 年，美国航天飞机挑战者号发生爆炸；1992 年 8月，美国马歇尔航天中心 116 试验台 316L、A286 不锈钢制成的衬垫和活塞在35MPa 高压富氧条件下发生燃烧并引起系统爆炸；1999 年，我国某液氧煤油大推力火箭发动机发生了镍合金与不锈钢高温部件和管件的金属材料燃烧事故。自此人们开始认识到金属材料的燃烧现象，并开始此领域的研究。

金属在高温、高压、富氧、剧烈摩擦、高速冲击等极端工况下均存在着火与燃烧的风险。枪炮身管钢服役条件属于上述极端工况，存在着火与燃烧的风险。枪炮身管射击，特别是持续射击中，其内壁会逐渐出现严重烧蚀现象，进而使身管内膛尺寸变化，导致弹丸旋转失稳而初速下降，并导致身管失效和寿终。通过对身管进行解剖分析发现，枪管内壁 4/5 锥，尤其是火炮内膛坡膛部位形成大量烧蚀坑，严重烧蚀将使身管坡膛尺寸增大而闭气性能下降，这是造成身管初速下降的重要原因，因此研究与发现烧蚀的成因及过程至关重要。通过枪炮身管工况试验和理论研究，可初步得出烧蚀坑形成的原因如下：枪炮身管在射击，特别是持续射击工况下，弹药射击导致身管内壁温度急剧升高，再加上枪炮身管内射击弹丸的高膛压，局部可形成高温、高压、富氧极端工况，同时，弹丸高膛压下的高速旋转与身管产生高速挤压摩擦，枪管 4/5 锥或火炮身管坡膛部分的局部摩擦发热，也使此部位阳线转角的局部温度或压力等构成燃烧门槛值，从而使枪炮身管内壁表面可能在阳线转角等处发生局部金属材料燃烧并形成烧蚀坑。本章将从金属材料燃烧角度对枪炮身管燃烧发生条件、机理与产物等进行系统研究分析，从金属材料燃烧角度来分析枪炮身管服役中的烧蚀本质，这对深入认识与研究枪炮身管材料损伤行为和机理，以及身管钢的成分、组织和性能特征具有重要意义。

5.2　金属材料的燃烧及侵蚀现象和行为

5.2.1　金属材料极端工况下的燃烧现象

1. 金属材料燃烧的基本概念

金属材料燃烧无论从热力学条件，还是从动力学过程，其燃烧特征与产物不同于氧化和熔化，燃烧特征表现为：瞬间发生、温度急剧升高、材料体积迅速减小以及产生火焰，并伴随热量的剧烈释放[2]，如图 5.1 所示。除金、银外，所有金属材料及合金在高速摩擦、高速冲击，特别是富氧工况下，会发生一种类似于木材的燃烧现象，并可引起爆炸等严重后果[3-6]。美国、苏联从 20 世纪 70 年代开始认识到此现象，并开展了相关研究，两国已在金属材料燃烧行为与机理、试验装备、失效评价、风险预防等方面开展了系统的工作，取得了显著的成果，典型单位有 NASA、肯尼迪航天中心、俄罗斯科尔德什中心等，这为其航空航天事业、陆军武器装备等领域的发展起到了重要的推动作用[7-10]。我国在 1999 年底从某液氧煤油发动机事故中逐步认识到金属燃烧这一问题，并针对这一特殊领域，开始了研究工作[11-14]。

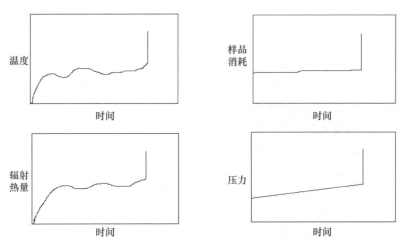

图 5.1　金属材料发生燃烧现象时典型热力学特征示意图

　　由于金属材料燃烧涉及材料特征、氧化剂特征与点燃特征三类因素，所以构成的众多影响参数复杂多变。因此，目前对金属材料燃烧这一现象的定义还没有统一。Frank-Kamenetskii[15]认为金属材料燃烧是因为氧化反应系统与周围环境在热力学上不平衡。Reynolds[16]则认为氧化反应所生成的热量超过了所损失的热量，致使温度加速升高，就会出现金属材料燃烧现象。尽管目前对金属材料燃烧的定义尚无统一观点，但各种观点都认为当金属表面反应速率很高时，释放大量热量，其中一部分热量以光的形式——火焰表现出来，此瞬间现象称为点火[17]。材料的燃点可定义为氧化反应在材料的表面所释放的热量超过此部分散失热量的临界温度[18]。

　　为研究金属材料燃烧行为和原理，Benz等[19]用仪器测量了金属被点燃时的试样温度、试样消耗体积、试样辐射产生热量和氧压的变化情况。从图 5.1 中可以看出，金属材料在被点燃的瞬间，温度急剧升高，辐射产生热量迅速升高，试验消耗体积也快速增大，燃烧室的氧压急剧减小，这与观察材料燃烧时材料表面温度迅速升高、体积迅速减小，以及能观察到火焰等特征几乎一致。这是由于材料被点燃瞬间，材料氧化反应速率急速增大，导致材料被迅速消耗，氧压急剧减小，同时放出大量的热量，导致材料表面温度迅速升高。

　　2. 金属材料燃烧导致破坏失效的事故

　　金属材料通常用于设施、设备、装备等复杂结构中的结构支撑部件、连接件、导热导电元器件等重要部件，一旦发生燃烧或者烧蚀事故，会造成极其严重的后果和危害。由金属材料引起的事故，尤其是在航空航天、武器装备等领域，引起了人们的高度重视。

　　我国在航天领域一直采用化工燃料，未遇到火箭发动机中金属材料的燃烧现象，因而一直都没有认识到绝大多数金属在富氧、高速冲击、摩擦等极端工况下的燃烧问题，这一研究领域一直处于空白。自 1999 年某新型液氧煤油高压富氧大推力火箭发动机试车时发生金属材料燃烧事故，我国开始认识和了解到高温金属材料在极端工况的全新失效模式——金属材料燃烧现象，并着手开展此领域的研究。长征系列火箭发动机使用化工燃料，主要对材料提出高温、高强度的要求。而随着大推力新型火箭发动机的研发和应用，使用无毒液氧煤油作为燃料，除要求材料具有高温、高强度等力学性能外，优良的耐富氧侵蚀与抗燃烧能力也成为其最重要的选材和评价因素之一。另外，由摩擦热引起的燃烧多年来一直困扰着从事氧气气氛中使用的压缩机、泵体等元件的设计者和使用者。当其表面摩擦时，能产生摩擦热量，富氧情况下摩擦生热被认为是许多情况下燃烧的原因。因此，合金燃烧的研究对于提高我国新型火箭发动机的可靠性有十分重要的意义和关键作用，研究包括：富氧等极端工况金属材料的科学选用与设计、安全使用规范、考核指标和参数、保护涂层的要求、材料强度和抗燃烧的关系、失效分析的程序和考核标准等。

金属材料氧烧蚀和燃烧现象研究的重要应用领域与典型领域很多，如兵器领域，枪炮身管烧蚀严重，且常导致武器初速急剧下降，超过标准而寿终。在火炮武器中，弹丸射击后产生巨大能量，弹丸与内膛剧烈摩擦产生大量的热能，弹丸射击瞬间，火药导致枪炮内膛瞬间温度可达 2000K，且内膛一定厚度的内壁温升可达 873～973K。同时，枪炮身管内承受着巨大的压力，这种高温、高压的极端工况导致内壁发生局部氧化侵蚀和燃烧现象，产生严重的烧蚀坑，并导致身管内部密闭空间破坏，从而导致初速下降，最终导致枪炮身管寿终。因此，开展枪炮身管在富氧工况下侵蚀和燃烧研究可为枪炮身管的选材(含涂层)与设计提供依据，对提高枪炮身管精度和寿命具有重要意义。

5.2.2　燃烧发生的条件

燃烧现象十分普遍，但其发生必须具备一定的条件。所有的金属和非金属都是潜在的可燃物，燃烧要素三角形概念[1]阐述了燃烧发生必须同时具备的三个条件，即材料特性(成分、热导率、氧化、尺寸等)、工况特征(温度、压力、摩擦力等)以及点燃因素(引燃物、碰撞、冲击等)，如图 5.2 所示。

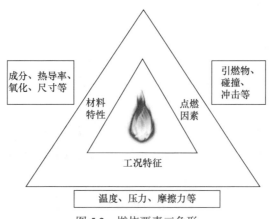

图 5.2　燃烧要素三角形

1. 材料特性

材料特性包括：①尺寸因素等，如厚度、形状、表面状态等；②材料种类、成分与力学性能，除金、银外，所有金属都可燃，但不同材料种类、成分与力学性能等具有不同的燃烧特征；③热传导，有良好热导率的金属(如铜)在燃烧点处会快速将热量传走，从而使其难以被点燃；④氧化，金属发生燃烧后产物为氧化物，氧化反应为燃烧的传播提供热量。

2. 工况特征

所有燃烧的发生均是各方面因素共同作用的结果，其工况是必不可少的外部因素。对于枪炮身管，其膛压参数、弹丸挤压力及转速、射击频率等，均是发生燃烧及燃烧程度的重要方面。

3. 点燃因素

除身管材料与枪炮工况以外，点燃因素也是必要的因素，包括引燃物、碰撞、冲击等参数。

上述三类因素共同作用决定能否燃烧和燃烧程度，具体可用燃烧温度、压力、速率等参数构成能量门槛值。对于尖角和薄的区域，在加热时比厚的区域升温更快且使能量积累到某个门槛值而更容易被点燃。因此，枪炮身管内膛阳线等部位是发生燃烧的薄弱部位。

5.2.3　金属材料的氧侵蚀

1. 金属材料氧侵蚀的定义

金属材料氧侵蚀有狭义和广义之分。狭义上，金属材料氧侵蚀是指在高温下金属与氧气反应生成金属氧化物的氧化过程。反之，自金属氧化物中夺走氧为还原过程，可以用式(5.1)表达，即

$$x\mathrm{M}+\frac{y}{2}\mathrm{O}_2 \underset{\text{还原}}{\overset{\text{氧化}}{\rightleftharpoons}} \mathrm{M}_x\mathrm{O}_y \tag{5.1}$$

式中，M为金属，可以是纯金属、合金、金属间化合物基合金等；氧气可以是纯氧或含氧的干燥气体，如空气等[7]。广义上，金属材料氧侵蚀是指高温下组成材料的原子、原子团或离子失去电子的过程，其反应式如式(5.2)所示。

$$\mathrm{M}-n e^- \longrightarrow \mathrm{M}^{n+} \tag{5.2}$$

式中，M为金属原子，获得电子的可以是卤族元素、硫、碳、氮等。一些工业生产中会遇到比单纯氧化更为苛刻的氧侵蚀，如卤化、硫化、碳化、氮化等，这些都属于广义氧侵蚀。

氧侵蚀是化学腐蚀的一种，此时，金属与外部介质相互作用，其结果是转入更为稳定的被氧化状态。一般来说，氧化可根据试验条件的不同分为以下三种：

(1) 等温氧化，氧化时温度不随时间变化；
(2) 循环氧化，氧化时温度随时间变化(一般为周期性变温)；
(3) 动力学氧化，高速气流中的氧化。

不同的氧化试验可以用来解决不同的实际问题。等温氧化，可以定性地测量

出不同金属材料在不同温度下的抗氧化能力，以及在该种温度下的氧化速率，为抗氧化合金的研究提供了一种检测方法；循环氧化可以有效地考验氧化皮与金属结合力的强弱；动力学氧化则比较接近燃气轮机工作条件，为在该条件下服役的零部件提供了一种检测方法。

2. 氧侵蚀的热/动力学基础

由式(5.1)可知，氧侵蚀反应的自由能可以表示为

$$\Delta G_{p,T} = RT \ln \frac{1}{\left[p_{O_2} \right]^{y/2}} + \Delta G_{p,T}^{\ominus} \tag{5.3}$$

式中，p_{O_2} 为系统在初始状态时的氧分压。

$$\Delta G_{p,T}^{\ominus} = -RT \ln K_p = -RT \ln \frac{1}{\left[p_{O_2^*} \right]^{y/2}} \tag{5.4}$$

式中，K_p 为化学平衡常数；$\left[p_{O_2^*} \right]^{y/2}$ 为系统处于平衡状态下的氧分压(氧化物的氧分压)。

将式(5.4)代入式(5.3)可以得出：

(1) 当 $p_{O_2} > \left[p_{O_2^*} \right]^{y/2}$ 时，金属氧化；

(2) 当 $p_{O_2} < \left[p_{O_2^*} \right]^{y/2}$ 时，金属物质分解；

(3) 当 $p_{O_2} = \left[p_{O_2^*} \right]^{y/2}$ 时，动态平衡。

从式(5.3)可见，金属氧化热力学与环境中氧分压密切相关。一般来说，p_{O_2} 越大，$\Delta G_{p,T}$ 越小(越负)，而 $\Delta G_{p,T}$ 是氧化过程的驱动力，也是衡量反应物质化学亲和力的尺度，所以此时系统离开化学平衡状态越远，化学亲和力越大，金属氧化程度越严重。

因为高温时金属材料在空气和富氧中的氧分压显著不同，所以金属材料在高温、富氧中的氧化行为可能表现出与普通氧化不同的规律和氧化程度。此外，从金属氧化动力学上也可以推测金属材料在富氧和空气中的氧化行为可能呈现出不同的形式。氧化速率一般用单位时间内单位面积的质量变化 $\Delta m(\text{mg/cm}^2)$ 或厚度变化 $\Delta y(\text{cm})$ 来表示，金属氧化动力学包括恒温动力学及温度影响两个问题。

金属氧化动力学 $\Delta m\text{-}t$ 或 $\Delta y\text{-}t$ 曲线大致可分为线性规律、抛物线规律、立方规律、对数规律以及反对数规律五类，如图 5.3 所示，分别可用下列五个方程表述。

(1) 线性规律：$y = K_1 t + C_1$；

(2) 抛物线规律：$y^2 = K_2 t + C_2$；

(3) 立方规律：$y^3 = K_3 t + C_3$；

(4) 对数规律：$y = K_4 \ln(C_4 t + C_5)$；

(5) 反对数规律：$y^{-1} = C_6 - K_5 \ln t$；

式中，$K_1 \sim K_5$、$C_1 \sim C_6$ 均为试验系数。各种金属在不同温度范围内，遵循不同的氧化规律。

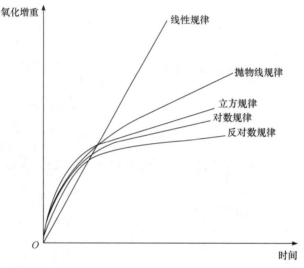

图 5.3　金属氧化动力学常见的五种基本动力学曲线

　　相同金属材料在高温不同氧分压下可能表现出不同的氧化规律。氧分压的增加有助于氧化物的形成，从而提高燃烧温度[3]。但也有研究认为，氧分压是有助于氧化物的形成，还是起完全相反的作用，取决于试验温度和具体的氧分压，如果氧分压和温度未达到金属材料某温度下表面形成氧化物的蒸发温度，则氧分压的增高有可能促进合金表面氧化物的形成，对燃烧抗力有利；反之，如果氧分压和温度已到金属材料某些氧化物的失稳温度，则合金表面氧化物致密度下降，发生明显的蒸发现象，使合金的燃烧抗力下降，一定条件下将发生合金的燃烧。

　　此外，不同元素高温下的氧化规律是不同的，一般情况下，Al、Cr、Si 元素含量较高的金属材料高温下易形成致密的保护膜，氧化规律呈现抛物线或对数规律，对提高燃烧抗力有利。而 Mo、W、Nb、Ti 元素含量较高的金属材料高温下形成的上述氧化物蒸气压很高，蒸发严重，使合金的点燃或燃烧抗力下降。例如，MoO_3 的熔点和沸点分别为 1068K 和 1273K，在 723K 以上就开始挥发。钼含量过多的合金在高温下的显著失重与表面 MoO_3 的形成有关，且随温度或钼含量的增加蒸发加重。

通过对金属材料在富氧、高温下氧化规律和性能的研究，可以提供一种考核不同高温时金属材料在富氧下氧化和侵蚀抗力的方法。结合对合金表面氧化层结构、晶间腐蚀、基体影响区的观察和分析，并参考金属材料的物理参数(燃烧热、热导率等)，不仅可以对不同金属材料点燃或燃烧抗力进行排序，而且有可能使金属材料燃烧的研究从目前的定性阶段向半定量阶段发展。

1) 氧侵蚀的机理

图 5.4 为金属表面形成氧化物的示意图。假定金属 M 表面已有一层氧化膜 M_xO_y，它完整牢固地黏附在表面，则氧化过程大致如下：

(1) 气相中氧分子吸附到氧化膜上；

(2) 被吸附的氧分子分解成氧原子 $O_2 \longrightarrow O + O$；

(3) 氧原子电离 $O + 2e^- \longrightarrow O^{2-}$；

(4) 氧化膜中的氧离子向金属表面迁移(扩散)；

(5) 金属原子电离 $M \longrightarrow M^{n+} + ne^-$，生成的阳离子及电子从金属相向氧化膜内迁移至气-膜界面；

(6) 阴阳离子在界面处相互作用并生成氧化物。

$$x M^{n+} + y O^{2-} \longrightarrow M_x O_y$$

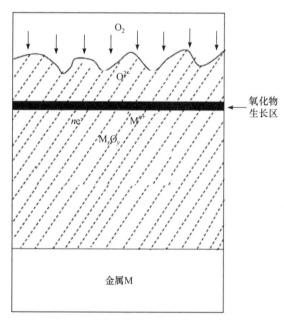

图 5.4　金属表面形成氧化物的示意图

在氧化刚开始阶段，不存在阴阳离子及电子的扩散。氧化过程只受化学反应速率的控制，一旦形成完整而附着力强的氧化膜，阴阳离子及电子在氧化膜内的扩散就成了控制因素，此时氧化膜的性质就成为决定性因素。

氧化膜是多孔的、破裂的或挥发性的，不能阻挡氧穿透进入金属表面，氧化过程仍取决于氧化速率，此时氧化速率与氧化时间呈直线关系。氧化膜的多孔性取决于氧化膜的体积(V_{MO})与被氧化金属体积(V_M)的比值(称为 PB 比)，当此比值小于 1 时，氧化膜为多孔的。

氧化过程大致可以用式(5.5)表示：

$$q^n = k_p t \tag{5.5}$$

式中，q 为氧化增重或减重；t 为氧化时间；k_p 为氧化速率常数；n 为指数，一般情况下 $1 < n < 3$。若 n 接近 1，则表示氧化与化学反应速率关系密切。若 n 大于 2，则表示存在阻止扩散和减缓氧化膜成长的附加过程。k_p 表示材料抗氧化的能力，k_p 越小，抗氧化的能力越好。k_p 随元素的扩散系数和气氛中氧分压的增加而变大。因为扩散系数与氧化温度之间存在指数关系，所以有

$$k_p = k_0 e^{-Q_p/(RT)} \tag{5.6}$$

式中，Q_p 为氧化激活能。

金属在低温氧化或氧化起始阶段，增重或减重 q 往往呈现对数规律，即

$$q = \beta \ln(rt + 1) \tag{5.7}$$

式中，β、r 均为常数。

2) 氧化对金属材料性能的影响

金属材料表面和内部均会发生高温氧化，并且受机械疲劳和热疲劳的影响，最终导致金属材料的破坏失效。

在蠕变断裂条件下，氧化的作用是有争议的。一方面，氧化层的形成会使负荷面积减小，例如，0.381mm 的薄板每边内部氧化物渗入 0.0508mm，材料的有效横截面积大约减小 27%；另一方面，在静负荷的条件下，合金中的位错密度和分布决定着初期蠕变速率，均匀内部氧化物区的出现实际上会阻碍晶粒滑移，从而产生弥散强化作用。对于镍基高温合金，在惰性环境中进行试验时，其断裂寿命提高了，这就说明，可能是镍基高温合金受到类似于应力腐蚀的间隙原子的作用，加快了氧侵蚀的速率。对于某些焊后工件，可以通过无氧环境的热处理来消除焊后应变-时效开裂。

处于火药与高膛压等多因素复杂工况下的身管内膛，可认为身管基体及镀铬等涂层的抗燃烧及抗氧侵蚀能力、高温强度与耐磨性等多因素决定了身管内膛的烧蚀与剥落程度。

5.2.4　金属材料燃烧、氧化与熔化的区别

为了更好地认识金属材料燃烧，现从燃烧现象、热力学条件、动力学过程以及基体形貌与产物等方面，对其加以分析说明，见表 5.1。

表 5.1　各类反应的对比分析

类型	金属材料燃烧	氧化	熔化
燃烧现象	除金、银外，所有金属材料及其合金在高速摩擦、高速冲击和氧工况下，都会发生一种类似于木材、尼龙的燃烧现象，并可引起爆炸等严重后果。其特征表现为：瞬间发生与扩展、温度急剧升高，产生火焰，并伴随热量剧烈释放。燃烧由能量决定，其方式很多，故燃烧发生在任意温度	几乎所有的金属在有氧化剂存在的环境中都是不稳定的，都可以发生氧化反应。金属与氧化剂发生反应，失去金属光泽生成金属氧化物，厚度为 $20 \sim 100 \mathring{A}$。具体材料一般有具体的氧化温度，高于此氧化温度则可发生氧化，且随温度增加氧化程度加剧	熔化是一种物态变化，即物质从固态变为液态的过程，熔化过程中物体吸热，温度不一定升高。具体材料有确定的熔化温度——熔点
热力学条件	燃烧由材料、工况以及燃点特征三类因素共同作用，而氧化仅是材料特征中的一个参数。燃烧的化学反应热生成速率超过金属热耗散能力时的一种热不稳定现象，会导致热量的骤升，对于静止封闭系统，热力学第一定律方程式为 $$\mathrm{d}U = Q - W$$ 在等压条件下，又可写为 $$\mathrm{d}U = Q - p\,\mathrm{d}V$$ 将上式与热力学第二定律： $$\mathrm{d}S \geqslant \frac{Q}{T}$$ 结合，得到组合热力学表达式： $$\mathrm{d}U + p\,\mathrm{d}V - T\,\mathrm{d}S \leqslant 0$$	一种缓慢到金属能把产生的热耗散到环境中的过程，因而抑制温度的升高。氧化反应的自由能可以表示为 $$\Delta G_{p,T} = RT \ln \frac{1}{\left[p_{O_2}\right]^{y/2}} + \Delta G_{p,T}^{\ominus} \quad (1)$$ 式中，p_{O_2} 为系统在初始状态时的氧分压。 $$\Delta G_{p,T}^{\ominus} = -RT \ln K_p$$ $$= -RT \ln \frac{1}{\left[p_{O_2}^*\right]^{y/2}} \quad (2)$$ 式中，K_p 为化学平衡常数；$\left[p_{O_2}^*\right]^{y/2}$ 为系统处于平衡状态下的氧分压(氧化物的氧分压)。 将式(2)代入式(1)可以得出： 当 $p_{O_2} > \left[p_{O_2}^*\right]^{y/2}$ 时，金属氧化； 当 $p_{O_2} < \left[p_{O_2}^*\right]^{y/2}$ 时，金属物质分解； 当 $p_{O_2} = \left[p_{O_2}^*\right]^{y/2}$ 时，动态平衡。 从式(1)中可见，金属氧化热力学与环境中氧分压密切相关	当温度达到金属的熔点 T_m 时，金属物质发生熔化反应。具体材料有确定的熔化温度——熔点
动力学过程	燃烧表征为瞬间发生、快速扩展、体积减小等，其速率可由反应速率常数的阿伦尼乌斯方程表达为 $$k'(T) = AT^{1/2} \exp \frac{-E_a}{RT}$$	氧化为缓慢进行的过程，其速率用单位时间内单位面积的质量变化 $\Delta m(\mathrm{mg/cm^2})$ 或厚度变化 $\Delta y(\mathrm{cm})$ 来表示，氧化动力学 Δm-t 或 Δy-t 曲线大致可分为线性规律、抛物线规律、立方规律、对数规律以及反对数规律五类，分别可用下列五个方程表述。 (1) 线性规律：$y = K_1 t + C_1$；	

类型	金属材料燃烧	氧化	熔化
动力学过程	燃烧表征为瞬间发生、快速扩展、体积减小等,其速率可由反应速率常数的阿伦尼乌斯方程表达为 $$k'(T) = AT^{1/2}\exp\frac{-E_a}{RT}$$	(2) 抛物线规律: $y^2 = K_2 t + C_2$; (3) 立方规律: $y^3 = K_3 t + C_3$; (4) 对数规律: $y = K_4\ln(C_4 t + C_5)$; (5) 反对数规律: $y^{-1} = C_6 - K_5\ln t$; 式中,$K_1\sim K_5$、$C_1\sim C_6$均为试验系数 	
基体形貌与产物	基体形貌:金属被消耗、部件尺寸减小、发出可见光 产物:复杂,有氧化物、熔渣、熔化组织等	基体形貌:部件尺寸可由氧化物是否剥落来确定,可增厚或减薄,但整体变化很小 产物:主要是氧化物,没有熔化组织,仅表面形成氧化物	基体形貌:基体形貌可因熔化程度变化 产物:主要是熔化组织,也可有高温形成的氧化物

氧化与燃烧从化学和热动力学观点来看,金属氧化可看成一种极其缓慢的燃烧,慢到金属能把产生的热耗散到环境中的程度,因而抑制了温度的升高。燃烧则可看成化学反应的热生成速率超过金属热耗散能力时的一种热不稳定现象,会导致热量的骤升。稳态燃烧是一种新的平衡状态,在该状态下,热生成速率刚好与热散失速率保持平衡。仅从速率方面来看,氧化与燃烧之间的关键性差别之一是化学反应进行的程度,燃烧是瞬间爆发并快速传播;氧化则是按照线性规律、对数规律或抛物线规律进行的缓慢过程。

从燃烧发生的热力学条件、动力学过程及产物等方面来看,材料是否燃烧是由三类因素共同决定的,而氧化仅是材料特征中的一个参数。此外,氧化是材料固有特征之一,存在固定温度点或区间。而燃烧是由内、外因及偶然因素等共同决定的可变结果,燃点与尺寸、工况等密切相关,是可变化的,可发生在任意温度。显然,材料燃烧与氧化、熔化、热导率等材料特征没有必然的关联,更没有对应的关系。

5.3　金属材料燃烧行为研究方法与标准

在不同的应用环境下，材料发生氧化、侵蚀与燃烧的过程受到诸如压力、环境温度、摩擦条件、载荷、冲击等多种因素的影响。为了能够更好地分析和评价材料燃烧、氧化等行为，进而评价材料的应用性能和使用寿命，需要在材料的成分、制备技术、规格以及燃烧、氧化试验等领域设计和制定相应的试验方法及技术标准。随着金属材料燃烧、氧化现象的研究和发展，国际上以美国等国家为代表，就试验方法、检测标准、材料技术标准及规范形成了较为完整的分析评价体系[10,20-22]。相比之下，我国在这方面起步较晚，还处于探索阶段。

5.3.1　国外金属材料燃烧试验方法及评价标准

液态氧(liquid oxygen，LOX)和气态氧(gaseous oxygen，GOX)广泛应用于企业生产与航天工业中。在富氧环境中，如果外界输入及自身氧化反应所产生的热量远大于材料损失的热量，导致材料表面温度加速升高，则金属易被点燃。所以，有氧环境中金属的点燃或燃烧是一个相当实际且重大的问题。为了减少在有氧环境中火灾的发生，应选择不易被点燃或燃烧的材料。但是目前，由于影响金属材料燃烧的因素太多，试验的重复性又差，而且在具体情况下很多热力学参数还未确定，所以金属材料燃烧还没形成一门系统完整的学科。美国航天火箭发动机大都采用液氢、液氧作为燃料，自 20 世纪 70 年代以来，美国出现多起火箭和航天飞机发动机爆炸事故，经分析发现，发动机的温度不高，各种金属材料，如铁基不锈钢、镍基高温合金等均出现了既不同于熔化，也不同于氧化腐蚀的全新失效方式，即金属材料在远低于熔点的温度发生了与木材、尼龙等类似的燃烧现象，且形成了熔化的树枝晶组织、氧化物及熔渣等复杂产物。由于该问题直接影响火箭发动机的安全性和可靠性，所以美国等国家十分重视这一领域的科研工作。1975年，美国材料与试验协会(American Society for Testing and Materials，ASTM)成立了 G-4 委员会，为材料在富氧环境下的稳定性和敏感性制定标准。G-4 委员会通过测试材料的点燃温度、燃烧热、自燃温度、氧气指数(在一定条件下点燃材料所需最小氧压)等来制定材料与氧气兼容性附录。NASA、肯尼迪航天中心等单位投入了大量的人力和物力在此领域进行了一系列的探索性研究。

国外研究主要在以下几个方面：各种航天使用的金属材料(低合金钢、不锈钢、铝及铝合金、钛及钛合金、铜及铜合金、耐热及高温合金)在富氧、高速摩擦、机械冲击等极端工况下的燃烧行为研究；气氛中氧含量、压力、温度与材料燃烧性能的关系；评价材料抗燃烧性能的指标与标准；形状、尺寸与材料燃烧性能的关系等，取得了一系列重要的研究成果，并建立了考核金属或合金在富氧条件下的暂定标准：ASTM G124-10 (Standard Test Method for Determining the Combustion Behaviors of Metallic Materials in Oxygen-Enriched Atmospheres)和 ASTM G124-18 (Standard Test Method for Determining the Combustion Behaviors of Metallic Materials in Oxygen-Enriched Atmospheres)[23,24]。下面简要介绍其试验方法。

1. NASA 机械冲击试验

在所有的金属材料燃烧试验中，NASA 机械冲击试验使用最广，几乎所用的航天材料(包括运载火箭、航天飞机等)在使用前都要经过机械冲击试验，下面详细介绍其过程和原理[25]。

在此程序中，自由落体的铅锤通过撞针把一定的能量传递给浸没在液氧中的试样(试验装置如图 5.5 所示，撞针装置细节如图 5.6 所示)。在此试验中，质量为9.09kg 的铅锤从 1.1m 的高度自由落体撞击ϕ1.75cm 的撞针，把 98N · m 的能量传递给ϕ1.75cm 的测试试样，将发出可见光(在黑暗的屋子里)，或者试样的燃烧、烧焦视为燃烧。每次测试都要对试样进行 20 次冲击。

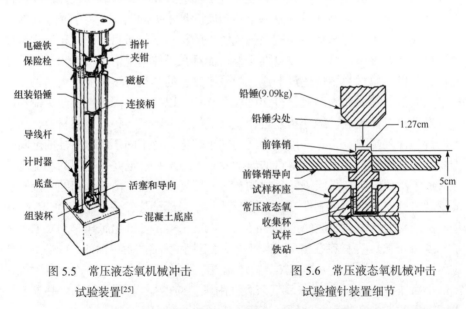

图 5.5　常压液态氧机械冲击　　　　图 5.6　常压液态氧机械冲击
试验装置[25]　　　　　　　　试验撞针装置细节

在马歇尔航天飞行中心、陆军弹道导弹局和圣苏珊娜实验室都进行了此类试验的研究，各自设备大致相同。如图 5.7 所示，特殊的试验发生器代替了液氧试验中的撞针装置。由于试验设备隔声性能优异，将可见的闪光、试样的燃烧或烧焦视为反应的发生。为了更细致地观察反应，反应室安装了特殊的光学监测系统，用以观察任何强度光的产生。

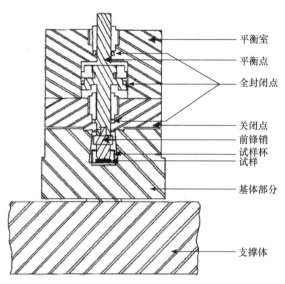

图 5.7　高压气态氧机械冲击试验装置图[26]

试验中使用的压力如表 5.2 所示。

表 5.2　GOX 机械冲击试验压力

压力/Pa	绝对压力/psi
$1.4×10^5$	20
$3.4×10^5$	50
$6.9×10^5$	100
$1.7×10^6$	250
$3.4×10^6$	500
$6.9×10^6$	1000
$1.0×10^7$	1500
$1.4×10^7$	2000
$2.1×10^7$	3000

注：1psi ≈ 6.89kPa。

试验中使用的能级如表 5.3 所示。

表 5.3　GOX 机械冲击试验能级

基础能级/(kgf·m)	中间能级/(kgf·m)
10.0	9.0
7.6	8.3
5.5	6.9
3.5	6.3

续表

基础能级/(kgf·m)	中间能级/(kgf·m)
1.4	4.8
—	4.1
—	2.7
—	2.1

　　这种试验在评估一种材料与氧兼容性之前，首先要进行常压液态氧机械冲击试验，之后进行高压气态氧机械冲击试验；在最低压力和最大冲击能下以 5 次机械冲击试验作为开始，如果没有反应发生，则进行额外的 15 次机械冲击试验，如果还是没有反应发生，则试验进入下一个更高的压力级别。当观察到反应的发生时，冲击能降低到相邻的更低能级，在此能级上进行 5 次机械冲击试验，如果没有反应发生，则将能级增加到最近的中间能级，再进行 5 次机械冲击试验。

　　重复上述过程，最后得出材料在该压力条件下的临界能级值，临界能级值越高，其抗燃性越好。作为衡量材料抗燃性试验之一，NASA 机械冲击试验有着最为广泛的应用。

2. 高压富氧点燃试验

　　图 5.8 主要是用来考核金属材料在富氧气氛下燃烧性能的试验装置[27]。该高

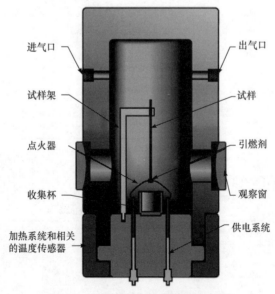

图 5.8　金属高压富氧点燃试验台[27]

压、富氧装备压力为 0.1～69MPa，系统包括试样架、加热系统、相关的温度传感器、供电系统等。其试验原理和过程如下：棒状金属被测试样一端悬挂于陶瓷试样台下，另一端连接燃烧发生器，通过易燃金属(如铝、镁等)丝引燃被测试样。如果被测试样完全燃烧，则将压力降低重新进行试验，直至被测试样在此压力条件下连续 5 次不燃烧，此压力则是该材料燃烧的临界压力。本试验装置也可以通过改变被测试样的尺寸和形状，来考核在一定高压下材料尺寸、形状与临界压力的关系。

3. 摩擦点燃试验

由摩擦热引起的燃烧多年来一直困扰着在氧气气氛中使用压缩机、泵和元件的设计者和使用者。当表面摩擦时，能产生摩擦热，摩擦生热被认为是许多情况下燃烧的原因。摩擦点燃试验用来测定金属和合金摩擦的燃烧敏感性。此试验装置由一个反应室、传动杆、热电偶和气动激活气缸组成，见图 5.9，采用 Monel 400制成的高压实验室包含可替换的镍套管。高压实验室包含连接一系列轴承和密封的旋转轴，旋转轴的一端连接转速达 30000r/min 的驱动电机和传输装置，另一端连接气动激活气缸，该气缸能够向被测试样施加 4450N 的载荷。旋转试样固定在轴上，而固定试样则固定在试验容器内。试验在高压气氧(6.9MPa)及高达17000r/min 转速下进行，并以 35N/s 速度加载，直至试样发生燃烧。试验可在液态氧和气态氧下进行。用 Pv(载荷与相对速度的乘积)值大小来衡量不同合金材料抗燃烧的能力，Pv 值越高，则其越不易燃烧。

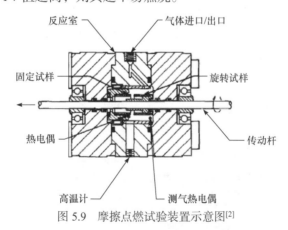

图 5.9　摩擦点燃试验装置示意图[2]

4. 高速颗粒冲击试验

长期以来，人们一直希望清楚高速颗粒冲击金属表面引起燃烧的原因，但一直缺乏能有效评估的试验设备[28,29]。NASA 白沙试验场提出了几种评估金属和合金是否适合富氧气氛的试验方法，高速颗粒冲击就是其中的一种。其主要包括三部分：①气体进入和流出装置；②颗粒射击和聚合喷嘴；③分叉喷嘴和试样台。

高压氧气储存在能够承受 43.4MPa 的高压容器内，气态氧以亚声速进入并通过容器的第一部分，当氧气通过聚合喷嘴时，其流速将在孔径处达到极大，高压气态氧继续加速，到达分叉喷嘴使其流速达到 3.5 倍声速，然后气态氧离开分叉喷嘴进入稳态流速，并与从机械注入的颗粒混合后冲击被测试样，如图 5.10 所示。

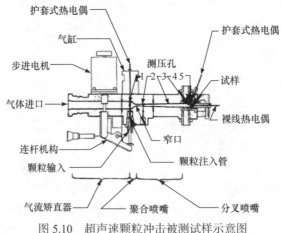

图 5.10　超声速颗粒冲击被测试样示意图

5.3.2　国内金属材料燃烧设备及试验方法

从燃烧原理和本质出发，借鉴国外资料，黄进峰等[11-13, 30]与相关设计单位合作，在上述燃烧设备原理图基础上，针对缺乏温度控制和动态观察等方面的问题，经过反复改进，设计和研制出温度可控且具有动态观察的高压富氧燃烧试验装置，如图 5.11 所示，有利于更好地测试与分析金属材料的燃烧行为。

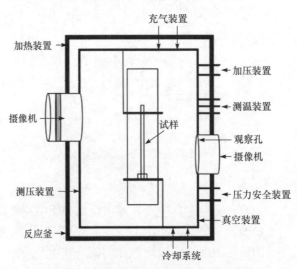

图 5.11　高压富氧金属材料燃烧试验装置

图 5.11 为高压富氧金属材料燃烧试验装置，由反应釜、加压装置、加热装置、真空装置、测温装置、测压装置、摄像机和其他辅助系统组成，特别设计温度可控和动态观察部分等，不仅能更准确地研究燃烧性能，且能观察和记录燃烧发生及扩展过程。

以金属材料在富氧 1MPa 燃烧试验为例加以说明，具体试验步骤如下。

(1) 试样制作：选取 ϕ3.2mm×70mm 规格的材料试样，用 240#砂纸去除其表面氧化皮，再用 700#、1000#砂纸打磨其表面；将打磨好的试样用超声波清洗 3min，之后吹干放入干燥箱备用。

(2) 添加引燃物：将引燃物镁条卷成环状，套在试样的一端，引燃物内环需与试样紧密贴合，且引燃物底面应与试样底面在同一平面。

(3) 安装试样：将试样无引燃物一端固定，然后安装防飞溅装置；防飞溅装置可防止剧烈燃烧时的飞溅，有利于保护设备、收集产物；防飞溅装置为上下开口透明圆筒状。

(4) 抽真空：步骤(3)安装试样后，密封反应装置，打开真空装置，抽出内部空气，真空度为 0.1～1Pa。

(5) 充入气体：打开充气装置和气体流通装置充入氧气至要求的压力(1MPa)；由于燃烧反应剧烈，在极短的时间内完成，气体流通装置促进反应装置内空气流通，保证燃烧前端气体供应。

(6) 压力调节：与步骤(5)同步，系统自动打开压力安全装置，通过压力自动调节装置调节系统至要求压力；压力自动调节装置是为了保证反应装置内部压力稳定；燃烧消耗内部氧气后，压力自动调节装置会自动充入氧气，以保证反应压力稳定；当压力超过设备安全范围时，压力安全装置可自动打开并调节压力，以免出现危险。

(7) 点燃：通过点燃装置点燃引燃物镁条，引燃试样，点燃引燃物后关闭点燃装置。

(8) 观察与记录：通过摄像机记录整个燃烧过程，测压装置记录系统内压力变化。

(9) 抽真空：当从观察孔观察到燃烧反应结束时，停止加热，通过真空装置抽出系统内部气体；金属在燃烧时发出刺眼的强光，可根据系统内有无发光点以及测温装置温度下降判定燃烧是否结束。

(10) 取出试样：打开冷却装置，待整个系统冷却至室温，取出燃烧产物和未燃尽试样。

材料在富氧工况下燃烧试验过程及燃烧前后对比如图 5.12 所示，燃烧试验过程示意图见图 5.12(a)，金属试样燃烧前后对比图见图 5.12(b)。

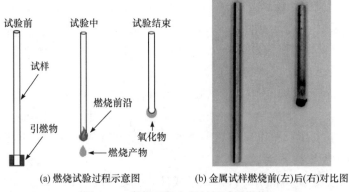

(a) 燃烧试验过程示意图　　　　(b) 金属试样燃烧前(左)后(右)对比图

图 5.12　富氧下的金属材料试样燃烧

5.4　身管钢燃烧行为研究及分析

　　枪炮弹药成分复杂，射击时弹丸与内膛剧烈摩擦放热，枪炮产生的膛压可达 280～400MPa，特别是超高膛压突击火炮及坦克炮高达 550～600MPa。因此，在这种高温、高压条件下，身管内壁阴阳膛线，尤其是枪管 4/5 锥或火炮身管坡膛部位易发生局部金属材料燃烧而形成严重烧蚀坑等。

　　金属材料发生燃烧的影响因素多而复杂，在工况等参数确定的前提下，金属基体抗燃烧性能、具体部件结构形貌与尺寸是重要的两个部分。对于身管金属材料，身管内壁阴阳膛线高度与宽度尺寸很小，因此火炮内膛基体材料抗燃烧性能极为重要。如果基体材料抗燃烧性能差，则阴阳膛线易发生燃烧而形成烧蚀坑，使内膛尺寸增大且结构形貌发生变化，导致闭气能力减弱，从而导致初速下降、椭圆弹与横弹等。因此，对身管钢燃烧性能的研究与分析很有必要。

　　一般情况下，增加材料的厚度等能起到抑制燃烧的作用。从热量传导来说，尺寸对燃烧产生的影响主要体现在：直径越大，同样热量所需加热的金属越多，单位体积能够得到的热量越低，能够达到的温度越低。同样的引燃物缠绕在棒状试样一端的外侧，直径越大，比表面积越小，吸收热量越难，同时单位质量的材料与引燃物接触的面积越小，与氧气的接触面积也越小，因此引燃越难。此外，其他因素也会影响材料的燃烧性能：

　　(1) 氧传输[31]。氧传输的重要方式之一是在金属材料与熔融态氧化物中进行交换，因此金属材料燃烧的剧烈程度与熔融态氧化物中的复杂反应、流动程度和物质交换有很大的关系。小尺寸试样可以更好地进行熔融态氧化物的物质交换，同时溶解氧也会达到一个相对饱和的值，因此限制小尺寸试样燃烧速率主要是材料本身的热传导性质；而大尺寸试样的熔融态氧化物的物质交换程度较弱，因此对于燃烧速率的限制主要是熔融态氧化物的交换与混合程度。

(2) 对流传热系数[32]。对于金属材料燃烧时与外界的热交换，其形式也主要是对流与辐射。其中，辐射系数对同一种材料来说是常数，对流传热系数一般与试样的尺寸、形状有关。对棒状试样来说，直径越大，对流传热系数越小。这也会对金属或合金的燃烧产生影响。

为了说明身管钢在应用过程中可能出现的由金属富氧燃烧现象所导致的损伤或者破坏行为及其原理，本节通过对 30SiMn2MoV、25Cr3Mo2NiWVNb 等的燃烧行为与机理进行对比研究和分析，从燃烧行为及机理等方面来说明身管钢局部燃烧是导致内膛烧蚀坑的重要因素，同时说明材料的成分、组织和性能等也是影响燃烧能力的重要因素。

5.4.1　试验研究方法、过程及原理

30SiMn2MoV、25Cr3Mo2NiWVNb 均采用真空或电炉熔炼加电渣精炼方式，经过锻造开坯及轧制、热处理和线切割加工成符合要求的试样，然后去除表面氧化物并进行超声波清洗。以 ASTM G124-10 为标准，在一定的氧压、尺寸和引燃条件下，比较试验材料抗燃烧行为及其相关性能，通过比较金属试样燃烧后剩余长度和分析基体氧化物致密度等来对比研究材料的抗燃烧性能。金属试样燃烧之后，剩余长度越长(燃烧量越少)、基体氧化物越致密，其抗燃烧性能越好。

燃烧试验的主要过程如下：

(1) 将待测金属试样垂直固定于燃烧反应器内，采用镁条作为引燃物置于金属试样尖端；

(2) 抽真空排出燃烧反应器内的空气，加热至设定温度，充入所需压力的氧气，直至将引燃物引燃，待金属试样充分燃烧后冷却；

(3) 取出剩余试样，收集燃烧后的产物，对发生燃烧的金属试样及其产物进行微观组织、成分分布等分析。

5.4.2　身管钢的燃烧行为与动态观察

通过摄像机记录了身管钢试样的燃烧行为，并且对整个燃烧过程进行动态观察，其中 30SiMn2MoV 试样(尺寸为 ϕ2mm×20mm，引燃物镁条为 0.2g)在氧压 1MPa 条件下燃烧过程的截图如图 5.13 所示，在富氧环境中材料试样在引燃物作用下发生燃烧，燃烧反应剧烈，伴随温度急剧升高的同时瞬间释放大量的热量和发出耀眼的白光，同时金属试样被消耗，生成燃烧产物。金属试样在燃烧过程中，燃烧前沿的高温状态使饱和蒸气压转低的合金元素蒸发，强烈的流体扰动使燃烧产物产生飞溅现象。

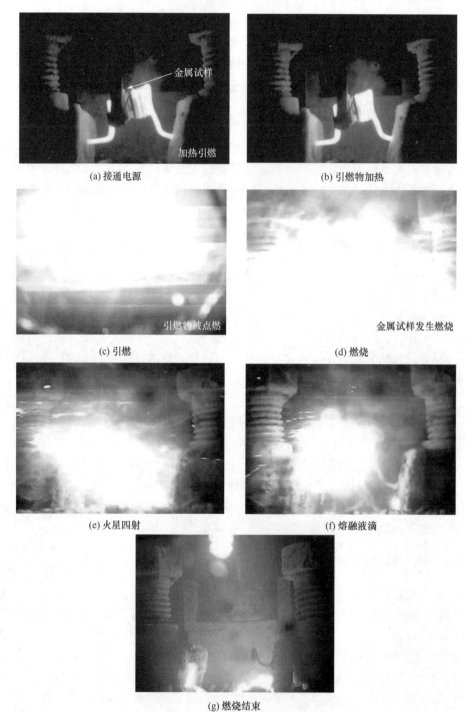

(a) 接通电源　　　　　　　　　　　　　　(b) 引燃物加热

(c) 引燃　　　　　　　　　　　　　　(d) 燃烧

(e) 火星四射　　　　　　　　　　　　　　(f) 熔融液滴

(g) 燃烧结束

图 5.13　富氧燃烧动态过程截图

金属试样燃烧过程如下：试样从底部开始燃烧，然后向上蔓延(试样垂直于水平面)，同时在燃烧处形成高温熔融球，随着燃烧的进行，熔融球长大直至在重力作用下与试样分离并滴落，然后在燃烧前沿形成新的熔融球，滴落，循环直至试样熄灭。

5.4.3　宏观燃烧行为

图 5.14 为被测试样燃烧后的宏观形貌，图 5.14(a)从左到右依次为 25Cr3Mo2-NiWVNb 、30SiMn2MoV 、PCrNi3MoVE 三种材料引燃试验所用的试样图。图 5.14(a)、(b)和(c)分别是燃烧试验前和试验后的试样照片。试验前为了使各试样在同样的条件下对比其燃烧现象的差异，将试样设计成前端具有同样曲率半径的锥形。试样用同样的引燃物(0.008g±0.001g 镁条)，在温度 953K，氧压分别是 0.2MPa、1MPa、纯氧条件下引燃，以分析对比其燃烧行为和表现。

 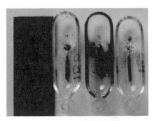 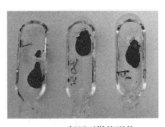

(a) 引燃之前的试样　　　　(b) 0.2MPa氧压下燃烧形貌　　　　(c) 1MPa氧压下燃烧形貌

图 5.14　被测试样燃烧后的宏观形貌

通过对比图 5.14 中所示的燃烧之后的实物照片发现，25Cr3Mo2NiWVNb、30SiMn2MoV、PCrNi3MoVE 材料在氧压为 0.2MPa 和 1MPa 时均发生燃烧。在氧压为 0.2MPa 时，燃烧主要发生在试样尖端靠近引燃物的部位，但这三种金属材料的燃烧程度不尽相同，30SiMn2MoV、25Cr3Mo2NiWVNb 与 PCrNi3MoVE 尖端燃烧后燃烧前端的形貌发生改变，均变成球状。当氧压增加到 1MPa 时，25Cr3Mo2NiWVNb、30SiMn2MoV、PCrNi3MoVE 在极短的时间内均发生剧烈燃烧，且整体已完全燃烧。这说明材料的燃烧性能对比必须在具体工况下才有意义。

5.4.4　微观燃烧行为

以 25Cr3Mo2NiWVNb、30SiMn2MoV 材料为例，将其在同样尺寸引燃物和温度下的燃烧部分进行机械切割、表面进行抛光和清理，采用 SEM、EDX 分析其微观组织结构。以下为 0.2MPa 氧压下身管钢燃烧微观组织。

图 5.15 所示的微观组织照片为上述材料燃烧前端的放大图，显示了材料发生的不同程度燃烧。其中的黑色区域为制备试样时的镶嵌材料，深灰色、浅灰色和

白色区域分别是氧化物、氧化物区域和基体区域。对比图 5.15 中的燃烧前端可以发现，30SiMn2MoV 中的氧化物区域非常大，可以认为其尖端已完全燃烧。25Cr3Mo2NiWVNb 基体仍保持尖端宏观形貌，燃烧仅在尖端表层发生。

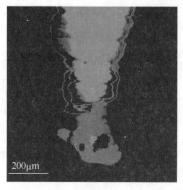
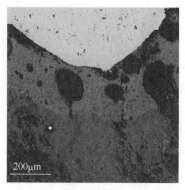

(a) 25Cr3Mo2NiWVNb　　　　　　　　(b) 30SiMn2MoV

图 5.15　0.2MPa 氧压下燃烧试验 SEM 图

在富氧工况下金属发生燃烧反应，释放大量热量并导致金属熔化，未参与燃烧的基体部分受到热影响，其中熔化区域与氧化物区域的交界面是燃烧反应发生的界面，也是整个燃烧过程最重要的环节。燃烧能否继续与氧传输有密切的关系。燃烧后基体氧化物的致密度高，可以起到阻止氧在氧化层传输的作用，并有阻碍或减轻燃烧进一步扩展的作用，但不是决定材料燃烧是否发生的判据。

图 5.16～图 5.19 分别为 25Cr3Mo2NiWVNb、30SiMn2MoV、PCrNi3MoVE 组织形貌图。观察图 5.16(a)和(b)可知，25Cr3Mo2NiWVNb 氧化层致密，没有明显的裂纹。而图 5.17(a)和(b)中所示 30SiMn2MoV 氧化层靠近和远离燃烧尖端的基体内均存在大量裂纹，形成通道，有利于氧传输至燃烧界面，促进燃烧。

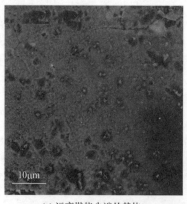

(a) 远离燃烧尖端的基体　　　　　　　(b) 靠近燃烧尖端的基体

图 5.16　25Cr3Mo2NiWVNb 氧化层微观组织形貌图

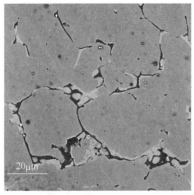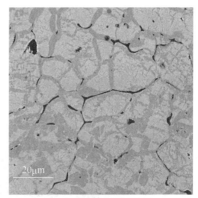

(a) 远离燃烧尖端的基体　　　　　　　　(b) 靠近燃烧尖端的基体

图 5.17　30SiMn2MoV 氧化层微观组织形貌图

(a) 远离燃烧尖端的基体　　　　　　　　(b) 靠近燃烧尖端的基体

图 5.18　25Cr3Mo2NiWVNb 燃烧组织整体形貌图

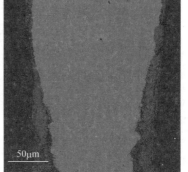

(a) 远离燃烧尖端的基体　　　　　　　　(b) 靠近燃烧尖端的基体

图 5.19　PCrNi3MoVE 氧化层纵向图

对比观察图 5.18、图 5.19 可知，在同等燃烧条件下 25Cr3Mo2NiWVNb 形成了比 PCrNi3MoVE 更致密的氧化层。PCrNi3MoVE 的氧化层中存在大量裂纹且与基体结合较差，氧沿着晶界不断向内部扩散。

图 5.20、图 5.21 分别为 25Cr3Mo2NiWVNb 成分面扫描与线扫描图。观察图 5.20、图 5.21 可知，25Cr3Mo2NiWVNb 形成较致密 Cr 的氧化物，部分阻止氧气的传输，有抑制燃烧继续进行的作用。

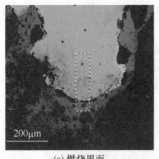

(a) 燃烧界面

(b) 面扫描Cr分布

(c) 面扫描O分布

图 5.20　25Cr3Mo2NiWVNb 成分面扫描

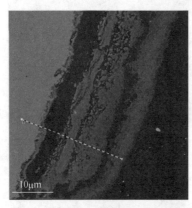
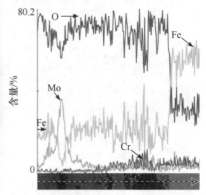

图 5.21　25Cr3Mo2NiWVNb 成分线扫描

对上述燃烧行为进行宏观和微观分析，可以初步得到以下结论：25Cr3Mo2NiWVNb 较 30SiMn2MoV、PCrNi3MoVE 具有更好的抗烧蚀能力。同时，发现燃烧导致材料基体表面形成各种氧化物，氧化物的致密度可在一定程度上阻碍或减轻燃烧进一步扩展。燃烧抗力和燃烧后氧化物致密度等除与碳、合金元素有关外，可能还与其组织结构等相关，且作用复杂，需继续深入研究。

5.5　金属材料燃烧模型的构建与计算分析

金属材料的燃烧是一个非常复杂的过程，对其进行物理模拟研究一直是科研工作者面对的重要难题之一。随着计算机技术的不断发展，通过对金属材料燃烧过程的模型简化进行计算分析，也能部分反映金属材料的燃烧行为与规律，计算分析成本低、试验周期短，是未来进行金属材料燃烧过程及机理分析的重要组成部分[33]。

本章基于促进燃烧试验中试样的显微结构及成分分布研究了燃烧层中氧的传输及产热、传热机理。

如图 5.22 所示，材料燃烧包含热量传输、质量传输和氧传输等物理过程，是在富氧等环境中发生的剧烈化学反应。其反应过程与机理相当复杂，受多重因素影响，包括外部因素如温度、氧压、氧含量、热源、引燃物种类、材料形状、熔点、布局等；内部因素如材料种类与成分、具体合金元素及其含量、界面燃烧、形成氧化物的性质、氧化膜剥落、元素蒸发、热处理机制、晶界、晶体缺陷、夹杂物和第二相等，以及点燃等偶然因素。若不考虑众多的影响因素，则可简化为金属燃烧就是在热量的作用下氧与材料的燃烧[34]。

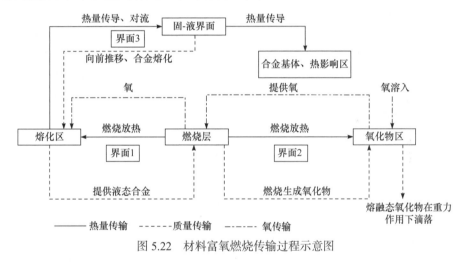

图 5.22　材料富氧燃烧传输过程示意图

1. 热量传输

金属材料燃烧过程中的热量来源包括引燃物热量、外部加热和金属材料燃烧产热，热量损失包括传导、对流和辐射到环境中的热量，热源中最重要的是燃烧层中金属的燃烧热，燃烧热是推动金属持续燃烧的主要动力。燃烧层中产生的燃烧热去向包括两方面：一方面是通过传导、对流进入氧化物区，使氧化物区保持高温熔融状态，促进氧在液态氧化物中的溶解和燃烧区的传输，一旦燃烧区氧化物因温度降低而冷却凝固，氧的传输受到隔绝，则金属试样就会熄灭，但可形成烧蚀坑等，热辐射和高能量的氧化物在重力作用下滴落，与燃烧区分离，是氧化物区能量损失的主要方式；另一方面是通过传导、对流进入熔化区，使熔化区液态合金保持较高的温度，从而使高能量的液态金属元素更易与氧发生反应，其次热量经熔化区传递给未熔化的合金基体，合金基体熔化，液态金属进入熔化区，补充被燃烧消耗掉的反应物，固-液界面是熔化的最前沿，通常用熔体界面回归速率(regression rate of melting interface，RRMI)来衡量合金试样的燃烧速率，RRMI值越高，表明合金熔化速率越快，即燃烧速率越快。金属熔化速率由燃烧热、熔点与比热容等决定，对于同种基体材料的不同合金钢，其熔点与比热容相差不大，因此熔化速率主要由燃烧层中合金元素的燃烧决定。

2. 质量传输

合金基体(未燃烧区)受燃烧热的影响温度升高，到达熔点后熔化，液态合金进入熔化区。在熔化区和未燃烧区之间存在固-液界面，在燃烧过程中，固-液界面不断向前推移，合金基体逐渐被消耗，当燃烧热不足以使合金继续熔化时，燃烧很可能停止。液态合金进入熔化区，在重力与表面张力作用下大都呈半球状，液态合金在球状外表面即燃烧界面(燃烧层)消耗。熔化区大小与熔化速率和燃烧界面的燃烧速率有关，熔化速率越高，燃烧速率越低，液态合金在燃烧区积聚，熔化区体积越大，熔融态合金容易滴落；反之，熔化速率越低，燃烧速率越高，熔化区体积越小，易产生固相燃烧。燃烧形成的氧化物附着在液态合金上，当氧化物区增大到一定程度时氧化物会滴落，氧化层急剧减薄，氧可以更顺利地进入燃烧层参与燃烧反应。

3. 氧传输

氧传输是质量传输的一部分，在氧化层、燃烧层和熔化区之间有着复杂的传输-反应过程，环境中的氧溶解在液态的燃烧产物和反应物中，离子化作用使氧分子解离，在有高价阳离子条件下会形成复杂的阴离子。众所周知，如果气体在溶解时发生了反应，则溶解度会极大地增加，在燃烧过程中氧形成一种复杂的反应离子，这与氧离子和各种金属离子的化学键结合有关，氧与金属材料燃烧总反应式为

$$M(l) + O_2 \longleftrightarrow MO_2(l) \tag{5.8}$$

范托夫方程为

$$\Delta G^{\ominus}(T) = -RT \ln \frac{a_{MO_2(l)}}{a_{M(l)} p_{O_2}} \tag{5.9}$$

当 $a_{M(l)} = a_{MO_2(l)} = 1$ 时，有

$$\Delta G^{\ominus}(T) = -RT \ln \frac{1}{p_{O_2}} \tag{5.10}$$

可以看出，氧分压对燃烧反应起重要作用，用亨利方程表示液态金属中氧分

压为

$$p_{O_2} = H_{O_2,M(l)} \cdot \gamma_{O_2} \cdot x_{O_2} \tag{5.11}$$

将式(5.11)中的 γ_{O_2} 用泰勒公式展开：

$$\ln \gamma_{O_2} = \ln \gamma_{O_2} + \varepsilon_{O_2} x_{O_2} + \rho_{O_2} x_{O_2} + \cdots \tag{5.12}$$

式中，H 为亨利常数；γ_{O_2} 为氧气的活度系数；x_{O_2} 为氧气摩尔分数；ρ_{O_2} 为氧气密度。

氧气通过溶解、解离等作用溶入氧化物中，之后传输到燃烧层中与阳离子反应，过多的氧会进入熔化区，在冷却过程中氧在熔化区形成圆形氧化物，在高速摩擦中易剥落。

5.5.1　基于 semi-batch 反应堆的合金/金属材料燃烧模型

为了对金属材料燃烧进行行之有效的评估，定性分析燃烧反应过程中的界面传质和传热机理，本小节建立一个质量-能量守恒的燃烧模型，燃烧模型物理参数如表 5.4 所示。

表 5.4　燃烧模型物理参数

符号	参数/单位	符号	参数/单位	符号	参数/单位
C_{MO}	金属氧化物比热容/$[J/(g \cdot K)]$	Q'_{cd}	固体热导率/(J/s)	T_c	燃烧温度/K
C_{pO}	氧的比热容/$[J/(g \cdot K)]$	Q'_{cv}	对流热导率/(J/s)	T_m	熔化温度/K
ΔH_c	燃烧焓变/(J/g)	Q'_f	热流率/$[J/(s \cdot cm^2)]$	T_0	环境温度/K
ΔH_f	熔化潜热/(J/g)	Q'_l	热损耗率/(J/s)	V	体积/cm³
M'_M	金属进入熔化区的速率/(g/s)	Q'_M	金属加热到熔化温度的热损耗率/(J/s)	d	试样直径/cm
M'_O	氧进入熔化区的速率/(g/s)	Q'_O	氧气加热到金属熔化温度的热损耗率/(J/s)	$\bar{h}$	平均对流传热系数/$[J/(s \cdot cm^2 \cdot K)]$
MW_M	金属摩尔质量/(g/mol)	Q'_r	金属从熔点加热到燃点的热损耗率/(J/s)	k	金属热导系数/$[J/(s \cdot cm^2 \cdot K)]$
MW_{Mo}	金属氧化物摩尔质量/(g/mol)	Q'_{rx}	总的热生成速率/(J/s)	ε	黑度
MW_O	氧的摩尔质量/(g/mol)	R	气体常数/$[(MPa \cdot cm^3)/mol]$	ρ	密度/(g/cm³)
N_M	金属的物质的量/mol	R'_{xM}	金属反应速率/(g/s)	ν	燃烧速率/(cm/s)
N_O	氧原子的物质的量/mol	$\bar{S}$	平均熔化界面面积/cm²	$\bar{\nu}$	平均燃烧速率/(cm/s)
Δx	熔融金属层的厚度/cm	σ	玻尔兹曼常数/$1.380622 \times 10^{-23} J/(s \cdot cm^2 \cdot K^4)$	δ	反应率

　　金属棒状试样的燃烧可以通过 semi-batch 反应堆进行建模。金属和氧气周期性地进入熔融金属，金属进入熔融态的速率(M_M') 依赖材料的传热速率，氧气进入熔融金属中的速率(M_O') 依赖氧气在表面的吸附速率和在熔融金属内部的传输速率，总的热生成速率(Q_{rx}') 依赖试样上熔融金属的燃烧反应程度。若在熔融金属中质量和能量守恒，则燃烧的焓平衡如式(5.13)和图 5.23 所示[35]。

$$Q_{rx}' = Q_M' + Q_O' + Q_r' + Q_l' \tag{5.13}$$

　　式(5.13)中的各个值可以通过如下表示：

$$Q_M' = M_M' C_{MO}(T_m - T_0) + M_M' \Delta H_f \tag{5.14}$$

$$Q_O' = \delta \left(\frac{MW_O}{MW_M} \right) \left(\frac{N_O}{N_M} \right) M_M' C_{pO}(T_m - T_0) \tag{5.15}$$

$$Q_l' = \overline{h}\,\overline{S}(T_c - T_0) + \sigma \varepsilon \overline{S}(T_c^4 - T_0^4) \tag{5.16}$$

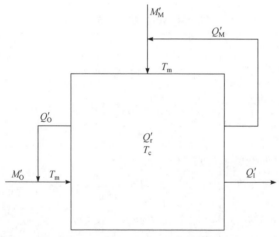

图 5.23　semi-batch 反应堆模型

　　基于反应各固态部分温度小于沸点的假设，建立如式(5.13)～式(5.16)所示适用于金属以液态形式燃烧的焓变模型。金属熔融的热损失质量包括辐射项和对流项。熔融金属中存在未反应的溶解氧，将这一部分氧从金属或合金的熔化温度加热到金属或合金的燃烧温度所需的热量很小，不包含在式(5.13)之中。

　　为了了解金属材料燃烧速率限制措施，需要对金属燃烧的热生成与热传导的规律进行研究。如上所述，总的热生成速率 Q_{rx}' 取决于附着于金属试样上熔融金属的 δ。M_M' 依赖 δ 所描述的金属反应速率 R_{xM}'。如果 δ 已知，那么 Q_{rx}' 可以表示为

$$Q'_{rx} = R'_{xM} \Delta H_c \tag{5.17}$$

$$R'_{xM} = \delta M'_M \tag{5.18}$$

δ 的值可以由式(5.13)~式(5.17)求得，Q'_{rx} 可以通过试验测得。固态试样与熔融液滴中间可能出现的传热模式主要有两种：传导和对流。占主导地位的传热模式由熔融液滴内液态流动的能力决定。Q'_{cd} 使用一维傅里叶传导系统：

$$Q'_{cd} = A_c k(T_c - T_m)/\Delta x \tag{5.19}$$

描述对流传热的一般表达式为

$$Q'_{cd} = \bar{h} A_c k(T_c - T_m) \tag{5.20}$$

$$\bar{h} = k/\Delta x \tag{5.21}$$

式中，A_c 为导热面积；$\bar{h}$ 为对流传热系数，棒状试样的 $\bar{h}$ 值与试样直径 d_r 成反比。

5.5.2　基于 Evans 氧化理论金属燃烧模型的假设与建立

金属燃烧过程的关键是热量、引燃物、合金元素与氧的化学反应，以及各组元氧化物之间的化学反应构成的复杂的物理和化学变化过程，因此合金及其氧化物的物理性能与化学性能，以及燃烧过程中的各种物理机制，如各种热量传输速率、燃烧界面反应速率、在反应表面形成的氧化物等因素，影响和控制着燃烧的进行。鉴于燃烧过程的影响因素很多、燃烧过程复杂、各种反应物与燃烧产物之间的相互作用、各种物理机制间的相互联系，只能够定性地描述合金或金属在一般燃烧过程中相对重要的性质，揭示这些性质对燃烧过程的影响与趋势。

当金属表面处于富氧环境中时，燃烧反应速率取决于燃烧前沿的温度和燃烧生成的氧化物厚度。根据 Evans 氧化理论，对于氧化规律的描述如下：

$$\frac{dM}{dt} = A_2 e^{-\delta/\delta_0} e^{-E/(RT)} \tag{5.22}$$

式中，$\dfrac{dM}{dt}$ 为在单位时间单位体积内金属的消耗量；A_2 为发生反应速率常数；δ 为在单位时间内氧化层积累的厚度；E 为反应激活能；R、T 分别为常数和温度。

式(5.22)反映出在富氧环境中由于氧化膜厚度的增加而抑制氧化反应速率的本质规律。实际上，金属的氧化过程非常复杂，基于 Evans 方程，对于单位质量金属，当获得外部能量 $H(t)$ 时，其能量守恒方程为[36]

$$\frac{\mathrm{d}M}{\mathrm{d}t} = QAe^{-\delta/\delta_0}e^{-E/(RT)} - h(T - T_\infty) - \varepsilon\sigma(T^4 - T_\infty^4) - \frac{1}{R_i}(T - T_i) + H(t) \quad (5.23)$$

式中，$\frac{\mathrm{d}M}{\mathrm{d}t} = \frac{pVC\mathrm{d}t}{S\mathrm{d}t}$ 为单位时间、单位体积金属所获得的热量，C 为金属的比热容；h 为热对流交换系数；$h(T - T_\infty)$ 为由热对流造成的金属的热量损失；$\varepsilon\sigma(T^4 - T_\infty^4)$ 为由热辐射造成的能量损失；$H(t)$ 为获得的外部能量；$\frac{1}{R_i}(T - T_i)$ 为由热传导造成的金属的热量损失。

在燃烧区表面形成一定的氧化物，其质量守恒定律描述如下：

$$\rho_{\mathrm{oxide}}\frac{\mathrm{d}\delta}{\mathrm{d}t} = \gamma Ae^{-\frac{\delta}{\delta_0}}e^{-\frac{E}{RT}} - D(t) \quad (5.24)$$

式中，$\rho_{\mathrm{oxide}}\frac{\mathrm{d}\delta}{\mathrm{d}t}$ 为在单位时间内燃烧反应界面上生成的氧化物的质量；$\gamma Ae^{-\frac{\delta}{\delta_0}}e^{-\frac{E}{RT}}$ 为在单位时间内氧化反应界面上生成的氧化物的质量；γ 为比值系数；$D(t)$ 为在单位时间内反应界面上氧化物分解的质量。

5.5.3　金属燃烧截面模型的假设与模拟

本小节基于 semi-batch 反应堆模型，对简化的两种纯金属燃烧过程进行模拟。因燃烧反应涉及的不确定因素极多，过程极为复杂，故对燃烧过程提出以下假设[25]：

(1) 燃烧模型为一维，且在反应过程中模型形状不变，模型考虑熔化过程与熔化潜热，但不考虑气化过程和气化潜热，如果到达沸点，则沸点以上温度依旧沿用液态模型。

(2) 模拟参数大部分由模拟数据库提供，为温度的函数；模拟数据库中不包括的参数取理论值或最接近实际情况的等效值。

(3) 燃烧的热模型只考虑材料内部的热传导、材料的热辐射以及材料表面对流传热中的层流传热。

(4) 燃烧过程不考虑相变的影响，且不考虑因燃烧产生飞溅而损失的热量。

(5) 横截面一维模型只考虑引燃物释放的热量，镁条的横截面积保持不变。

(6) 材料表面燃烧会导致引燃物热量的增加和材料横截面尺寸的减小，本试验不考虑引燃物热量的增加，但考虑横截面尺寸的减小。

模拟过程中主要涉及材料内部的傅里叶传热、对流传热中的层流传热和辐射传热[36]。由傅里叶传热定律导出的传热方程形式为

$$\rho(T)C(T)\frac{\partial T}{\partial t} = \lambda(T)\frac{\partial^2 T}{\partial x^2} + P \tag{5.25}$$

$$E = L\delta[T(x,y,z,t)] - T_{\mathrm{m}} \tag{5.26}$$

式中，$\rho(T)$ 为所用材料的密度；$C(T)$ 为所用材料的比热容；$\lambda(T)$ 为所用材料的热导率；P 为热源函数；E 为材料熔化过程中引起的能量修正项；L 为熔化潜热；T_{m} 为材料熔点。材料参数为与温度相关的函数，取自 JAHM 材料数据库。对于初始条件，取

$$T(x,y,z,t) = T_0 \tag{5.27}$$

式中，T_0 取 953.15K。对于材料的表面，为了衡量热辐射造成的能量损失，取斯特藩-玻尔兹曼边界条件：

$$j = \varepsilon\sigma(T_{\mathrm{surf}}^4 - T_0^4) \tag{5.28}$$

式中，j 为辐射能通量；T_{surf} 为材料表面温度；σ 为玻尔兹曼常数；ε 为材料表面射击系数。

将试验腔体内的高压氧近似为黏性不可压缩层流，则可以通过 Navier-Stokes 方程对其运动进行描述，得到

$$\rho\frac{\partial u}{\partial t} - \nabla\cdot\mu[\nabla u + (\nabla u)^{\mathrm{T}}] + \rho(u\cdot\nabla)u + \nabla p = F\nabla\cdot\mu = 0 \tag{5.29}$$

式中，ρ 为流体的密度；u 为流场速度矢量；μ 为流体的动态黏度；p 为流体压强；F 为源项，本书由热量生成的热运动产生。

为了表征尺寸因素对燃烧过程的影响，对 Fe 和 Cu 两种纯金属进行模拟，物理参数取自 JAHM 材料数据库，不同氧压值、不同材料、ϕ2mm 试样的引燃阶段模拟参数如下：

(1) 环境温度为 953K；

(2) 转化率为 η=0.8；

(3) 0.1MPa 下的热源函数为 $P=0.8\times1.243e^{10\times t}(t<3.5)$；

(4) 1MPa 下的热源函数为 $P=0.8\times2.175e^{10\times t}(t<2.0)$。

引燃物完全燃烧(引燃阶段结束)时横截面温度分布如图 5.24 所示，通过图 5.24(a)与(b)中同种材料的对比可以发现，随着氧压值的增加，材料可以达到的最高温度上升，1MPa 氧压下的 Cu 试样所能达到的温度比 0.1MPa 氧压下所能达到的温度高出 400K；同样 Fe 在 1MPa 氧压下可以达到的温度比 0.1MPa 氧压下 Cu 可以达到的温度高出 300K。虽然 Cu 的比热容小于 Fe 的比热容，但是 Cu 的热导率远大于 Fe，Cu 试样引燃物释放的热量中散失到气体中的能量少于 Fe 试样，

因而同样氧压下 Cu 的温度高于 Fe 的温度。

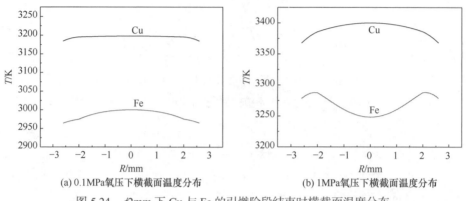

(a) 0.1MPa氧压下横截面温度分布　　　　　　(b) 1MPa氧压下横截面温度分布

图 5.24　ϕ2mm 下 Cu 与 Fe 的引燃阶段结束时横截面温度分布

不同氧压值、不同材料、ϕ2mm 试样的引燃阶段横截面温度分布示意图如图 5.25 所示。图 5.25 中最小的圆为 ϕ2mm 试样，外侧ϕ2.6mm 的圆环为引燃物镁条，最外侧的大圆为腔体。

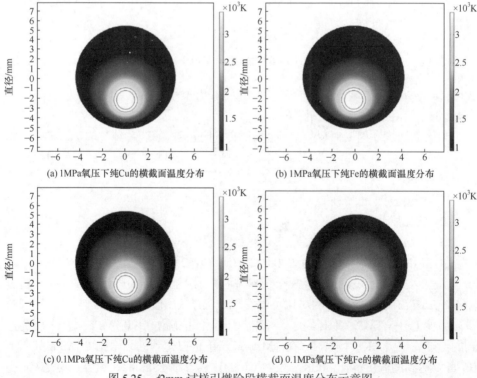

(a) 1MPa氧压下纯Cu的横截面温度分布　　　　(b) 1MPa氧压下纯Fe的横截面温度分布

(c) 0.1MPa氧压下纯Cu的横截面温度分布　　　(d) 0.1MPa氧压下纯Fe的横截面温度分布

图 5.25　ϕ2mm 试样引燃阶段横截面温度分布示意图

5.5.4　模型分析与计算方法实例

试验和热模拟的结果表明：

(1) 同种材料、相同氧压下，随着直径的增加，材料整体的温度降低，因而其抗燃烧性能更好，更难引燃。燃烧的引燃过程对于材料的尺寸因素非常敏感，对于含有微细结构的身管，一个较小的外加诱导因素即有可能引发燃烧，如果材料本身的抗燃烧性能差、燃烧热高，则容易发生燃烧。

(2) 可以通过对燃烧引燃过程的热模拟来表征材料所能达到的最高温度，并认为是其抗燃烧性能的差异体现。对于不同身管钢，其他因素一致的前提下，仅从氧化物致密度考虑，可认为氧化物疏松且厚，则会提供更高的附加热源，其阳线等微区更易发生燃烧，并形成更严重的烧蚀坑。

在身管钢使用工况中，会出现弹丸的机械摩擦、火药爆炸产生的高温高压等多种燃烧诱导方式，使枪炮身管内膛表面局部发生燃烧而形成烧蚀坑，影响身管内壁尺寸，降低闭气性能，从而导致初速下降。故应采用多种方式，如新材料成分、组织及涂层等多方面来提升其抗烧蚀能力。需要说明的是：此部分工作仅是采用两类金属进行初步的燃烧模拟探索，以分析其可行性，对于枪炮身管钢燃烧的仿真模拟，需进行系统研究。

5.6　身管钢富氧工况下的氧化侵蚀

本节主要通过身管钢富氧工况的氧化试验，分析空气与富氧下的氧化差异，同时结合燃烧性能的研究进展，以更好地说明身管钢的烧蚀行为与机理。

本节通过枪炮身管内膛在空气和富氧(高纯氧)高温下的氧化试验，研究枪炮身管钢在高温、富氧环境中的氧侵蚀行为，进而了解不同枪炮身管钢的耐富氧氧化侵蚀和抗燃烧的特性，为半定量研究速射枪炮身管钢的燃烧抗力提供一种新的研究与判定方法的可能性。试验用枪炮身管钢的化学成分如表 5.5 所示。

表 5.5　试验用枪炮身管钢的化学成分　　　　　(单位：%)

材料	C	Si	Mn	Cr	Ni	Mo	P	S	W	V	Nb	Fe
PCrNi3MoVE	0.40	0.25	0.41	1.28	3.14	0.37	0.012	0.001	—	0.20	—	基
30SiMn2MoV	0.29	0.45	1.85	0.2	0.15	0.45	—	—	0.1	0.3	—	基
25Cr3Mo2NiWVNb	0.28	0.15	0.35	2.75	0.5	2.3	—	—	0.55	0.4	0.02	基

枪炮身管钢的内膛表层温度可达 923～973K，而一般金属材料随着温度的升高，氧化速率逐渐加快，氧化程度也逐渐加重，所以氧化温度选择为 953K。尽管

枪炮身管钢连续射击时间极短，但为研究考虑，将氧化时间选择为 1h。由于枪炮身管在射击与间隙期间处于弹药剧烈变化中，其氧气浓度也会发生剧烈变化，所以选择在富氧和空气条件下分别进行氧化试验研究。为了更好地观察到试样氧化层的分布状态，以及试样在氧化试验后的质量变化，将试样线切割成如图 5.26 所示的形状。

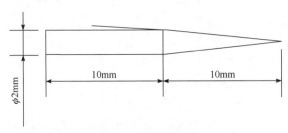

图 5.26　试样线切割

5.6.1　高温常压枪炮身管钢氧化规律

传统枪管钢 30SiMn2MoV、PCrNi3MoVE 和新型热作模具钢 25Cr3Mo2NiWVNb 经过氧化试验后，其氧化增重结果见表 5.6 及图 5.27。

表 5.6　953K 常压空气下的氧化试验

材料	质量			
	试验前/g	试验后/g	Δm/g	氧化增重速率/[g/(m²·h)]
PCrNi3MoVE	0.3269	0.3292	0.0023	54.936
30SiMn2MoV	0.3493	0.3517	0.0024	57.324
25Cr3Mo2NiWVNb	0.3340	0.3344	0.0004	9.554

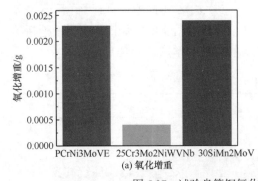
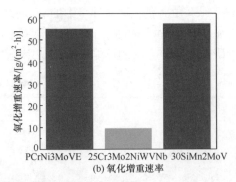

(a) 氧化增重　　　(b) 氧化增重速率

图 5.27　试验身管钢氧化增重和氧化增重速率

利用下面的公式可计算出上述合金在 953K 常压空气中的氧化增重速率，结果见表 5.6 及图 5.27。图 5.28 为试验身管钢氧化试验前后试样照片。

$$K_{\mathrm{w}} = \frac{m_{\mathrm{t}} - m_0}{S_0 t} \tag{5.30}$$

式中，m_{t} 为试验后试样和坩埚的总质量，g；m_0 为试验前试样和坩埚的总质量，g；S_0 为试样原表面积，m²；t 为氧化时间，h；K_{w} 为氧化增重速率，g/(m² · h)。

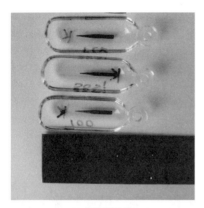 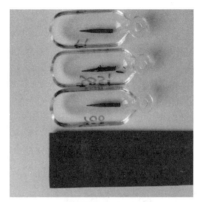

(a) 氧化试验前　　　　　　　　　　　　　　(b) 氧化试验后

图 5.28　试验身管钢氧化试验前后试样照片

上述合金在 953K 常压富氧条件下的氧化增重结果列于表 5.7。

表 5.7　953K 常压富氧下的氧化试验

材料	质量		
	试验前/g	试验后/g	Δm/g
PCrNi3MoVE	0.332	0.33	−0.002
30SiMn2MoV	0.335	0.333	−0.002
25Cr3Mo2NiWVNb	0.331	0.334	0.003

对比上述身管钢在 953K 高温空气和富氧下的氧侵蚀行为可知：

(1) 几种身管钢在 953K 空气中表现为明显的氧化增重，25Cr3Mo2NiWVNb 氧化增重及速率均显著低于 30SiMn2MoV、PCrNi3MoVE。

(2) 几种身管钢在 953K 富氧下，可表现为不同的氧化规律，均出现减重现象。

(3) 30SiMn2MoV、PCrNi3MoVE 出现氧化减重现象，这表明氧化物疏松且可能发生蒸发；25Cr3Mo2NiWVNb 在此温度未见明显减重现象，这表明表面氧化物致密度较好，但随着温度升高或时间延长，也可能出现减重现象。

综上所述，无论从空气工况，还是从富氧工况，结合 5.5 节燃烧试验表明：25Cr3Mo2NiWVNb 的抗燃烧和侵蚀能力优于 30SiMn2MoV 和 PCrNi3MoVE，其机理还需要仔细分析研究。

5.6.2　高温富氧枪炮身管钢氧化规律

5.6.1 节研究了几种身管钢在高温空气和富氧下的氧化性能，发现合金在高温富氧下表现为与空气工况不同的氧化规律与特性，且不同成分的合金在富氧下氧化性能差异很大。其中，25Cr3Mo2NiWVNb 在空气和富氧高温下都表现出相对优良的抗氧化性能，在其他条件相同的情况下，这与合金表面在高温下形成的氧化物有关。在高温下，表面的氧化物越稳定，合金的抗氧化性能越强。本小节将分析不同枪炮身管合金在高温富氧条件下的氧化特征，具体如下：①氧化物形成规律和特点；②不同种类枪炮身管的氧化特点。

1. 氧化物形成规律和特点

采用扫描电镜和能谱仪对 30SiMn2MoV、25Cr3Mo2NiWVNb 和 PCrNi3MoVE 等氧化试样进行形貌和微区成分分析，微观照片见图 5.29～图 5.33。

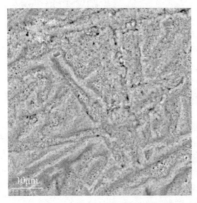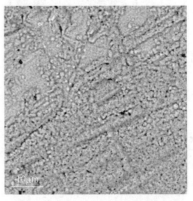

(a) 30SiMn2MoV空气氧化形貌　　　(b) 25Cr3Mo2NiWVNb空气氧化形貌

图 5.29　30SiMn2MoV、25Cr3Mo2NiWVNb 氧化表面组织形貌图

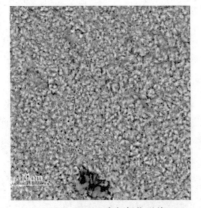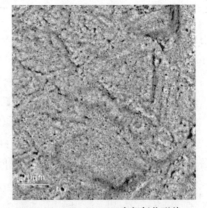

(a) PCrNi3MoVE空气氧化形貌　　　(b) 25Cr3Mo2NiWVNb空气氧化形貌

图 5.30　PCrNi3MoVE、25Cr3Mo2NiWVNb 氧化试验后的表面组织形貌图

(a) PCrNi3MoVE高温富氧氧化层厚度　(b) PCrNi3MoVE高温富氧氧化形貌

图 5.31　PCrNi3MoVE 高温富氧氧化层形貌图

 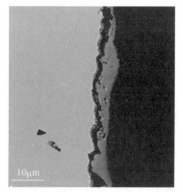

(a) 25Cr3Mo2NiWVNb高温富氧氧化层厚度　(b) 25Cr3Mo2NiWVNb高温富氧氧化层形貌

图 5.32　25Cr3Mo2NiWVNb 高温富氧氧化层形貌图

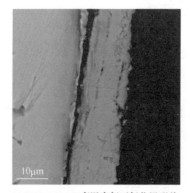 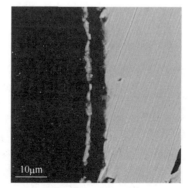

(a) 30SiMn2MoV高温富氧下氧化层形貌　(b) 25Cr3Mo2NiWVNb高温富氧下氧化层形貌

图 5.33　30SiMn2MoV、25Cr3Mo2NiWVNb 氧化试验后的氧化层侧面形貌图

从图 5.29 可见，30SiMn2MoV 在空气中氧化 1h，表面形成褶皱疏松氧化层，而 25Cr3Mo2NiWVNb 氧化层较 30SiMn2MoV 致密。

从图 5.30 可知，PCrNi3MoVE 在空气中表面氧化层形成大量细小、密集的氧化空洞，氧化空洞大量形成意味着某些元素或这些元素形成的氧化物蒸发严重。而 25Cr3Mo2NiWVNb 相比 PCrNi3MoVE 而言，氧化空洞较少。

PCrNi3MoVE 合金在高温富氧条件下以晶界氧化为主，氧化过程为氧先沿着晶界纵向发展，然后逐步横向发展，氧化层的厚度很厚，在 28.6μm 左右，如图 5.31 所示。PCrNi3MoVE 在高温富氧下靠近氧化层处出现较多细小的氧化空洞，这可能是因为越靠近试样表面，试样表面形成的氧化物越容易蒸发。

相比较 PCrNi3MoVE，25Cr3Mo2NiWVNb 氧化层较薄，仅为 7.3μm 左右，且没有出现晶界氧化现象，如图 5.32 所示。故 25Cr3Mo2NiWVNb 在富氧下具有比 PCrNi3MoVE 更为优良的抗氧化性能。

30SiMn2MoV 在高温富氧下氧化 1h 后，氧化层的厚度为 7.71μm，25Cr3Mo2NiWVNb 在高温富氧下氧化 1h 后，氧化层厚度为 4.16μm，如图 5.33 所示。故 25Cr3Mo2NiWVNb 的抗氧化性能优于 30SiMn2MoV。

对于枪炮身管钢，由于弹丸对内膛壁高速摩擦，所以形成的氧化膜很容易被弹丸摩擦力所破坏，破坏后的氧化膜会露出基体，氧会进一步向内扩散形成新的氧化膜，如此反复进行，从而导致枪炮身管内径扩大，初速下降，寿命终止。因此，无论从燃烧、氧化，还是从磨损等角度考虑，其氧化物致密度均很重要。

2. 不同种类枪炮身管的氧化特点

为了更清楚地分析身管钢在高温空气和富氧下的氧化特征，对上述合金氧化层进行系统分析，发现身管钢的次表面氧含量普遍高于表面氧含量，且 25Cr3Mo2NiWVNb 更明显，见图 5.34。其可能的原因如下：

(1) 氧通过扩散进入合金内部后，在合金次表面与某些较活泼的金属元素结合，生成氧化物，从而造成次表面氧含量高于表面。

(2) 在高温下，氧在基体里的溶解度升高，由于试验试样在 953K 保温了 1h，所以氧向基体扩散加快，当温度从 953K 冷却到室温时，氧在基体中的溶解度下降，氧来不及向外溢出，从而造成次表面氧含量高于表面。

(3) 特别对于 25Cr3Mo2NiWVNb，次表面氧含量明显高于表面，可能是氧在该合金中扩散较慢，所以当温度降低时，氧溢出的速率也较慢，从而使大量的氧在次表面聚集，造成次表面氧含量升高。

此外，对几种身管钢富氧下的氧化规律进行分析，见表 5.8 和图 5.35。

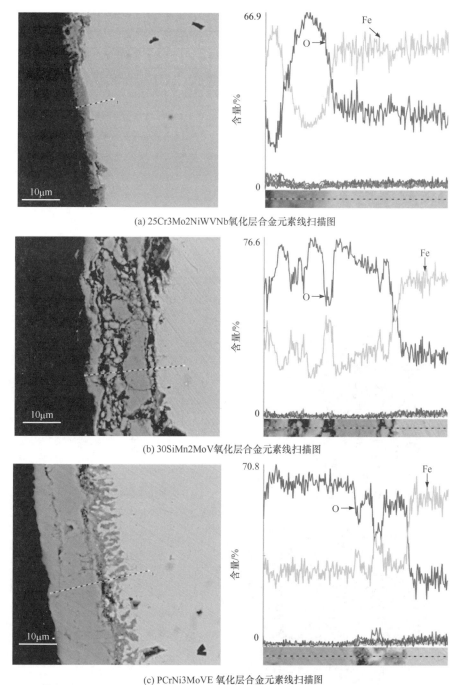

(a) 25Cr3Mo2NiWVNb氧化层合金元素线扫描图

(b) 30SiMn2MoV氧化层合金元素线扫描图

(c) PCrNi3MoVE 氧化层合金元素线扫描图

图 5.34　试验钢在空气中氧化层合金元素线扫描图

表 5.8 试验钢 953K 高温富氧下氧化物的成分(原子分数) (单位：%)

成分	PCrNi3MoVE			25Cr3Mo2NiWVNb			30SiMn2MoV		
	表面	次表面	基体	表面	次表面	基体	表面	次表面	基体
C	—	—	—	—	—	—	—	—	—
Si	0.4	0.6	0.9	0.4	0.4	0.9	0.4	1.1	1.6
Mn	0.1	0.1	0.1	0.1	0.0	0.0	0.6	0.5	1.3
S	—	—	—	—	—	—	—	—	—
P	—	—	—	—	—	—	—	—	—
Cr	0.0	0.6	1.1	0.0	0.9	2.8	0.0	0.1	0.0
Ni	0.0	0.0	2.2	0.0	0.0	0.7	0.0	0.0	0.0
Fe	37.2	37.4	81.2	37.2	35.5	80.4	27.6	28.4	80.3
Mo	0.1	0.2	0.3	0.1	0.3	1.0	0.1	0.2	0.4
V	0.0	0.1	0.3	0.0	0.0	0.5	0.0	0.1	0.0
W	—	—	—	—	0.0	0.2	—	—	—
Nb	—	—	—	—	—	—	—	—	—
O	62.3	61.1	14.1	62.1	63.0	13.5	71.2	69.5	16.2

注：C、P、S、W 元素与 O 反应生成气体无法检测故未列出，Nb 元素含量较少未列出。

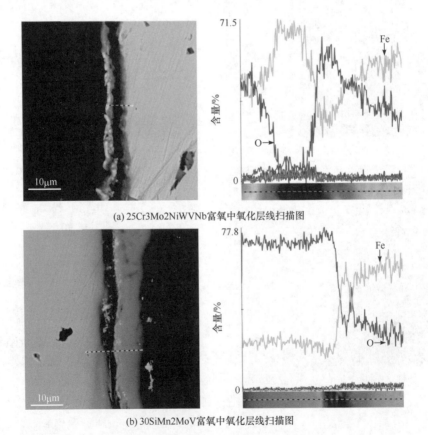

(a) 25Cr3Mo2NiWVNb富氧中氧化层线扫描图

(b) 30SiMn2MoV富氧中氧化层线扫描图

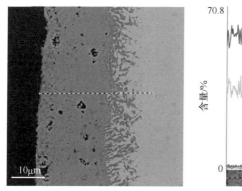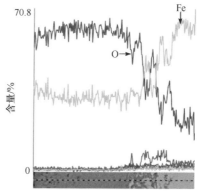

(c) PCrNi3MoVE富氧中氧化层线扫描图

图 5.35　试验身管钢在富氧中氧化层线扫描图

通过上述的氧化试验以及相关分析，可以发现传统枪管钢与新型热作模具钢的氧化规律本质上相同，但表现出的氧化行为差异很大。

首先，身管钢在高温富氧中表现出与空气不同的氧化规律，从空气中的氧化增重转变为氧化减重。25Cr3Mo2NiWVNb 在空气和富氧条件下增重与减重都较同类合金低，尤其是高温富氧条件下表现得更为突出。在高温富氧条件下，合金表面氧化物的类型和致密度随着温度的变化而变化。

其次，金属材料在高温富氧条件下的氧化规律和性能与氧分压、元素或氧化物蒸发以及温度有关，例如，形成氧化膜的稳定性和致密度与抗点燃/燃烧能力密切相关，若氧化物的转变温度(破裂、转变、蒸发等)高于金属转变温度，则有利于提升身管钢的抗燃烧性能。

因此，25Cr3Mo2NiWVNb 相对于 30SiMn2MoV、PCrNi3MoVE 等，具有较强的抗燃烧与烧蚀性能。

5.7　本章结论

从本章的讨论以及分析可见：

(1) 身管钢在高温、高压气体环境下发生的烧蚀现象，本质是身管内膛局部发生引燃的结果。材料燃烧由材料、工况以及点燃特征三类因素共同决定，当工况与内膛尺寸等确定时，材料特征(成分、结构、氧化物、燃烧热、导热等)成为关键因素。因此，提升材料抗燃烧性能是减轻烧蚀的关键。

(2) 采用金属材料燃烧行为的试验研究，结合富氧下的氧化等试验研究，可初步反映此工况下身管钢的抗烧蚀性能。

(3) 身管钢的燃烧与氧化性能研究和分析均表明，富氧下 25Cr3Mo2NiWVNb 较 30SiMn2MoV、PCrNi3MoVE 具有更好的抗燃烧和抗氧化性能。

参 考 文 献

[1] Monroe R W, Bates C E, Pears C D. Metal combustion in high-pressure flowing oxygen[C]. Flammability and Sensitivity of Materials in Oxygen-Enriched Atmosphere, Phoenix, 1983.

[2] Benz F J, Stoltzfus J M. Ignition of metals and alloys in gaseous oxygen by frictional heating[C]. Flammability and Sensitivity of Materials in Oxygen-Enriched Atmosphere, Washington D. C., 1986.

[3] Nam E, Jo H, Min J, et al. Effect of chemical oxidizer on material removal rate in electrochemical oxidation assisted machining[J]. Journal of Materials Processing Technology, 2018, 258: 174-179.

[4] Davis S E. An elementary overview of the selection of materials for service in oxygen- enriched environments[C]. The Symposium on Flammability and Sensitivity of Materials in Oxygen-Enriched Atmosphere, Montreal, 2012.

[5] Karlsdottir S N, Csaki I, Antoniac I V, et al. Corrosion behavior of AlCrFeNiMn high entropy alloy in a geothermal environment[J]. Geothermics, 2019, 81: 32-38.

[6] Nong Z S, Lei Y N, Zhu J C. Effect of α phase on evolution of oxygen-rich layer on titanium alloys[J]. Transactions of Nonferrous Metals Society of China, 2019, 29(3): 534-545.

[7] Jain S, Chakraborty S, Qiao L. Burn rate enhancement of ammonium perchlorate-nitrocellulose composite solid propellant using copper oxide-graphene foam micro-structures[J]. Combustion and Flame, 2019, 206: 282-291.

[8] Forsyth E T, Linley N, Chiffoleau G J A, et al. Development of burn curves to assist with metals selection in oxygen[C]. Flammability and Sensitivity of Materials in Oxygen-Enriched Atmospheres, Montreal, 2012.

[9] Million J F, Samant A V, Zawierucha R, et al. Promoted ignition-combustion behavior of cobalt and nickel alloys in oxygen-enriched atmospheres[J]. Journal of ASTM International, 2009, 6(10): 102230.

[10] Lynn D, Steinberg T, Sparks K, et al. Defining the flammability of cylindrical metal rods through characterization of the thermal effects of the ignition promoter[J]. Journal of ASTM International, 2009, 6(7): 102253.

[11] 施立发, 黄进峰, 赵光普, 等. 高压富氧下几种高温合金的燃烧特征和性能研究[J]. 热加工工艺, 2007, 36(4): 26-29.

[12] 黄进峰, 赵光普, 焦兰英, 等. 火箭发动机用合金 GH202 和 GH586 燃烧事故分析[J]. 钢铁研究学报, 2005, 17(3): 68-71.

[13] 黄进峰, 余红燕, 李永兵, 等. 富氧气氛下高温合金氧化特征及机理[J]. 钢铁研究学报, 2009, 21(3): 51-54.

[14] 黄进峰. 高温富氧下合金燃烧试验方法和燃烧特征研究[D]. 北京: 钢铁研究总院, 2001.

[15] Frank-Kamenetskii D A. Diffusion and Heat Exchange in Chemical Kinetics[M]. Princeton:

Princeton University Press, 1995.

[16] Reynolds W C. An investigation of the ignition temperatures of solid metals[R]. Washington D. C. : National Aeronautics and Space Administration, 1959.

[17] 张斌全. 燃烧理论基础[M]. 北京: 北京航空航天大学出版社, 1990.

[18] Weisenburger A, Mansani L, Schumacher G, et al. Oxygen for protective oxide scale formation on pins and structural material surfaces in lead-alloy cooled reactors[J]. Nuclear Engineering and Design, 2014, 273: 584-594.

[19] Benz F J, Williams R E, Armstrong D. Ignition of metals and alloys by high-velocity particles [J]. Flammability and Sensitivity of Materials in Oxygen-Enriched Atmosphere, 1986, (2): 16-37.

[20] Clark A F, Hust J G. A review of the compatibility of structural materials with oxygen[J]. AIAA Journal, 1974, 12(4): 441-454.

[21] Girodin D, Dudragne G, Courbon J, et al. Statistical analysis of nonmetallic inclusions for the estimation of rolling contact fatigue range and quality control of bearing steel[J]. Journal of ASTM International, 2006, 3(7): 14039.

[22] 范维澄, 万跃鹏. 流动及燃烧的模型与计算[M]. 合肥: 中国科学技术大学出版社, 1992.

[23] Monteiro E D S, Soares F M, Nunes L F, et al. Comparison of the wettability and corrosion resistance of two biomedical Ti alloys free of toxic elements with those of the commercial ASTM F136 (Ti-6Al-4V) alloy[J]. Journal of Materials Research and Technology, 2020, 9(6): 16329-16338.

[24] Wang C, Hu J, Wang F, et al. Measurement of Ti-6Al-4V alloy ignition temperature by reflectivity detection[J]. Review of Scientific Instruments, 2018,89(4): 044902.

[25] Bryan C J. NASA mechanical impact testing in high-pressure oxygen[J]. Canadian Medical Association Journal, 1983, 88(2): 642-642.

[26] Keeping W C. Compatibility of materials with oxygen[C]. Proceedings of Oxygen Compressors and Pumps Symposium, Compressed Gas Association, Arlington, 1971.

[27] Dreizin E L. Effect of surface tension on the temperature of burning metal droplets[J]. Combustion and Flame, 2014, 161(12): 3263-3266.

[28] Cheng C, Zhang X L, Fu Z M, et al. Strong metal-support interactions impart activity in the oxygen reduction reaction: Au monolayer on Mo_2C (MXene)[J]. Journal of Physics: Condensed Matter, 2018, 30(47):1-12.

[29] Han D, Zhang J, Huang J F, et al. A review on ignition mechanisms and characteristics of magnesium alloys[J]. Journal of Magnesium and Alloys, 2020, 8(2): 329-344.

[30] 王宏亮, 黄进峰, 连勇, 等. 高温合金 GH4169 与 GH4202 在富氧气氛中的燃烧行为[J]. 工程科学学报, 2016, 38(9): 1288-1295.

[31] Feng Y C, Ma L K, Xia Z X, et al. Ignition and combustion characteristics of single gas-atomized Al-Mg alloy particles in oxidizing gas flow[J]. Energy, 2020, 196: 117036.

[32] Zhang J, Delichatsios M A. Determination of the convective heat transfer coefficient in three-dimensional inverse heat conduction problems[J]. Fire Safety Journal, 2009, 44(5): 681-690.

[33] 孙金华, 王青松, 纪杰, 等. 火焰精细结构及其传播动力学[M]. 北京: 科学出版社, 2011.

[34] 赵凤起, 徐司雨, 李猛, 等. 含能材料燃烧模拟[M]. 北京: 国防工业出版社, 2017.

[35] Steinberg T A, Wilson D B. Modeling the NASA/ASTM flammability test for metallic materials burning in reduced gravity[J]. Flammability and Sensitivity of Materials in Oxygen-Enriched Atmosphere, 2000, 9: 266-289.

[36] Su, R J, Hwang J J. Analysis of transient heat transfer in a cylindrical pin fin[J]. Journal of Thermophysics and Heat Transfer, 1998, 12(2): 281-283.

第6章　枪炮身管钢的疲劳特征

6.1　引　　言

身管是影响和决定弹头初速、转速、射角和射向的关键部件，也是枪炮中工作条件最恶劣、寿命最短的部件，且在制造工艺上最复杂、技术及安全性要求最高[1]。当枪炮身管射击弹丸时，身管内膛受到高温、高压、高速火药气体(CO、CO_2、H_2S、H_2O、NO_x等)的冲刷和弹丸的挤压、摩擦等周期性作用，使得内膛表面金属发生一系列的反应，主要有传热、相变、扩散、化学反应、热疲劳、磨损等。这些物理学、冶金学、化学和力学作用的综合，导致内膛表面烧蚀、龟裂、磨损和剥落等，最终导致身管内膛直径加大、药室增长、初速下降、膛压降低，弹丸失去稳定性，弹道性能下降而身管失效告终[2]。

身管钢不仅需要具有长的弹道寿命，同时应具有可靠的疲劳性能，以保证装备整体的可靠性和安全性。身管在射击一定数量弹丸后，内膛会出现裂纹，并导致其破坏。例如，高膛压火炮往往在射击一两百发弹丸后即出现初始裂纹，然后随炮钢的材质、工艺和设计结构的不同，裂纹以一定速率扩展[3]。枪管在射击中也会产生疲劳裂纹，例如，闵恩泽[4]在枪管用钢的热强性与抗烧蚀性能的关系研究中表示，解剖的 14.5mm 口径机枪寿终枪管横截面上出现大量径向裂纹，如图 6.1 所示，即疲劳裂纹，它是内膛破坏的重要因素之一，且严重时会导致突然失稳破坏。所以，作为周期承载的身管还受疲劳寿命的限制。身管的疲劳寿命和安全性与身管材料在周期性反复冲击载荷作用下的裂纹扩展速率及断裂韧性有关。

(a) 802钢　　　　　　　　　　　(b) 27MnMoVRE钢

图 6.1　不同热强性材料枪管的疲劳裂纹[4]

一般认为，枪炮身管的失效主要来自内膛的烧蚀与磨损[5]，进而导致膛压降低、初速下降和精度丧失。同时，材料的疲劳性能对身管寿命也有着十分重要的影响。特别是随着各种严酷工况对材料要求的不断提高，如某工况膛压比传统膛压高出近两倍[6]，材料的疲劳特性对于身管寿命的影响越来越显现。但目前对于此方面的研究较少。

长期以来，尽管国内外几乎采用同样的身管钢，但我国枪炮身管弹道寿命与国外有很大差距。这与设计(如部件尺寸、弹带)、加工(如加工精度)、火药(如火药成分、燃烧产物对材料的烧蚀和腐蚀)，以及寿命判定技术规范等方面均不同有关。因此，除前几章研究的高温强度、燃烧烧蚀与耐磨性能外，还需要深入研究身管材料的疲劳性能，以更好地满足现代条件下对于身管的特殊要求，为身管提供更完善、可靠的选材依据。

总体而言，随着武器装备性能的不断发展，对身管材料提出了越来越高的性能要求，对于身管材料的疲劳行为、疲劳性能及疲劳寿命方面的研究和关注也日益增加。本章将对身管钢疲劳特征与行为进行研究和分析。

金属部件或构件在变动应力和应变作用下，由积累损伤引起的断裂现象称为疲劳断裂。疲劳断裂是应力循环延时断裂，即具有寿命的断裂。疲劳寿命随应力不同而变化，应力高，疲劳寿命短，应力低，疲劳寿命长，当应力低于某一临界值时，疲劳寿命可达无限长[7]。枪炮身管射击时承受着交变载荷的作用，疲劳破坏在其失效过程中起重要作用。如前所述，枪炮身管都是由内膛烧蚀磨损和疲劳损伤共同作用而导致寿终的，但是随身管类型不同，这两种作用的主次也不同。随着新型高能火药的出现和高射速、高膛压身管武器的发展，低周疲劳破坏已成为火炮身管失效必须优先考虑的因素。

纵观火炮发展史，这种低于设计允许应力的低周载荷引起的身管断裂失效，曾经造成过严重事故。例如，20 世纪 60 年代美国 M107 型 175mm 加农炮在实弹射击过程中突然炸裂，身管被炸成 29 块，破片散布范围达 1219m。研究表明，炸裂的宏观断口属于典型的疲劳断口，而且 $K_{IC} < K_I$ 是引起裂纹失稳扩展和断裂的根本原因[8]。

因此，疲劳行为和断裂力学的研究开始被人们引入到身管材料失效分析的领域。断裂力学首先在 20 世纪 60 年代被成功地应用于航天工业的超高强度的薄壁容器，随后被推广应用于航空工业的超高强度的金属构件。与此同时，工业领域的人们也认识到，成功应用于航天工业中平面应变为中强度的大型锻件，也很有应用前途，因而开展了不少相关的研究工作，电气工业的发电机组所用的大型锻件如汽轮机转子、发电机转子、汽轮机叶轮等也是使用 Cr-Ni-Mo 系，其化学成分与火炮身管用钢很相近，电气工业的研究成果可转移到兵器工业，美国在 20 世纪 70 年代中期，已开始了这方面的研究工作[9]。

断裂韧性 K_{IC} 是一个关键的断裂力学性能指标，能较科学、定量地反映构件的破坏问题。在身管设计中适当地引入材料的断裂韧性分析，有助于火炮的安全设计。K_{IC} 较冲击值指标 a_k 能够更加可靠地预示零件断裂的情况。一般来说，在一定强度下，钢的冲击值越高，断裂韧性也越高，但这只是一般的趋势，而在概念上断裂韧性和冲击值是不同的，a_k 只能提供断裂韧性趋势，而断裂韧性 K_{IC} 能提供断裂时的定量数据。断裂韧性的应用，使身管设计对材料选用进一步科学化，改变了性能指标使用塑性、韧性等一般解释的状况，以及目前没有防止失效破坏安全程度定量计算的被动局面。

在新兴的高射速和高膛压火炮的设计与使用中，安全问题显得更加重要。应考虑将强度、塑性和韧性进行配合并选用新的观点，断裂韧性的应用显得更为迫切。然而，目前在国内身管技术标准中，断裂韧性尚未列入相关的验收检验标准。故需要根据身管工况，对疲劳和断裂韧性进行深入研究，提出身管选材的指导性意见，以供建立更科学的身管选材标准[10]。

目前，提高身管疲劳寿命的主要途径是采取身管自紧技术和提高身管用钢的韧性。前者的主要作用在于自紧残余应力的存在，改善射击时管壁的内应力分布状态，提高身管承受膛压的能力，从而延长身管疲劳寿命。后者包括提高身管用钢的断裂韧性和冲击韧性指标，材料断裂韧性和冲击韧性的提高可以减少裂纹萌生，降低材料疲劳裂纹扩展速率，增大临界裂纹尺寸值，提高材料断裂时所需要的冲击功，从而延长疲劳寿命，以保证火炮身管的安全性。提高现有炮钢材料的韧性有多种途径，具体包括化学成分方面、冶炼工艺方面、微观组织结构控制方面等，简要介绍如下。

1. 化学成分方面

材料化学成分与组织决定材料性能，因此可以通过调整化学成分和加入新的化学元素来改善材料性能。例如，文献[11]报道，微量稀土元素能够明显提高锻、轧结构钢的横向韧性，尤其是低温韧性。但是若加入方法不当，则会造成夹杂物在钢锭的局部偏聚，从而降低钢的塑性。张树松等[12]为提高 Cr-Mo-V 系炮钢的韧性，降低冷脆转变温度，对电渣重熔过程中加入的稀土元素做了系统的分析，研究了适应稀土渣系特点的工艺规范，充分发挥了稀土在炮钢中的作用，显著提高了炮钢的韧性。又如，郭峰等[13]在俄罗斯新型炮钢的基础上，调整 C、Mn、Mo 等合金含量，以提高马氏体强化和固溶强化效果，同时适当增加 Ni 含量可以提高室温韧性和低温韧性。研究发现，调整化学成分后，材料强度和韧性均得到明显提高。

2. 冶炼工艺方面

目前，提高炮钢的塑性和韧性的主要途径，除调整化学成分和应用新的化学元素以外，另一有效的途径是精炼。精炼的主要目的是提高钢的纯净度，减少钢中气体含量，降低钢中非金属夹杂物的含量[14]，从而提高材料塑性和韧性。此外，疲劳对缺陷(缺口、裂纹及组织缺陷)十分敏感，组织缺陷(如夹杂、疏松、白点等)往往降低材料局部性能，加快疲劳破坏的萌生和发展。所以，身管材料材质的纯净度对于提高身管的疲劳寿命和身管的安全性显得尤为重要。必须使钢中的金属、非金属和气体夹杂物尽可能降低，并改变其形态和分布状态，才能获得高的力学性能[15]，从而提高身管的使用寿命。随着炮钢材料制备工艺的不断发展，传统Cr-Ni-Mo-V系炮钢材质日益净化，材料韧性有了大幅度提高。现将炮钢的几种典型纯净化冶炼工艺简要介绍如下。

1) 电渣重熔

电渣重熔能够使炮钢材质更加纯净致密，提高炮钢的疲劳性能，使高强度厚壁炮钢的使用更安全可靠，这是电渣重熔对火炮生产的一个重要贡献[13]。电渣重熔工艺属于二次精炼，其之所以受到重视，是因为它有巨大的优越性，具体表现在：对钢质具有明显的净化作用，电渣重熔后气体和夹杂物含量低，钢锭的氢含量为 1～2mg/L、氧含量为 30～40mg/L、氮含量小于 80mg/L；脱硫效果明显，脱硫率达 50%以上，电渣重熔后硫含量可达 0.002%～0.008%；电渣重熔操作适应性强，结晶器形状多样化，对电极质量无特殊要求，减少了大型钢锭的偏析等，因此特别适用于制造大型锻件；电渣重熔后，钢的横向冲击韧性明显提高，均匀度提高，对改善钢的断口形态有明显效果[15]。

电渣重熔示意图如图 6.2 所示[16]。自耗电极大多是由铸造电极棒制备的，也可通过锻造形成。电流通过熔渣，产生的电阻热使电极顶部不断熔化，形成金属熔滴，金属熔滴从电极顶部脱落，穿过渣池在水冷结晶器中形成金属熔池。由于水冷结晶器的冷却作用，液态金属逐渐自下而上凝固。钢液在熔渣覆盖下再次精炼渣洗，降低 S 含量和去除夹杂物而获得纯净的材质。电渣重熔可以在真空装置内进行，也可在大气环境下进行。

电渣重熔除降低 S 含量和大幅度去除夹杂物以外，由于其比普通浇铸的结晶速率快，所以电渣重熔钢锭树枝晶的枝晶间距明显缩小，并且结晶方向发生变化，

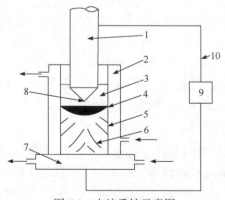

图 6.2　电渣重熔示意图

1. 自耗电极；2. 水冷结晶器；3. 渣池；4. 金属熔池；5. 渣壳；6. 铸锭；7. 底水箱；8. 金属熔滴；9. 变压器；
10. 短网导线

偏析减轻，成分更加均匀且组织更加致密，从而提高了钢的力学性能，特别是纵向、横向以及中心和边缘的性能差异得到明显改善[17]。

2) 真空除气和真空感应炉冶炼

真空除气和真空感应炉冶炼是在 20 世纪 60 年代发展起来的冶炼工艺。真空除气工艺是将平炉或电炉冶炼的钢水，直接注入带有真空室的钢包中，并在进行搅拌和浇注的过程中不断除气，使钢液中的气体和夹杂物含量显著降低。早在 20 世纪 70 年代，美国真空除气工艺已经普遍应用于镍铬钼炮钢生产，使炮钢塑性和韧性得到了一定改善。欧美低强度级的薄壁炮钢都采用真空除气工艺，但是这种工艺生产的高强度大型锻件韧性不足。

真空感应炉冶炼的优点：钢的冶炼、除气、浇注等全部过程都在真空室内进行，其采用碳脱氧而不是铝脱氧，所以夹杂物和气体含量极低，致使钢的冲击韧性显著提高；真空感应炉冶炼主要缺点：原料和设备费用高，生产成本高。

3. 微观组织结构控制方面

材料化学成分和组织决定性能，故通过优化材料热加工工艺和热处理工艺，控制材料组织，挖掘材料性能潜力，是提高材料韧性的有效途径。通过控制微观组织来提高钢的强韧性的方法大致包括：细化晶粒，改善相形态和亚结构类型，形成复合组织，改善基体韧性和碳化物等析出相形态与分布等强韧化途径[18]。

张树松等[19]在提高调质高强度钢韧性及其机理的研究中采用多级热处理新工艺改善了 28 钢的韧性，提出了适用于调质高强度钢强韧性的机理，设计出高温淬火(1373K)+中间回火(913K)+快速奥氏体化淬火(1193K)+最终回火的热处理工艺，通过高温奥氏体化获得成分均匀的奥氏体；中间回火使碳化物均匀析出；控制快速奥氏体化使碳化物未溶尽时淬火；碳化物颗粒邻近的溶质富化区提供形核位置以细化奥氏体晶粒，在淬火变形转变过程中，颗粒处的位错增殖使淬火组织具有高密度位错，这为回火提供形核位置并使碳化物细小、均匀、大量析出，提高了弥散强化效果以弥补固溶强化减弱造成的强度损失，降低了基体合金元素固溶量以韧化基体，使裂纹扩展所需能量及变形功和断裂功增大，高温奥氏体化可消除未溶尽碳化物和杂质元素在晶界偏聚等对韧性的危害。这些因素使得钢强度不变而韧性(a_K 和 K_{IC})显著提高，延长了疲劳寿命。

张国瀚等[20]研究了双重淬火对炮钢 PCrNi3MoVA 强韧性的影响，先采用超高温加热奥氏体化，利用超高温下金属原子扩散快的优点，改善奥氏体微区成分，使奥氏体微区成分均匀，再在 A_{c1} 以上适当温度加热奥氏体化细化晶粒，随后回火，研究发现双重淬火工艺可以全面提高材料冲击韧性和断裂韧性。

目前，随着现代战争对速射武器战术要求的提高，身管的膛压和射频与过去相比都有了大幅度的提高，对身管的疲劳性能和安全性的要求也越来越高。但过去对身管疲劳性能及身管安全性的研究较少且不系统，只是通过传统地调整化学成分、纯净化制备工艺、研究新型热处理工艺等来提高炮钢的韧性，没有对身管的疲劳性能进行系统分析和研究。特别是在身管选材时，对断裂韧性指标(如 K_{IC})没有做必须的要求，更缺乏裂纹扩展速率、疲劳寿命等方面的系统研究。随着对武器性能要求的提高，传统的身管选材力学性能(主要包括抗拉强度和冲击韧性)指标已经不能满足未来新要求。特别是从国内外发生的身管安全事故来看，有必要对身管材料的疲劳性能进行系统研究，以提高身管的疲劳寿命和建立更为全面的安全考核标准，以满足现代化条件下对武器性能更高、更新的要求。

6.2　身管钢断裂韧性和裂纹扩展速率

6.2.1　金属材料断裂韧性

断裂韧性是材料本身固有的力学性能，是在一定外界条件下材料阻止裂纹扩展的韧性值，其大小将决定构件的承载能力和脆性断裂倾向，一般希望其值越大越好。如果能提高断裂韧性，就能提高材料的抗裂能力。因此，了解断裂韧性与哪些因素有关就显得非常重要。影响材料断裂韧性高低的因素，大体可分为内部因素和外部因素两种。同其他力学性能指标类似，断裂韧性也是组织结构敏感性指标，其内部因素主要为材料的组织结构、化学成分、晶粒尺寸及第二相粒子等。影响断裂韧性的外部因素主要有试样的几何尺寸、加载速率及温度等，例如，当使用三点弯曲试样或紧凑拉伸试样进行断裂韧性试验时，其试样的几何尺寸以及加载速率等外部因素会对试验结果产生影响。下面就影响金属材料断裂韧性的各种内部因素做较为详细的分析讨论。

1. 组织结构

1) 马氏体

淬火马氏体在回火后获得回火马氏体，在不出现回火脆性的情况下，随着回火温度的升高，强度逐渐下降，塑性和韧性逐渐升高。如果把马氏体高温回火到强度和珠光体一样，则它的断裂韧性值要比等强度级别的珠光体高得多。因此，通过淬火、回火获得回火马氏体的综合力学性能最好，即材料的屈服强度和断裂韧性值都高。马氏体有两种精细结构：一种呈透镜状，交叉排列(约成 60°角)，内部由孪晶组成，称为片状马氏体或孪晶马氏体，在孪晶相交处容易形成微裂纹，所以孪晶马氏体的形成会降低钢的断裂韧性；另一种呈板条状，平行排列，称为板条马氏体，板条马氏体的亚结构是位错，又称为位错马氏体，在回火过程中没有碳化物沿孪晶带析出而造成韧性降低[21]。因而，板条马氏体既具有较高的强度，又有较高的韧性，即使板条马氏体中存在微裂纹，也不易于在板条之间扩展，且残余奥氏体膜有止裂作用。因而，板条马氏体的断裂韧性要高于孪晶马氏体的断裂韧性。

2) 贝氏体

贝氏体一般可分为无碳贝氏体、上贝氏体和下贝氏体。无碳贝氏体也称为针状铁素体，常因热加工工艺不当而形成魏氏体组织(一种非常脆的组织，该组织的冲击韧性非常低)，使断裂韧性下降。调整成分和工艺，使针状铁素体细化就可使其韧性提高。上贝氏体中在铁素体片层之间有碳化物析出，裂纹扩展阻力较小，其断裂韧性较低。下贝氏体的碳化物是在铁素体内部析出的，裂纹扩展阻力较大，其断裂韧性值比上贝氏体高，也高于孪晶马氏体，可与板条马氏体相比。

3) 奥氏体

奥氏体的韧性比马氏体高，所以在马氏体基体上有少量残余奥氏体，就相当于存在韧性相，使材料断裂韧性升高。例如，某种沉淀硬化不锈钢通过不同的淬火工艺，可获得不同含量的残余奥氏体，当其含量为 15%时，断裂韧性可提高 2～3 倍。这主要是因为残余奥氏体分布于马氏体中，可以松弛裂纹尖端的应力峰。当运动裂纹与残余奥氏体相遇时，残余奥氏体将发生塑性变形而消耗一部分能量，阻碍裂纹的继续扩展。

2. 化学成分

1) 碳含量

碳是钢中主要的强化元素，也是控制断裂韧性最重要的参量。对于大多数低碳钢，断裂韧性与屈服强度 σ_s 的一次方成反比[22, 23]，即随着碳含量的增加，钢的屈服强度提高，但其断裂韧性降低；18Ni-250 钢(在一定范围内)和 4340 钢的断裂韧性与屈服强度 σ_s 的三次方成反比。由此可见，碳含量决定着断裂韧性与屈服强度这一对矛盾的发展方向。

Haley 等[24]测定了车轮用钢在室温和液氮温度下的断裂韧性，结果表明，不论是在室温下还是在液氮温度下，碳含量的增加都使断裂韧性降低；李新宇[21]测定 SAE4820 钢(成分质量分数为 0.22%C、0.60%Mn、0.27%Si、0.35%Ni、0.25%Mo)和 EX32 钢(成分质量分数为 0.20%C、0.80%Mn、0.27%Si、0.87%Ni、0.55%Cr、0.52%Mo)的断裂韧性，结果表明，随着碳含量增加断裂韧性呈线性降低趋势[21]。

在强度水平相同的情况下，低碳合金钢比中碳合金钢具有更高的断裂韧性。由以上各研究结果可以得出结论：碳含量增加，钢的断裂韧性降低。这是因为碳含量通过对钢的马氏体相变温度点 M_s 的制约来影响钢的断裂韧性，钢的 M_s 越低，其断裂韧性值就越小。

碳是强烈促进孪晶马氏体形成的元素，在正常的淬火加热温度和冷却速率下，随着碳含量增加，钢中孪晶马氏体的比例增大[25]；当碳含量大于 1.0%时，几乎全部为孪晶马氏体；而当碳含量大于 1.4%时，孪晶马氏体中还存在中脊面。孪晶铁碳马氏体的微裂纹敏感度与马氏体的碳含量有关，开始出现裂纹的碳含量和形成孪晶马氏体的碳含量相对应。

由上述分析可知，碳含量的增加会降低钢的断裂韧性。因而，这也是目前高强度钢倾向于采用其他方法(如金属间化合物的沉淀硬化)来增强断裂韧性的原因之一。

2) 其他合金元素

在钢中，合金元素主要通过对钢组织结构的影响来影响断裂韧性。板条马氏体的形成有利于断裂韧性的提高。在相同的屈服强度下，位错马氏体的断裂韧性比孪晶马氏体高很多。合金元素对钢组织结构，乃至于对断裂韧性的影响而言，一般是通过两条途径来实现的：一是改变钢的 M_s。一般来说，除 Al 和 Co 以外的其他常用合金元素都使 M_s 降低，其中 Mn、Cr 和 Ni 的作用最强。M_s 的降低意味着马氏体由板条状向片状转变，当 M_s 为 473～423K 时，易形成孪晶马氏体，于是引起了断裂韧性的降低。二是改变钢的奥氏体层错能。对于绝大多数合金元素，当其含量不高时，随合金元素浓度的增加，奥氏体层错能先下降到某一极限值，然后迅速上升。奥氏体层错能越低，相变孪晶生成越困难，形成板条马氏体的倾向越大，即越有利于提高断裂韧性。

实际上，钢中合金元素之间作用的相互影响十分复杂，它们对断裂韧性的影响取决于其复合作用。

3) 杂质元素

钢中常见杂质元素有硫(S)、磷(P)、氮(N)等。这些杂质元素对钢的断裂韧性有着不同程度的影响。硫是钢中难以避免的杂质元素，且对钢的断裂韧性有害。硫元素会增加夹杂物粒子，并减少夹杂物粒子间距，从而导致材料的断裂韧性降低。

磷也是钢中难以避免的杂质元素，且对钢的断裂韧性有害，磷会导致回火脆性并影响交叉滑移，因而会降低材料的断裂韧性。

氮与位错的结合力较强，通过形成气团而阻止位错运动，使钢的断裂韧性下降，当氮呈固溶态时，其危害性更大。

3. 晶粒尺寸

基体的晶粒尺寸也是影响断裂韧性的一个重要因素[26]。一般来说，晶粒越细，晶界总面积越大，使裂纹能越过有复杂位错结构的晶界而失稳扩展时所需要消耗的能量越多，断裂韧性越高。因此，细化晶粒不但有利于提高材料的强度，还能提高材料的断裂韧性。

4. 第二相粒子

钢中不可避免地存在第二相粒子，除了夹杂物粒子，还存在起重要强化作用的碳化物和金属间化合物。第二相粒子的存在对金属材料断裂韧性的影响可以归纳为两点：第一，脆性第二相粒子随着体积分数的增加，断裂韧性降低；第二，当韧性第二相粒子的形态和数量适当时，可以提高材料的断裂韧性。

当脆性第二相粒子存在于裂纹尖端的应力场时，本身的脆性使其容易形成微裂纹，而且它们易于在晶界或相界偏聚，降低界面结合能，使界面易于开裂，微裂纹与主裂纹连接，加速了裂纹的扩展，或者使裂纹沿晶扩展，导致沿晶断裂，降低断裂韧性。脆性第二相粒子的形貌、尺寸和分布不同，将导致裂纹的扩展途径不同、消耗的能量不同，从而影响断裂韧性，如碳化物呈粒状弥散分布时的断裂韧性就高于呈网状连续分布时的断裂韧性。

6.2.2　疲劳裂纹扩展的一般规律

由于烧蚀、镀铬层中裂纹扩展，火炮身管在射击几十发甚至几发后，其内膛表面就产生了大量的网状裂纹，从而迅速地完成了裂纹的形成期。裂纹扩展会导致镀铬层剥落，内膛尺寸增大，并最终导致身管失效。身管的疲劳寿命主要由宏观裂纹的稳定扩展寿命决定。

通常情况下，在低于屈服强度的应力作用下，材料一般不会发生机械损坏。但是，在低于屈服强度的循环载荷作用下，若材料存在裂纹、夹杂物或突然的几何形状变化，此时材料的局部应力可能会超过其屈服强度，则会出现裂纹萌生和扩展的现象。每当外加一次循环载荷，裂纹就会有微量的扩展，这种现象就称为疲劳裂纹扩展。

近几十年来，对金属材料疲劳裂纹扩展的研究取得了长足的进步，1957 年，美国学者 Paris 提出了裂纹尖端的应力强度因子范围 $\Delta K (K_{max}-K_{min})$，并认为它是控制疲劳裂纹扩展速率的基本参量。后来在 1963 年，他提出了用应力强度因子范围 ΔK 来定量地描述疲劳裂纹扩展速率的表达式，即著名的 Paris 公式[27]。

一般情况下，在描述疲劳裂纹扩展规律时，人们用在 da/dN 与 ΔK 的双对数坐标下的裂纹扩展速率曲线来描述。疲劳裂纹扩展速率 da/dN 表示某种材料在交变应力作用下每循环一次所对应的疲劳裂纹扩展的平均增量，它直接决定了材料的剩余寿命，同时反映了材料的疲劳性能的好坏。若疲劳裂纹扩展速率较高，则疲劳寿命就短，疲劳性能差；反之，疲劳寿命就长，疲劳性能好。疲劳裂纹扩展速率 da/dN，是裂纹尖端应力强度因子范围 ΔK 的函数。

在双对数坐标图上，da/dN 与 ΔK 的关系呈一条反 S 形曲线，见图 6.3。这条曲线可以划分为三个区域：Ⅰ区、Ⅱ区、Ⅲ区。

Ⅰ区：疲劳裂纹近门槛扩展区。在这个区，da/dN 将随着 ΔK 的降低而快速下降，当 $da/dN \to 0$ 时，相应的 ΔK 值称为疲劳裂纹门槛值，记为 ΔK_{th}。在Ⅰ区，

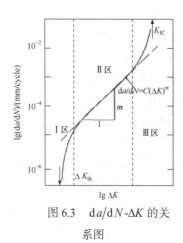

图 6.3　da/dN-ΔK 的关系图

da/dN 会受到材料的内在组织、外界的应力比和周围环境的强烈影响[27]。

当 $\Delta K < \Delta K_{th}$，即作用于裂纹尖端的 ΔK 小于裂纹门槛值 ΔK_{th} 时，裂纹不扩展，一般称 ΔK_{th} 为界限应力强度因子或疲劳裂纹扩展门槛值。在空气介质中，若满足平面应变条件的情况，则当 da/dN $=10^{-8} \sim 10^{-7}$mm/cycle 时，即认为其 ΔK 值接近于 ΔK_{th}。当裂纹尖端的 ΔK 略大于 ΔK_{th} 时，裂纹就开始低速扩展，并且随着 ΔK 的逐渐增加，da/dN 开始快速增大，因此这一阶段的裂纹扩展被定性地称为近门槛扩展区。

Ⅱ区：疲劳裂纹稳态扩展区。这个区是决定疲劳裂纹扩展寿命长短的主要区域。当 $\Delta K > \Delta K_{th}$ 时，随着 ΔK 的继续增大，da/dN-ΔK 的关系图就会出现由一开始的快速升高，逐渐变为以某种几乎恒定的速率缓慢升高的现象。在此区域，在双对数坐标下，da/dN-ΔK 呈线性关系，即可以用著名的 Paris 公式表示：

$$da/dN = C(\Delta K)^m \qquad (6.1)$$

式中，ΔK 为应力强度因子范围($\Delta K = K_{max} - K_{min}$)；$C$、$m$ 为材料常数，m 也为直线部分的斜率。

一般情况下[28]，在此阶段微观组织、平均应力和试样厚度对裂纹扩展速率的影响不敏感。在裂纹扩展测试试验中，一般有四种裂纹扩展机制：条带机制、微孔连接、微区解理和晶间分离，而条带机制的裂纹扩展在韧性材料中是最为常见的一种[29]。

Ⅲ区：疲劳裂纹快速扩展区。随着 ΔK 的进一步增大，da/dN-ΔK 的关系曲线图再一次快速升高，直至最终断裂。Ⅲ区的疲劳裂纹快速扩展也可以称为静断机制扩展。大多数情况下，在韧性材料的疲劳断口上，可以观察到抛物形的韧窝状，而在低塑性高强度材料的疲劳断口上，则具有准解理以至解理的形状特征。

6.2.3　影响疲劳裂纹扩展速率的各种因素

对于给定的材料,在做疲劳裂纹扩展速率测试试验时,若试验加载的条件(应力比 R、频率)和环境相同,对于各个不同形状及尺寸的试样,所测试出的疲劳裂纹扩展速率基本上是一致的。其中,应力强度因子范围 ΔK 是控制疲劳裂纹扩展速率da/dN 最主要因素,直接影响到疲劳裂纹扩展速率的大小;而其他一些因素，如循环应力比 R 或是平均应力 σ_m、加载频率、波形、环境等的影响是次要的。但是，有时候这些次要因素往往会对测试材料的疲劳扩展性能产生重要的影响。

6.2.4　疲劳裂纹扩展的驱动力和阻力

图 6.4 是描述疲劳裂纹扩展速率一般规律的曲线，它直观地描述了 $\mathrm{d}a/\mathrm{d}N$ 与 ΔK 的关系，也是对裂纹扩展行为或现象进行的一种综合性描述。但是，这并没有从本质上说明裂纹扩展的条件。疲劳裂纹扩展运动的本质应该是材料内在的扩展阻力与外界施加驱动力之间的一种矛盾运动，而这种矛盾运动，直接决定着裂纹是否扩展，即若材料内在的扩展阻力小于外界施加的驱动力，裂纹扩展，反之，裂纹不扩展。

1. 疲劳裂纹扩展的驱动力

1957 年，美国学者 Paris 提出了裂纹尖端的应力强度因子范围 ΔK，并认为它是控制疲劳裂纹扩展速率的基本参量。ΔK 是由外载荷的作用在裂纹尖端所产生的一个有限量，不代表某一点的应力，而代表某一应力场强度的物理量，在断裂力学中也用应力强度因子范围作为参量来建立断裂破坏条件。而在疲劳裂纹扩展过程中，由于外载荷的作用，裂纹尖端将受到一定循环应力 $\Delta\sigma$ 的作用，它是裂纹扩展的根源。当疲劳裂纹尖端的循环应力达到材料的断裂应力 σ_{ff}(材料断裂时受到的应力)时，裂纹尖端远处的应力 σ_y 不变或略有增加。此时，裂纹尖端的钝化半径 ρ 超过了临界裂纹尖端的钝化半径 ρ_{min} [30]，使得裂纹向前稳定扩展了一小段距离 Δa，如图 6.4 所示。这样便保持了裂纹尖端的力学平衡关系[31]。

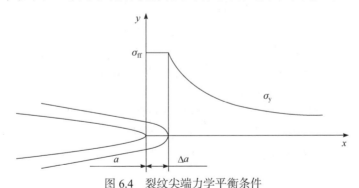

图 6.4　裂纹尖端力学平衡条件

图 6.4 中裂纹尖端力学平衡关系式见式(6.2)：

$$\sigma_{ff} = \sigma_{y(max)} = \frac{2K_I}{\sqrt{\pi\rho}} = 2\sigma\sqrt{\frac{a}{\rho}} \tag{6.2}$$

循环应力 σ、裂纹的长度 a、裂纹尖端的形状系数 Y 等参量对裂纹的扩展有一定的影响。而在断裂力学中用应力强度因子范围 ΔK 这一个量就可以表示上述三个量，即 $\Delta K = Y\Delta\sigma$，并且 ΔK 具有明确的含义。因此，应力强度因子范围 ΔK 可以用来表示裂纹尖端的力学平衡关系，也可以用来表征疲劳裂纹扩展的驱动力。

2. 疲劳裂纹扩展的阻力

疲劳裂纹在扩展过程中，若将材料自身以外的因素如试验环境、试验设备、人为因素等排除在外，则阻碍疲劳裂纹扩展的因素就只能是材料自身的一些性能因素。

材料的力学性能是材料所固有的[32]，在外力的作用下是不受影响的。由胡克定律可知，材料在弹性范围内，应力与应变成正比，二者的比值称为材料的弹性模量 E，它用来表征材料在力的作用下，整体的变形或抵抗变形的能力。E 的大小由材料自身的物理、化学性质决定，与其他因素无关。E 的大小反映材料的刚性大小，E 越大，说明材料越不易发生形变。

除了弹性模量 E，断裂韧性 K_{IC} 也是直接影响裂纹扩展速率的一个重要因素。断裂韧性 K_{IC} 表征材料对裂纹扩展的抵抗能力，其基本含义是裂纹扩展单位面积所需的能量，无论是脆性材料还是韧性材料，都有这种抵抗裂纹扩展的能力。

在图 6.3 中，快速扩展Ⅲ区对稳态扩展Ⅱ区扩展速率的影响，实际上就是 K_{IC} 对中部区的影响：因为当 $K_{max}\rightarrow K_{IC}$ 时，疲劳裂纹扩展速率 $da/dN\rightarrow\infty$。此时，就可以认为 K_{IC} 是疲劳裂纹扩展速率 da/dN -ΔK 曲线的上边界。当材料发生韧性断裂时，K_{IC} 值较高，疲劳裂纹在Ⅱ区以韧性条带机制的形式扩展，断口上可能出现许多条带，da/dN 值也较低；当材料发生脆性断裂时，K_{IC} 值较低，裂纹在Ⅱ区以微区解理、准解理或沿晶等脆性断裂机制的形式扩展，断口上会出现脆性断裂的小平面，da/dN 值也较高，此时断口上不出现条带或辉纹。可见，断裂韧性 K_{IC} 直接影响裂纹扩展的形式，进而影响着裂纹扩展速率。

文献[33]和[34]也认为，随着 K_{IC} 的增大，Paris 公式中的指数值 m 减小，裂纹扩展速率 da/dN 下降，如图 6.5 所示，而其他因素对裂纹扩展速率 da/dN 的影响，也都是通过对 K_{IC} 值的影响而起作用的。

弹性模量 E 和断裂韧性 K_{IC} 是材料自身固有的一种性能，二者对疲劳裂纹扩展速率都有一定的影响。因此，疲劳裂纹扩展速率 da/dN 是应力强度因子范围 ΔK、弹性模量 E、断裂韧性 K_{IC} 的函数，可以用式(6.3)来表示：

$$\frac{da}{dN} = F(\Delta K, E, K_{IC}) \tag{6.3}$$

式(6.3)为裂纹扩展的驱动力与阻力之间矛盾运动规律的模型函数表达式。其中，ΔK 为驱动参量，弹性模量 E、断裂韧性 K_{IC} 为阻力参量，当驱动参量的影响大于阻力参量时，裂纹开始扩展，反之，裂纹不扩展。

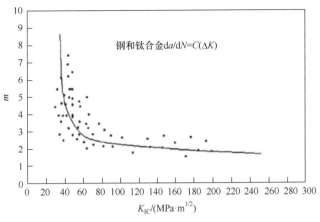

图 6.5　K_{IC} 对 Paris 公式中指数 m 的影响

实践表明，炮钢的韧性与身管射击的使用安全性密切相关。然而，目前设计枪炮身管多以钢的强度作为安全性的标准，还没有按照炮钢韧性数据来准确判定炮钢使用安全性的适宜方法。曾采用钢的韧脆转变温度近似估计所制构件低温安全性，但此数据由冲击试样测定，难以满足平面应变状态的大尺寸构件所承受的苛刻应力状态，无法用于定量判定钢的韧性与所制构件安全性间的关系，只有采用适宜方法求出构件承力状态下危险断面的应力强度因子与钢的断裂韧性数据，并以此为判据，才能定量判定二者之间的关系与该炮钢所制炮管的使用安全性。

Paris 提出用应力强度因子范围 ΔK 来定量地描述疲劳裂纹扩展速率的表达式，即著名的 Paris 公式：

$$\mathrm{d}a/\mathrm{d}N = C(\Delta K)^m \tag{6.4}$$

疲劳裂纹扩展速率 $\mathrm{d}a/\mathrm{d}N$ 表示某种材料在交变应力作用下每循环一次所对应的疲劳裂纹扩展的平均增量，直接决定着材料的剩余寿命，同时反映了材料的疲劳性能。疲劳裂纹扩展速率越高，则疲劳寿命越短，疲劳性能越差；反之，疲劳寿命越长，疲劳性能越好。疲劳裂纹扩展速率 $\mathrm{d}a/\mathrm{d}N$，是裂纹尖端应力强度因子范围 $\Delta K(K_{max}-K_{min})$ 的函数。根据《金属材料　疲劳试验　疲劳裂纹扩展方法》(GB/T 6398—2017)，本书采取增加载荷，横纵向分别取样，加载波形为三角波，具体试验条件如下：

(1) 最大载荷为 7kN、8kN；

(2) 加载频率为 10Hz；

(3) 应力比为 0.1；

(4) 试样厚度为 10mm。

本书为更好地对比两种身管钢(30SiMn2MoV、25Cr3Mo2NiWVNb)裂纹扩展速率的差异，将两种身管钢在相同硬度标准下进行裂纹扩展速率试验与分析，即

30HRC、40HRC。

6.3 材料断裂韧性和裂纹扩展速率

6.3.1 材料断裂韧性

　　根据《金属材料 平面应变断裂韧度 K_{IC} 试验方法》(GB/T 4161—2007),本试验选用紧凑拉伸试样,试样如图 6.6 所示,在 MTS810 疲劳试验平台上进行,试样厚度 B 为 25mm,裂纹情况为预裂时 $K_{max} < 0.6K_q$,疲劳裂纹长度大于 1.5mm,裂纹前缘偏差满足标准要求。

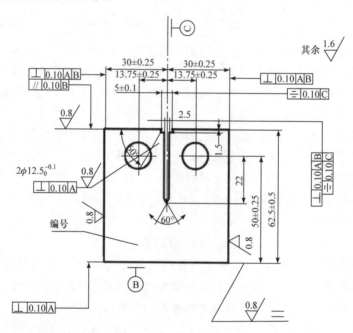

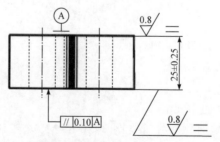

图 6.6　材料断裂韧性测试试样(单位：mm)

6.3.2　裂纹扩展速率

根据《金属材料　疲劳试验　疲劳裂纹扩展方法》(GB/T 6398—2017)，本试验选用紧凑拉伸试样，如图 6.7 所示，在 MTS810 疲劳试验平台上进行，设置应力比为 0.1，载荷为 7kN、8kN，试样厚度 B 为 10mm。

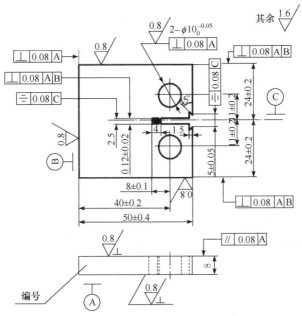

图 6.7　材料裂纹扩展速率试样(单位：mm)

6.4　身管材料断裂韧性和裂纹扩展速率

为说明断裂韧性和裂纹扩展速率对身管材料失效的影响，本节采用传统枪管钢 30SiMn2MoV 和新型热作模具钢 25Cr3Mo2NiWVNb，通过疲劳断裂测试试验，对比测试疲劳断裂性能。在此基础上，通过裂纹扩展能力分析讨论材料疲劳寿命问题。

6.4.1　两类材料疲劳性能曲线

1. 30SiMn2MoV 在不同硬度及取样方向的 a-N 曲线

图 6.8～图 6.11 为 30SiMn2MoV 在不同硬度及取样方向的 a-N 曲线。

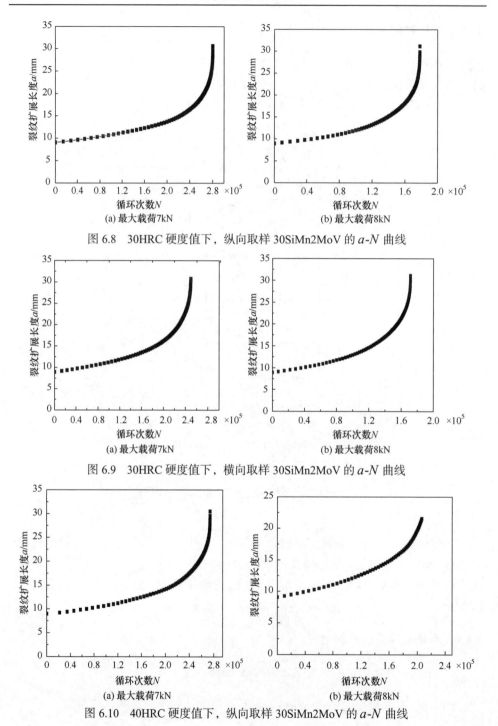

(a) 最大载荷7kN　　　　　　　　　　(b) 最大载荷8kN

图 6.8　30HRC 硬度值下，纵向取样 30SiMn2MoV 的 a-N 曲线

(a) 最大载荷7kN　　　　　　　　　　(b) 最大载荷8kN

图 6.9　30HRC 硬度值下，横向取样 30SiMn2MoV 的 a-N 曲线

(a) 最大载荷7kN　　　　　　　　　　(b) 最大载荷8kN

图 6.10　40HRC 硬度值下，纵向取样 30SiMn2MoV 的 a-N 曲线

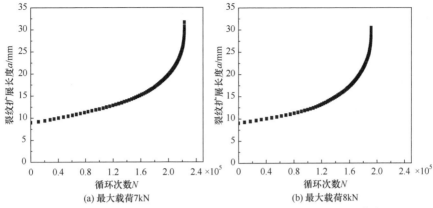

(a) 最大载荷7kN　　　　　　　　　(b) 最大载荷8kN

图 6.11　40HRC 硬度值下，横向取样 30SiMn2MoV 的 $a\text{-}N$ 曲线

2. 25Cr3Mo2NiWVNb 材料在不同硬度及取样方向的 $a\text{-}N$ 曲线

图 6.12～图 6.15 为 25Cr3Mo2NiWVNb 钢在不同硬度及取样方向的 $a\text{-}N$ 曲线。

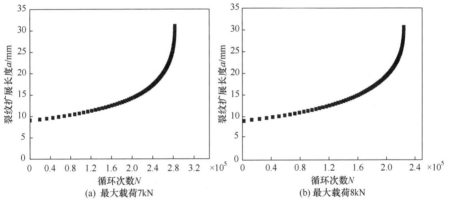

(a) 最大载荷7kN　　　　　　　　　(b) 最大载荷8kN

图 6.12　30HRC 硬度值下，纵向取样 25Cr3Mo2NiWVNb 的 $a\text{-}N$ 曲线

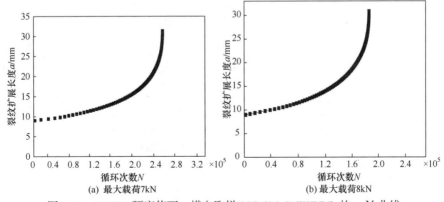

(a) 最大载荷7kN　　　　　　　　　(b) 最大载荷8kN

图 6.13　30HRC 硬度值下，横向取样 25Cr3Mo2NiWVNb 的 $a\text{-}N$ 曲线

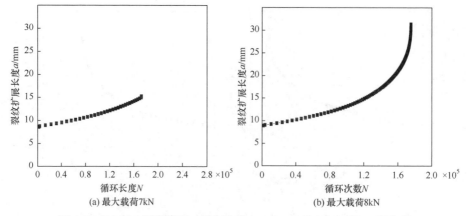

图 6.14　40HRC 硬度值下，纵向取样 25Cr3Mo2NiWVNb 的 a-N 曲线

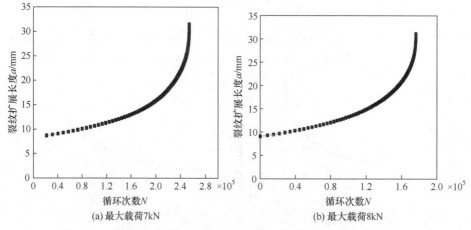

图 6.15　40HRC 硬度值下，横向取样 25Cr3Mo2NiWVNb 的 a-N 曲线

6.4.2　采用 Paris 公式进行疲劳计算

按照《金属材料 疲劳试验 疲劳裂纹扩展方法》(GB/T 6398—2017)对裂纹数据进行处理。

1. 七点递增多项式拟合

材料的力学性能也称为机械性能。递增多项式法是通过局部拟合来得到裂纹长度的拟合值，通过对局部拟合公式的求导来确定疲劳裂纹的扩展速率。对 a-N 曲线上任意数据点 i 前后各 n 点，共 $2n+1$ 个连续的数据点，采用式(6-5)进行拟合求导。在实际处理时，n 取 3，所以为七点递增多项式。

$$a_i = b_0 + b_1\left(\frac{N_i - C_1}{C_2}\right) + b_2\left(\frac{N_i - C_1}{C_2}\right)^2 \tag{6.5}$$

式中，

$$-1 < \frac{N_i - C_1}{C_2} \leqslant 1, \quad C_1 = \frac{1}{2}(N_{i-n} + N_{i+n}), \quad C_2 = \frac{1}{2}(N_{i-n} - N_{i+n}), \quad N_{i-N} < N < N_{i+N}$$

系数 b_0、b_1、b_2 是根据第 i 个数据点及其前后各 3 个点进行二次最小二乘法拟合所得到的回归参数。拟合值 N_i 是对应于裂纹长度上的拟合循环数。参数 C_1 和 C_2 用于变换输入数据，以避免在确定回归参数时数据值计算困难。在 a_i 处的裂纹扩展速率由式(6.4)求导而得

$$\left(\frac{\mathrm{d}a}{\mathrm{d}N}\right)_{a_i} = \frac{b_1}{C_2} + \frac{2b_2(N_f - C_1)}{C_2^2} \tag{6.6}$$

利用裂纹长度 a_1 计算与 $\left(\dfrac{\mathrm{d}a}{\mathrm{d}N}\right)_{a_i}$ 值相对应的 ΔK_i 值：

$$\Delta K_i = \frac{\Delta F}{B\sqrt{W}} \frac{\left(2 + \dfrac{a_i}{W}\right)\left[0.886 + 4.64\dfrac{a_i}{W} - 13.32\left(\dfrac{a_i}{W}\right)^2 + 14.72\left(\dfrac{a_i}{W}\right)^3 - 5.6\left(\dfrac{a_i}{W}\right)^4\right]}{\left(1 - \dfrac{a_i}{W}\right)^{\frac{3}{2}}} \tag{6.7}$$

式中，$\Delta F = F_{\max} + F_{\min}$；$B$ 和 W 为试样尺寸。

如果求任意给定裂纹尺寸 a_i 条件下对应周次 N_i，则采用以下计算公式：

$$N_i = b_0 + b_1\left(\frac{a_i - C_1}{C_2}\right) + b_2\left(\frac{a_i - C_1}{C_2}\right)^2 \tag{6.8}$$

式中，

$$-1 < \frac{a_i - C_1}{C_2} \leqslant 1, \quad C_1 = \frac{1}{2}(a_{i-n} + a_{i+n}), \quad C_2 = \frac{1}{2}(a_{i-n} - a_{i+n}), \quad a_{i-n} < a < a_{i+n}$$

式(6.8)求导得到裂纹扩展速率计算公式：

$$\left(\frac{\mathrm{d}a}{\mathrm{d}N}\right)_{a_i} = \frac{1}{\left(\dfrac{\mathrm{d}N}{\mathrm{d}a}\right)_{a_i}}$$

$$\left(\frac{\mathrm{d}N}{\mathrm{d}a}\right)_{a_i} = \frac{b_1}{C_2} + \frac{2b_2(a_f - C_1)}{C_2^2} \tag{6.9}$$

最小二乘法进行曲线的拟合有很多方法[28]，本章使用一种相对简单的方法[29]。

对一组样本 x_{1i}、x_{2i}、y_i，设 x_{1i}、x_{2i} 与 y_i 之间的线性关系为

$$y_i = b_0 + b_1 x_{1i} + b_2 x_{2i} + \varepsilon_i, \quad i=1, 2, \cdots, n, \; n \geqslant 3$$

式中，b_0、b_1 和 b_2 为待定的估计量；ε_i 为 n 个相互独立和等方差的正态随机变量，$\varepsilon_i \sim N(0, \sigma^2)$。

按最小二乘法原理解得

$$b_1 = \frac{l_{10}l_{22} - l_{20}l_{12}}{l_{11}l_{22} - l_{12}l_{21}}, \quad b_2 = \frac{l_{20}l_{11} - l_{10}l_{21}}{l_{11}l_{22} - l_{12}l_{21}}, \quad b_0 = \bar{y} - b_1\bar{x}_1 - b_2\bar{x}_2 \tag{6.10}$$

式中，

$$l_{11} = n\left[\overline{x_1^2} - \left(\overline{x_1}\right)^2 \right], \quad l_{12} = n\left(\overline{x_1 x_2} - \overline{x_1} \cdot \overline{x_2} \right), \quad l_{10} = n\left(\overline{x_1 y} - \overline{x_1} \cdot \overline{y} \right)$$

$$l_{22} = n\left[\overline{x_2^2} - \left(\overline{x_2}\right)^2 \right], \quad l_{21} = l_{12}, \quad l_{20} = n\left(\overline{x_1 y} - \overline{x_1} \cdot \overline{y} \right)$$

因此得二元线性回归方程：

$$\hat{y} = b_0 + b_1 x_1 + b_2 x_2 b_2 \tag{6.11}$$

若在给定循环周次条件下求裂纹尺寸和裂纹扩展速率，则令

$$x_{1i} = \frac{N_i - C_1}{C_2}, \quad x_{2i} = \left(\frac{N_i - C_1}{C_2} \right)^2 \tag{6.12}$$

从而求得式(6.5)中的系数 b_0、b_1 和 b_2。

若在给定裂纹尺寸条件下求循环周次和裂纹扩展速率，则令

$$x_{1i} = \frac{a_i - C_1}{C_2}, \quad x_{2i} = \left(\frac{a_i - C_1}{C_2} \right)^2 \tag{6.13}$$

从而求得式(6.5)中的系数 b_0、b_1 和 b_2。若线性回归系数 b_0、b_1 和 b_2 已知，则可以在给定循环周次条件下求裂纹尺寸分布和裂纹扩展速率分布，或在给定裂纹尺寸条件下求循环周次分布和裂纹扩展速率分布。

2. 计算裂纹扩展速率 $\mathrm{d}a/\mathrm{d}N$ 以及应力强度因子范围 ΔK

首先，经曲率修正后得到裂纹长度和循环周次的对应值，采用了上述七点递增多项式法编制程序进行局部拟合求导，得到疲劳裂纹扩展速率 $\mathrm{d}a/\mathrm{d}N$ 和裂纹长度的拟合值。其次，使用拟合的裂纹长度并结合式(6.7)计算与 $\mathrm{d}a/\mathrm{d}N$ 相对应的 ΔK 值。最终，利用双对数坐标表示 $\mathrm{d}a/\mathrm{d}N$ 与 ΔK 的关系，发现曲线基本上呈线性关系，采用 Paris 公式对试验数据进行回归，得到公式中的材料常数 C 和 m，得出两种材料在不同硬度下 $\mathrm{d}a/\mathrm{d}N(y)$ 与 $\Delta K(x)$ 之间关系的公式，见表 6.1 和表 6.2。

表 6.1   不同硬度下 30SiMn2MoV 材料的疲劳裂纹扩展速率关系

试样硬度/HRC	取样方向	最大载荷/kN	疲劳裂纹扩展速率方程
30	纵向	7	$y = 2\times10^{-9}x^{3.4155}$
		8	$y = 3\times10^{-9}x^{3.2805}$
	横向	7	$y = 1\times10^{-8}x^{2.8311}$
		8	$y = 2\times10^{-8}x^{2.6778}$
40	纵向	7	$y = 4\times10^{-8}x^{2.5018}$
		8	$y = 4\times10^{-8}x^{2.481}$
	横向	7	$y = 3\times10^{-8}x^{2.5017}$
		8	$y = 2\times10^{-8}x^{2.399}$

表 6.2   不同硬度下 25Cr3Mo2NiWVNb 材料的疲劳裂纹扩展速率关系

试样硬度/HRC	取样方向	最大载荷/kN	疲劳裂纹扩展速率方程
30	纵向	7	$y = 1\times10^{-8}x^{2.6935}$
		8	$y = 2\times10^{-8}x^{2.5883}$
	横向	7	$y = 2\times10^{-8}x^{.6378}$
		8	$y = 2\times10^{-8}x^{2.6384}$
40	纵向	7	$y = 1\times10^{-8}x^{2.8105}$
		8	$y = 4\times10^{-8}x^{2.4097}$
	横向	7	$y = 2\times10^{-8}x^{2.6738}$
		8	$y = 5\times10^{-8}x^{2.3498}$

6.4.3   da/dN-ΔK 曲线的测定

在本小节中,为了能够更加具体完整地对比两种身管材料疲劳性能和行为,以其硬度值为标准,分别将不同硬度状态下两种材料的试验结果进行对比和分析。

1. 两种材料在 30HRC 硬度下 da/dN-ΔK 曲线的测定

图 6.16 和图 6.17 为两种材料在 30HRC 硬度下不同取样方向的 da/dN-ΔK 曲线。

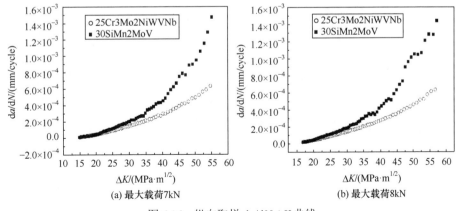

(a) 最大载荷7kN   (b) 最大载荷8kN

图 6.16   纵向取样 da/dN-ΔK 曲线

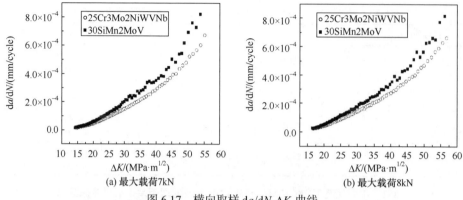

图 6.17　横向取样 da/dN-ΔK 曲线

2. 两种材料在 40HRC 硬度下 da/dN-ΔK 曲线的测定

图 6.18 和图 6.19 为两种材料在 40HRC 硬度下不同取样方向的 da/dN-ΔK 曲线。

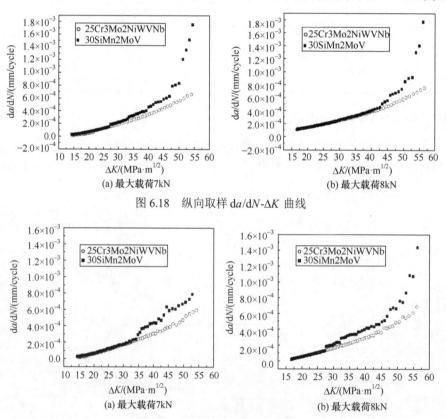

图 6.18　纵向取样 da/dN-ΔK 曲线

图 6.19　横向取样 da/dN-ΔK 曲线

3. 两种材料在工况硬度下 da/dN-ΔK 曲线的测定

图 6.20 和图 6.21 为两种材料在工况硬度下不同取样方向的 da/dN-ΔK 曲线。

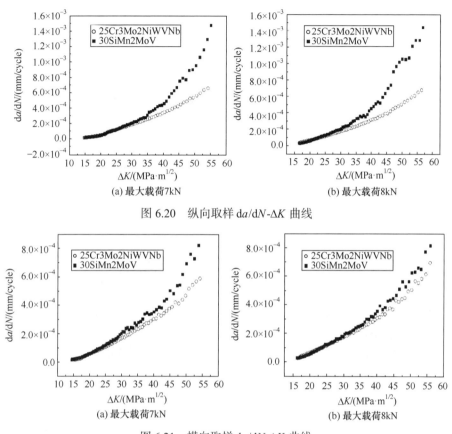

(a) 最大载荷7kN　　　　　　　　　　　(b) 最大载荷8kN

图 6.20　纵向取样 da/dN-ΔK 曲线

(a) 最大载荷7kN　　　　　　　　　　　(b) 最大载荷8kN

图 6.21　横向取样 da/dN-ΔK 曲线

6.4.4　裂纹扩展性能的分析与讨论

对比上述 30SiMn2MoV、25Cr3Mo2NiWVNb 两种钢处理至 30HRC、40HRC 时的裂纹扩展速率性能试验结果，可以发现，材料的裂纹扩展速率性能是强度与韧性综合作用下的结果，在裂纹扩展的不同阶段发挥不同的作用。

两种材料热处理至不同硬度条件，其疲劳性能也各有差异：

(1) 30HRC 硬度值下，25Cr3Mo2NiWVNb 的裂纹扩展速率低于 30SiMn2MoV，在横向取样的情况下，随着 ΔK 的增大，25Cr3Mo2NiWVNb 的裂纹扩展速率增长缓慢，而 30SiMn2MoV 在 ΔK>30MPa·m$^{1/2}$ 的裂纹扩展速率增加很快，并很快失稳扩展，试样断裂；在纵向取样的情况下，随着 ΔK 的增大，25Cr3Mo2NiWVNb 的裂纹扩展速率增长更加缓慢。25Cr3Mo2NiWVNb 的裂纹扩展速率明显低于

30SiMn2MoV，并且在 $\Delta K > 35\text{MPa} \cdot \text{m}^{1/2}$ 后 30SiMn2MoV 出现急速扩展的情况，说明 30SiMn2MoV 可能会出现裂纹萌生后很快达到失稳扩展阶段直至断裂。

(2) 40HRC 硬度值下，由于两种材料的硬度都有所提高，所以在 ΔK 较小的情况下，两种材料的裂纹扩展速率相同或接近。在横向取样和纵向取样的情况下，当 $\Delta K > 30\text{MPa} \cdot \text{m}^{1/2}$ 时，30SiMn2MoV 裂纹扩展速率都迅速增加，并很快失稳扩展至试样断裂；而 25Cr3Mo2NiWVNb 的裂纹扩展速率随着 ΔK 的增加而缓慢增加，始终没有出现突然增加的情况，并且对比 Paris 公式，25Cr3Mo2NiWVNb 在强度提高后裂纹扩展速率明显降低，说明其疲劳性能优于 30SiMn2MoV。

(3) 当 25Cr3Mo2NiWVNb 的硬度为 40HRC、30SiMn2MoV 的硬度为 30HRC 时，通过图 6.20 以及图 6.21 中可以看出，在 $\Delta K > 30\text{MPa} \cdot \text{m}^{1/2}$ 后，30SiMn2MoV 的裂纹扩展速率明显高于 25Cr3Mo2NiWVNb，并很快失稳扩展至样品断裂。这表明：25Cr3Mo2NiWVNb 的硬度为 40HRC 时，仍保持着良好的韧性，其裂纹扩展速率仍然很低并保持着较长的稳态扩张状态，说明 25Cr3Mo2NiWVNb 具有比 30SiMn2MoV 更优的疲劳性能。

6.5 身管钢的高温低周疲劳

材料的高温低周疲劳性能是其在高温条件下对于裂纹萌生和扩展抗力大小的综合表征。材料的高温疲劳寿命高，说明其在高温条件下对于裂纹的萌生和扩展抗力高，对于内膛镀铬层脱落及内膛尺寸的扩大具有减缓作用，有利于身管寿命的延长。

6.5.1 高温低周疲劳测试

根据《金属材料轴向等幅低循环疲劳试验方法》(GB/T 15248—2008)，本试验选用高温低周疲劳试样图纸如图 6.22 所示，控制应变量为±0.6%，试验温度分别选取为 773K、873K，然后进行高温疲劳测试。

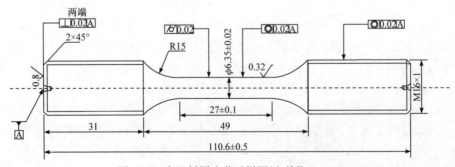

图 6.22　高温低周疲劳试样图纸(单位：mm)

6.5.2　身管材料高温低周疲劳

　　将 25Cr3Mo2NiWVNb 和 30SiMn2MoV 进行调质处理，在 973K 下测试两种材料的高温拉伸强度，25Cr3Mo2NiWVNb 的抗拉强度为 550MPa，30SiMn2MoV 的抗拉强度为 241MPa，然后进行高温疲劳测试。高温疲劳试样实物如图 6.23 所示，测试结果见图 6.24。

图 6.23　高温疲劳试样实物

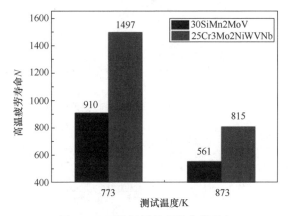

图 6.24　两种材料的高温疲劳寿命

　　从图 6.24 中可以看出，25Cr3Mo2NiWVNb 在 773K 条件下的疲劳寿命比 30SiMn2MoV 高 65%；873K 下比 30SiMn2MoV 高 45%。这说明，25Cr3Mo2NiWVNb 在长时间经受高温交变载荷时，对裂纹萌生和扩展的抗力较强，有助于减少镀铬层的脱落，保持内膛尺寸。因此，疲劳寿命除了使身管具有更高的可靠性外，还对延长身管的烧蚀寿命有重要意义，如能更好地保持身管初速等关键指标。

　　两种材料25Cr3Mo2NiWVNb 和 30SiMn2MoV 高温低周疲劳试验前后的 SEM 和 TEM 形貌照片见图 6.25～图 6.28。

　　从图 6.25 和图 6.26 中可以看出，30SiMn2MoV 高温低周疲劳试验前后组织变化较大，位错密度明显减少，晶界和晶内的碳化物粗化、长大。从图中可以看出，Fe_3C 颗粒由 100～200nm 增大至 200～400nm。由于 30SiMn2MoV 起固溶强

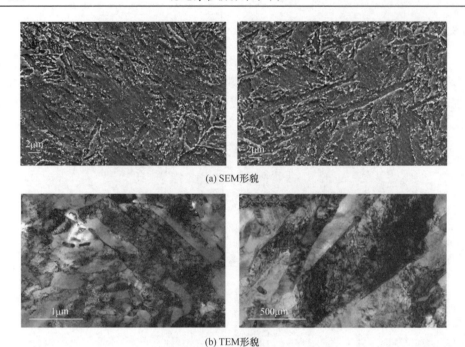

(a) SEM形貌

(b) TEM形貌

图 6.25　30SiMn2MoV 高温低周疲劳试验前的 SEM 和 TEM 形貌照片

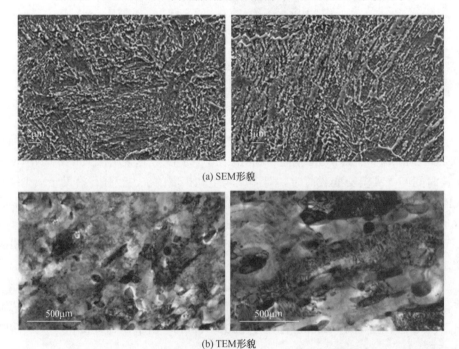

(a) SEM形貌

(b) TEM形貌

图 6.26　30SiMn2MoV 高温低周疲劳试验后的 SEM 和 TEM 形貌照片

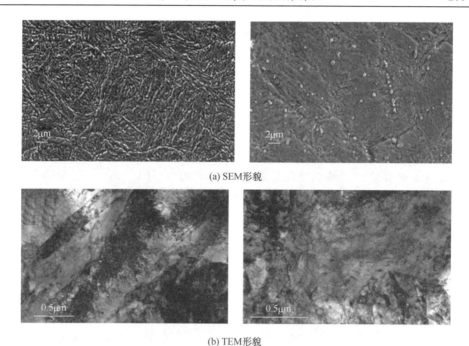

(a) SEM形貌

(b) TEM形貌

图 6.27　25Cr3Mo2NiWVNb 高温低周疲劳试验前的 SEM 和 TEM 形貌照片

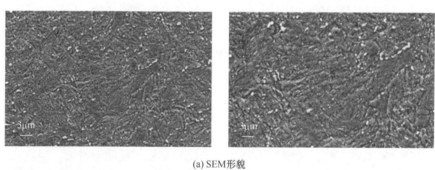

(a) SEM形貌

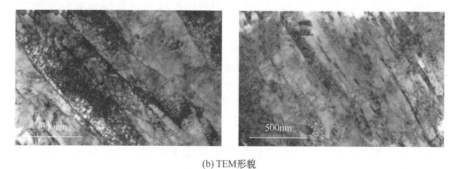

(b) TEM形貌

图 6.28　25Cr3Mo2NiWVNb 高温低周疲劳试验后的 SEM 和 TEM 形貌照片

化作用的合金元素以少量 Si、Mn、Mo 和 V 为主，含量均小于 1.5%，且基体上的碳化物基本为渗碳体(Fe_3C)，高温下稳定性较差，且容易长大，在高温应力条件下对基体组织回火的抗力较小，所示高温疲劳寿命较短。

分析图 6.27 和图 6.28 可见，25Cr3Mo2NiWVNb 高温低周疲劳试验前后的组织变化不明显，板条宽度均为 300～500nm，高温低周疲劳试验后板条内依然保持较高的位错密度。通过观察晶界和晶内的碳化物尺寸可以看出，高温低周疲劳试验后，直径为 0.3～1μm 的碳化物数量略有增加，尺寸变化不大；晶界内弥散分布的细小碳化物长度基本没有变化，厚度略有增加。Cr、Mo、W、V 等合金元素的固溶强化作用及其弥散分布的特殊碳化物(M_2C 和 MC)稳定性较高，延缓了马氏体的回火，且碳化物不易长大，使其具有较长高温疲劳寿命。

6.6　身管钢的热疲劳

国外研究热疲劳已有相当长的历史，Spera 等[35]发表了计算热应力的公式。Winkelmann 等[36]在德国研究陶瓷材料的热冲击时将热疲劳和热应力联系在一起。美国的 Lui 等[37]研究了快速冷却条件下玻璃的热冲击问题。最早研究延性材料热冲击的大概是德国的 Boas 等[38]，在研究用锡合金制造轴承时，他们首次提出了金属的疲劳概念。Coffin[39]相继发表了低周疲劳应变范围-寿命公式 Manson-Coffin 公式，使热疲劳由定性研究阶段进入定量研究阶段。20 世纪 50、60 年代初，各国相继报道了热疲劳、热机械疲劳的研究成果[40-52]。人们对热机械疲劳的认识和研究已经逐步深入，但由于其涉及温度、蠕变、应力和高温氧化等复杂因素，所以目前还处于试验总结规律和定性的对比分析阶段，对其机理的研究还欠深入。

国外对于身管疲劳性能已有一定的研究，但主要集中于身管材料的室温疲劳性能[53,54]。室温疲劳性能能够在一定程度上反映身管材料疲劳性能，但在连续射击时，身管温度会快速升高，故研究身管的热疲劳性能，更有利于了解身管在实际工作时的性能表现。

热疲劳的影响因素可分为材料内部因素和材料服役的外部因素，在特定的工况下，外部因素是一定的。因此，揭示材料内部因素对热疲劳抗力的影响对提高材料的热疲劳抗力具有重要理论与实际意义。

1. 化学成分的影响

钢中的碳及合金元素对热疲劳性能的影响取决于其含量与存在状态。合金元素与碳形成碳化物的类型、尺寸、形状、数量和热稳定性与热疲劳抗力密切相关。钒的碳化物、氮化物不仅可以在高温起到弥散强化的作用，而且可以改变蠕变变形机制，使其由沿穿晶位错滑移变为沿晶界滑移[55]。弹簧钢中加入 Ni 可以提高其抗腐蚀疲劳性能，低碳、低硫可以提高其韧性，而加入钒可以提高其断裂强度[56]。低碳、9%～12%Cr 高强马氏体钢之所以在高温设备中广为应用，主要是因为这种钢在回火马氏体组织中含有细小弥散的碳化物、氮化物，使得这种钢具有较强的抗蠕变能力，因此具有较好的热疲劳抗力[57]。Park 等[58]的研究表明，在高强低合金钢中，加入适量的 Nb 和 V 比单独加入其中一种具有更好的热疲劳抗力，而 Mn 的加入量则不宜过高，增加碳含量则会降低热疲劳抗力。

热作模具钢中加入稀土也可起到提高热疲劳抗力的作用。稀土的加入改善了碳化物的形态与分布，由连续网状的碳化物转变为孤立的块状碳化物或球状碳化物，使基体的连续性得到保护，对热循环引起的应力集中起缓冲作用，抑制了裂纹的萌生[59]。此外，基体中细小颗粒状的碳化物阻止了位错的运动，其结果增大了裂纹扩展阻力，降低了裂纹的扩展速率。

总的来说，W、Cr、Mo、V、Ti、Ni、Nb 等合金元素的含量在一定范围内有利于提高材料的热疲劳抗力，反之则有害。

2. 力学性能的影响

材料在循环变温的过程中，由于温度梯度的存在，低温部分对高温部分的膨胀有约束作用，约束作用所引起的热应力对高温部分的作用往往使高温部分发生压缩塑性应变，并在循环、冷却阶段在同一部位引起拉应力，拉应力值的大小取决于加热时的压缩塑性应变量。因此，提高室温拉伸屈服强度和高温压缩屈服强度有利于减小热疲劳过程中的塑性应变量，对提高材料的热疲劳抗力是有利的。另外，低周疲劳失效可以看作其组成相延性耗尽时出现的行为。热疲劳可以看作一种特殊形式的低周疲劳。高的塑性有利于局部应力的松弛，对提高热疲劳抗力有利[60,61]。因而，塑性是决定热疲劳寿命的重要因素之一。强度和塑性对热疲劳的不同阶段可能有不同的影响。热疲劳裂纹的萌生阶段主要受强度控制，扩展阶段主要受塑性控制。无论如何，只有良好的强度和塑性组合，才能保证长的热疲劳寿命。

3. 热处理工艺的影响

热处理工艺对钢的热疲劳抗力有很大影响，微观组织对热疲劳性能的影响均通过一定的热处理工艺来实现。合理的热处理工艺可使钢的强度和韧性得到最佳的组合，使材料的不均匀性及局部应力得以降低和消除，并能够保证钢的微观组织热循环稳定性达到最佳。

1) 奥氏体化温度的影响

适当的奥氏体化温度，可使钢的热疲劳抗力达到最佳。这是由于奥氏体化温

度对钢的晶粒大小、合金元素的固溶量和均匀程度有决定性的影响。提高奥氏体
化温度，固溶的碳化物增多，碳与合金元素在基体中的固溶量增加，使基体的淬
火硬度和强度提高，同时有利于回火时二次硬化峰的出现并增强抗回火软化能力。
另外，高温加热引起的晶粒粗化，引起钢的韧性降低，且随着淬火温度的升高，
残余奥氏体量将增加。少量残余奥氏体有利于韧性的提高，但太多残余奥氏体会
在回火后析出晶界碳化物而导致脆化，反而对热疲劳抗力不利[62]。

2) 回火温度的影响

回火温度对钢的热疲劳抗力有明显的影响[63]。这是因为不同回火温度对应不
同的硬度，提供了不同稳定程度的微观组织和不同强度与塑性的组合。在回火温
度较低时，钢的强度较高，但塑性较差，微观组织在热循环过程中的稳定性也较
低。随着回火温度的提高，钢的塑性和微观组织的热稳定性不断增强，热疲劳抗
力随之增加。当回火温度超过某一最佳温度时，钢的塑性和热稳定性虽然有所提
高，但强度的迅速下降占据了主导地位，使热疲劳抗力降低。

4. 微观组织对疲劳性能的影响

一些研究者进行了微观组织对疲劳性能影响的研究，但这方面的报道较少且
不系统，其内容主要集中于常温高周疲劳与低周疲劳领域。

1) 奥氏体的影响

长期以来，钢中奥氏体对疲劳性能的影响一直颇有争议。一些人认为，奥氏
体在一定循环应力下将转变为脆性的马氏体，这将加速裂纹扩展，降低热疲劳抗
力。一些人认为，形变诱发奥氏体转变为马氏体必须吸收应变能，这将提高材料
的热疲劳抗力。Hu 等[64]研究了奥氏体对复相钢(包含铁素体、马氏体、奥氏体)
低周疲劳的影响，并得出结论：①对于低应变疲劳，在裂纹萌生和早期扩展阶段，
应变诱发奥氏体向马氏体转变，裂纹尖端的应变能将被复相钢中的奥氏体吸收，
从而降低裂纹的缺口敏感性，增加裂纹萌生所需的循环周次，降低裂纹扩展速率。
②对于高应变疲劳，奥氏体容易转变为孪晶马氏体，裂纹易在孪晶马氏体界面上
萌生，所以奥氏体量越多，裂纹扩展越快。③如果裂纹尖端扩展的临界能小于奥
氏体转变为马氏体消耗的能量，奥氏体就会增加材料的热疲劳抗力；反之，就会
降低材料的热疲劳抗力。

2) 马氏体的影响

近年来，人们进行了一些双相钢低周疲劳行为的研究。研究人员指出，铁素
体、马氏体(M)等延性钢的疲劳行为是塑性应变累积以及裂纹萌生和扩展的结果。
应变的分布和开裂倾向多依赖双相钢中的微观组织。研究还表明：在较高应变幅
(0.5%和1.0%)下，随着马氏体含量增至10%，循环硬化迅速增加。当马氏体含量
达到10%~50%时，该趋势达到一个饱和值。因此，增加马氏体含量并控制其最大

值为 50%，对提高热疲劳抗力是有利的；当超过 50%时，其热疲劳抗力明显恶化。

5. 晶粒尺寸和析出物尺寸的影响

1) 晶粒尺寸的影响

根据霍尔-佩奇公式可知，材料的屈服强度随着晶粒尺寸的增大而降低。有些研究人员提出，晶粒尺寸的增大会降低材料的热疲劳抗力。例如，文献[65]指出：稀土元素提高热疲劳抗力的原因之一是稀土元素有细化晶粒的作用。人们普遍认为，淬火温度过高会引起晶粒粗大，粗晶粒对热处理硬化钢的延性和韧性是有害的，故细化晶粒和组织有利于热疲劳抗力的提高。尽管晶粒尺寸对热疲劳性能影响的研究并不全面，但它对室温下热疲劳性能影响的研究是较为深入的。

许多研究人员发现，较小的晶粒尺寸对裂纹的萌生和扩展都具有较大的阻力，晶界被看作裂纹扩展的障碍。当裂纹尖端到达晶界时，如果裂纹面的位向与裂纹尖端下一晶粒的取向相差较大，则裂纹扩展将受到较大的阻力，降低了裂纹扩展速率或停止扩展。故晶粒越细小，其抗疲劳性能越好。相反，人们在研究单晶或定向凝固材料时，认为晶界是裂纹萌生与扩展的通道。所以，晶粒越大，晶界越少，抗疲劳性能越好[66]。

2) 析出物尺寸的影响

大多数析出强化的合金，其基体在时效处理时均可在晶粒内形成几种析出物，析出物的间距明显小于合金的晶粒尺寸。其形状、大小、分布间距变化不一，以积聚态、半积聚态或孤立态存在。积聚态、半积聚态的析出物会促使平面滑移，使裂纹扩展驱动力随着晶粒尺寸的增大而增大。当析出物以孤立态存在时，易使裂纹尖端塑性钝化，从而降低晶粒尺寸对裂纹扩展驱动力的影响。若析出物为小盘状(有较大宽厚比)，且存在于积聚态析出物中间，则它们就可以缩短平面滑移的距离，强迫断层进行交滑移。在这种情况下，这些孤立态析出物的间距比圆球状析出物的间距对裂纹扩展的影响更大。但当其间距与晶粒尺寸接近时，析出物的作用就会减小，而晶粒尺寸开始主导疲劳行为。

热疲劳性能与二次碳化物的弥散分布程度有密切关系。在热循环过程中，当二次碳化物发生急剧长大时，基体和第二相质点的力学性能及热物理性能不同，在热疲劳过程中易产生应力集中导致局部塑性变形，这样第二相和基体交界处就会产生裂纹；当第二相质点的强度很低时，第二相自身的开裂也导致裂纹的产生，这都使钢的热疲劳性能变坏。当冷热循环过程中除二次碳化物积聚长大外，还有新的碳化物继续弥散析出时，微细碳化物对晶粒长大及裂纹的扩展起阻碍作用。碳化物的析出还将引起钢的循环硬化效应，提高钢的热疲劳抗力。所以，当碳化物阻碍晶粒长大、阻止裂纹扩展时，其对热疲劳抗力起有利作用，此时碳化物一般呈细小弥散分布；当碳化物作为裂纹形核的发源地或成为裂纹扩展的低能量通道时，降低了钢的热疲劳抗力，此时碳化物一般粗大或沿晶分布。因此，为保证在瞬时性、强载荷、极端环境中身管材料能够可靠工作，并满足规定的质量指标，研究身管材料的疲劳寿命规律有着极其重要的意义。

热疲劳是身管钢失效形式之一。产生热疲劳裂纹的主要因素为温度循环应力、拉应力及塑性应变，因此降低温度循环幅、增加模具材料强韧性、形成表面压应力，均可推迟或延缓热疲劳裂纹的形成与扩展。

本研究热疲劳试验是在自约束型热疲劳试验机上进行的，循环温度为室温293K(流动常温水)至 973K。以预制裂纹尖端为起始点，裂纹出现至长度达到0.2mm为热疲劳裂纹萌生阶段;裂纹长度大于0.2mm以后为热疲劳裂纹扩展阶段。以相同循环周次下热疲劳主裂纹的长度与表面龟裂程度为标准评定不同微观组织对热疲劳裂纹扩展的抗力。预制裂纹的作用是造成应力集中，保证裂纹在预期位置处萌生并扩展，以便于观察裂纹的扩展与采集，并记录试验数据及加快试验进程。

6.6.1　热疲劳的测试方法

根据《热作模具钢热疲劳试验方法》(GB/T 15824—2008)，本试验选用自制的电阻炉加热自约束热疲劳试验机进行热疲劳试验，试样尺寸如图 6.29 所示，试验温度为 0～973K，冷却介质为循环水，循环周次为 1000 次，观察裂纹长度和评定热疲劳等级。

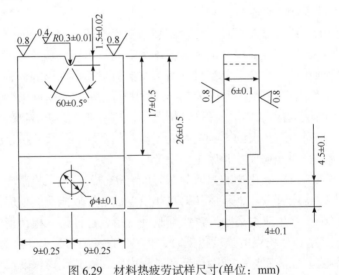

图 6.29　材料热疲劳试样尺寸(单位：mm)

6.6.2　身管钢的热疲劳性能

以现有 30SiMn2MoV 和 25Cr3Mo2NiWVNb 为例，热处理状态为这两种材料在某工况确定的力学性能，对身管材料的热疲劳性能进行研究对比分析。

图 6.30 为 30SiMn2MoV 和 25Cr3Mo2NiWVNb 经 1000 次冷热循环后的裂纹情况。从图 6.30 中可以看出，30SiMn2MoV 表面龟裂较为严重，龟裂纹很大，而 25Cr3Mo2NiWVNb 的表面只有局部发现微小裂纹，裂纹分散且细小；通过对两种身管钢主裂纹的测量可知，30SiMn2MoV 主裂纹长度为 475μm，而 25Cr3Mo2NiWVNb 主裂纹长度为 367μm，且宽度仅为 30SiMn2MoV 的 1/5～1/3。根据热疲劳标准图谱进行评级，30SiMn2MoV 和 25Cr3Mo2NiWVNb 分别为 4 级和 1 级。

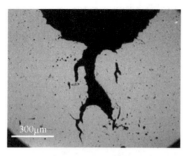 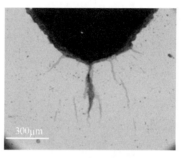

(a) 30SiMn2MoV　　　　　　　　(b) 25Cr3Mo2NiWVNb

图 6.30　两种材料经 1000 次冷热循环后的裂纹情况

图 6.31 为 30SiMn2MoV 和 25Cr3Mo2NiWVNb 经 1000 次冷热循环后硬度变化曲线。可以发现两种钢都出现了硬度的衰减现象，由于初始硬度的不同，所以可以比较两种身管材料的硬度变化差值，经过 1000 次冷热循环后 30SiMn2MoV 硬度降低了 5HRC，而 25Cr3Mo2NiWVNb 硬度仅降低了 1HRC。这表明，25Cr3Mo2NiWVNb 的抗循环软化能力显著强于 30SiMn2MoV。

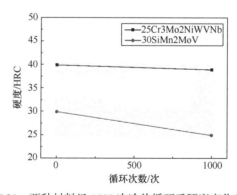

图 6.31　两种材料经 1000 次冷热循环后硬度变化曲线

图 6.32 为两种材料经 1000 次冷热循环后的组织形貌。从图 6.32 中可见，30SiMn2MoV 发生明显的回火再结晶，没有明显的马氏体板条，且析出的碳化物

较多，并且有明显的碳化物长大趋势；而 25Cr3Mo2NiWVNb 仍保留马氏体板条特征，且碳化物并没有明显长大趋势，表明其具有较高的热稳定性。同时这些细小而弥散分布的碳化物分布在淬火马氏体板条间，有效阻止了马氏体的回火与再结晶。另外，在冷热循环的过程中裂纹扩展可以有效地被细小弥散分布的碳化物阻止。同时还发现，碳化物和基体开裂处是热疲劳裂纹的萌生区，尺寸大的粒子易与基体分离，裂纹容易扩展。因此，25Cr3Mo2NiWVNb 比 30SiMn2MoV 具有更好的热稳定性。

 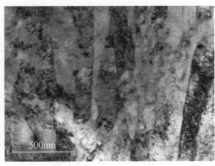

(a) 30SiMn2MoV　　　　　　　　　　　(b) 25Cr3Mo2NiWVNb

图 6.32　两种材料经 1000 次冷热循环后的组织形貌

6.6.3　热疲劳机制计算与探讨

身管钢在服役过程中需频繁地加热冷却，故在服役期间承受热应力。加热时，它们的表面比相邻内层受热快，随后膨胀产生压应力。冷却时，表面温度下降得快，从而产生拉应力。材料弹塑性应变区域内连续不断的交变拉伸应力和压缩应力，导致裂纹产生、扩展和零件的断裂。

根据 Coffin-Manson 公式：

$$N_f \cdot \varepsilon_p = C \cdot \varepsilon_f \tag{6.14}$$

式中，N_f 为裂纹萌生的循环周次；C 为材料常数；ε_p 为每一次循环的塑性应变幅；ε_f 为断裂时的真应变。

变换可得

$$N_f = C \cdot \frac{\varepsilon_f}{\varepsilon_p} \tag{6.15}$$

而其中，

$$\varepsilon_p = \alpha \cdot (T_1 - T_2) + 2\sigma_{s1}\left(\frac{1-2v_1}{E_1}\right) - 2\sigma_{s2}\left(\frac{1-2v_2}{E_2}\right) \tag{6.16}$$

式中，α 为热膨胀系数；T_1 为循环上限温度；T_2 为循环下限温度；ν_1 为循环上限泊松比；ν_2 为循环下限泊松比；E_1 为循环上限弹性模量；E_2 为循环下限弹性模量；σ_{s1} 为循环上限屈服强度；σ_{s2} 为循环下限屈服强度。

如果忽略热循环过程中弹性模量和泊松比的变化，则式(6.16)可简化为

$$\varepsilon_{\mathrm{p}} = \alpha \cdot (T_1 - T_2) + 2(\sigma_{s1} - \sigma_{s2})\left(\frac{1 - 2\nu}{E}\right) \tag{6.17}$$

本试验两种材料 30SiMn2MoV 和 25Cr3Mo2NiWVNb 的相关性能见表 6.3。

表 6.3　两种身管钢的典型参数

材料	抗拉强度/MPa		屈服强度/MPa		弹性模量 /MPa	断裂韧性 /(MPa·m$^{1/2}$)	泊松比	热膨胀系数 /(×10^{-6}℃)
	室温	973K	室温	973K				
30SiMn2MoV	929	249	840	131	203000	120	0.258	15.3
25Cr3Mo2NiWVNb	1284	585	1186	495	213000	104	0.290	13.5

本试验具有相同的温度上下限，将相关数据代入式(6.17)计算出 ε_{p}。

30SiMn2MoV：

$$\varepsilon_{\mathrm{p}} = \alpha\left(T_1 - T_2\right) + 2\left(\sigma_{s2} - \sigma_{s1}\right)\left(\frac{1 - 2\nu}{E}\right)$$

$$= 15.6 \times 10^{-6} \times (700 - 26) + 2 \times (131 - 840)\left(\frac{1 - 2 \times 0.258}{203000}\right)$$

$$\approx 7.1 \times 10^{-3}$$

25Cr3Mo2NiWVNb：

$$\varepsilon_{\mathrm{p}} = \alpha\left(T_1 - T_2\right) + 2\left(\sigma_{s2} - \sigma_{s1}\right)\left(\frac{1 - 2\nu}{E}\right)$$

$$= 13.5 \times 10^{-6} \times (700 - 26) + 2 \times (495 - 1186)\left(\frac{1 - 2 \times 0.258}{213000}\right)$$

$$\approx 5.8 \times 10^{-3}$$

由以上数据，将 ε_{f} 代入式(6.15)中，在相同断裂时真应变 ε_{f} 的情况下，每一次循环的塑性应变幅越小，裂纹萌生循环周次 N_{f} 越大。对于身管的相同部位，发生断裂时的 ε_{f} 是相同的，而通过计算结果可以看出，30SiMn2MoV 的 ε_{p} 大于 25Cr3Mo2NiWVNb，故 25Cr3Mo2NiWVNb 的 N_{f} 更大。因此可以看出，在冷热循环过程中，25Cr3Mo2NiWVNb 具有比 30SiMn2MoV 更好的抗裂纹萌生性能，这也与试验结果相一致。

6.7　本章结论

本章测试研究与分析传统枪管钢 30SiMn2MoV 与新型热作模具钢 25Cr3-Mo2NiWVNb 材料的断裂韧性、裂纹扩展速率、高温疲劳、热疲劳性能，同时根据工况条件，对材料的疲劳裂纹扩展寿命进行了预测与计算，得出以下结论：

(1) 在相同硬度及工况硬度下，25Cr3Mo2NiWVNb 的疲劳裂纹扩展速率低于 30SiMn2MoV，并且在稳态扩展区中的速率是 30SiMn2MoV 的 1/2，故 25Cr3Mo2NiWVNb 具有更优异的抗疲劳裂纹扩展性能。

(2) 对于材料的高温疲劳及热疲劳性能，25Cr3Mo2NiWVNb 都远高于 30SiMn2MoV，说明其在高温下及冷热循环条件下都具有更好的疲劳性能和更长的热疲劳寿命。

(3) 综上所述，具有室温低裂纹扩展速率、高温疲劳性能的 25Cr3Mo2NiWVNb 较 30SiMn2MoV 具有更高的安全性和可靠性。

参 考 文 献

[1] 申进兴. 枪械寿命[M]. 太原: 山西高校联合出版社, 1994.

[2] 胡士廉, 吕彦, 胡俊, 等. 高强韧厚壁炮钢材料的发展[J]. 兵器材料科学与工程, 2018, 41(6): 108-112.

[3] 张锐生. 近代高强度炮钢[J]. 兵器材料科学与工程, 1995, 18(3): 3-9.

[4] 闵恩泽. 枪管用钢的热强性与抗烧蚀性能的关系[J]. 金属材料与热加工工艺, 1979, 2(4): 13-22.

[5] 孙文山. 高强度厚壁自紧炮管用钢的强韧性探讨[J]. 兵器材料科学与工程, 1986, (3): 15-20.

[6] 张锐生. 高强度炮钢的断裂韧度[J]. 兵器材料科学与工程, 1997, 20(5): 45-52.

[7] 束德林. 工程材料力学性能[M]. 2 版. 北京: 机械工业出版社, 2007.

[8] 曾志银, 张军岭, 吴兴波. 火炮身管强度设计理论[M]. 北京: 国防工业出版社, 2004.

[9] 白德忠. 身管失效与炮钢材料[M]. 北京: 兵器工业出版社, 1989.

[10] 李鹤飞. 高强钢断裂韧性与裂纹扩展机制研究[D]. 合肥: 中国科学技术大学, 2019.

[11] 张兴. 低屈强比高强度结构钢的发展概况[J]. 宽厚板, 2018, 24(4): 35-38.

[12] 张树松, 汤谨, 彭渝丽, 等. 提高 Cr-Mo-V 系炮钢韧性的有效途径[J]. 兵器材料科学与工程, 1997, 20(1): 4-11.

[13] 郭峰, 黄进峰, 吴护林, 等. 高强韧性炮钢的组织和力学性能[J]. 金属热处理, 2005, 30(11): 35-38.

[14] 白德忠. 厚壁炮钢的生产与科研[J]. 金属材料与热加工工艺, 1980, 3(1): 73-80.

[15] 孙文山. 电渣重熔是生产高强度高韧性厚壁炮钢经济有效的工艺途径[J]. 兵器材料科学与工程, 1985, 8(4): 10-18.

[16] 李正邦. 电渣冶金的理论与实践[M]. 北京: 冶金工业出版社, 2010.

[17] 徐进, 姜先畲, 陈再枝, 等. 模具钢[M]. 北京: 冶金工业出版社, 1998.

[18] 张树松. 由控制显微组织提高钢的强韧性[J]. 兵器材料科学与工程, 1986, 9(6): 41-50.

[19] 张树松, 周淑兰, 仝爱莲. 提高调质高强度钢韧性及其机理的研究[J]. 材料科学进展, 1988, 2(4): 34-43.

[20] 张国瀚, 钱剑晨, 赵锦云, 等. 双重淬火对炮钢强韧性的影响[J]. 兵器材料科学与工程, 1987, 10(10): 27-33.

[21] 李新宇. Co-Mo 不锈轴承钢的组织结构和强韧、疲劳性能研究[D]. 昆明: 昆明理工大学, 2017.

[22] Tong J, Byrne J. Effects of frequency on fatigue crack growth at elevated temperature[J]. Fatigue & Fracture of Engineering Materials & Structures, 1999, 22(3): 185-193.

[23] Osinkolu G A, Onofrio G, Marchionni M. Fatigue crack growth in polycrystalline IN718 superalloy[J]. Materials Science and Engineering, 2003, 356(1-2): 425-433.

[24] Haley M R, Larson H R, Kleeschulte D G. Systems approach to failure resistant cast steel railroad carwheel design[J]. Journal of Engineering Materials and Technology, 1980, 102 (1): 26-31.

[25] Onofrio G, Osinkolu G A, Marchionni M. Fatigue crack growth of UDIMET 720 Li superalloy at elevated temperature[J]. International Journal of Fatigue, 2001, 23(10): 887-895.

[26] Mercer C, Soboyejo A B O, Soboyejo W O. Micromechanisms of fatigue crack growth in a single crystal Inconel 718 nickel-based superalloy[J]. Acta Materialia, 1999, 47(9): 2727-2740.

[27] 颜鸣皋. 金属疲劳裂纹初期扩展的特征及其影响因素[J]. 航空学报, 1983, 4(2): 13-29.

[28] 张纪奎, 吴烈苏, 马少俊, 等. 航空铝合金弹塑性状态疲劳裂纹扩展速率试验[J]. 北京航空航天大学学报, 2013, 39(9): 1218-1221, 1227.

[29] 颜鸣皋. 飞机结构材料疲劳裂纹的扩展机制及其工程应用[J]. 航空学报, 1985, 6(3): 208-222.

[30] Zheng X L. A simple formula for fatigue crack propagation and a new method for the determination of ΔK_{th} [J]. Engineering Fracture Mechanics 1987, 27(4): 465-475.

[31] Zheng X L. Notch strength and fracture toughness in fracture mechanisms[J]. Proceeding International Conference (ASM), 1985, 2(2): 41-44.

[32] Ritchie R O, Knott J F. Mechanisms of fatigue crack growth in low alloy steel[J]. Acta Metallurgica, 1973, 21(5): 639-648.

[33] Creager M, Paris P C. Elastic field equations for blunt cracks with reference to stress corrosion cracking[J]. International Journal of Fracture Mechanics, 1967, 3(4): 247-252.

[34] 吴圣川, 李存海, 张文, 等. 金属材料疲劳裂纹扩展机制及模型的研究进展[J]. 固体力学学报, 2019, 40(6): 489-538.

[35] Spera D A, Mowbray D F. Thermal fatigue of materials and components [M]. West Conshohocken: ASTM International, 1976: 1-12.

[36] Winkelmann A, Schott O. Über thermische Widerstandscoefficienten verschiedener Gläser in ihrer Abhängigkeit von der Chemischen Zusammensetzung[J]. Annalen Der Physik, 1894, 287(4): 730-746.

[37] Liu Y H, Kang M D, Wu Y, et al. Crack formation and microstructure-sensitive propagation in low cycle fatigue of a polycrystalline nickel-based superalloy with different heat treatments[J].

International Journal of Fatigue, 2018, 108: 79-89.

[38] Boas W, Honeycombe R W K. Thermal fatigue of metals[J]. Nature, 1944, 153(3886): 494-495.

[39] Coffin L F. A study on the effect of cyclic thermal stresses on a ductile metal[J]. Transactions of the American Society of Mechanical Engineers. (ASME), 1954, 76: 931-950.

[40] 彭其凤, 裘平健, 汤临立, 等. 热交变应力下热模钢的疲劳行为[J]. 机械工程材料, 1983, 7(5): 18-22, 41.

[41] 冯晓曾, 刘剑虹. 3Cr2W8V、4Cr5MoSiVI 钢热疲劳机理及热疲劳抗力的差异[J]. 安徽工学院学报, 1988, 7(2): 1-9.

[42] Schelp M, Eifler D. Evaluation of the HCF-behavior of 42CrMoS4 by means of strain, temperature and electrical measurements. [J]. Materials Science and Engineering, 2001, 319-321: 652-656.

[43] Kärenlampi P P. The effect of material disorder on fatigue damage induced by unidirectional loading[J]. Engineering Fracture Mechanics, 2004, 71(4-6): 719-724.

[44] 李国彬, 凌超. 4Cr5MoSiV1 钢和 3Cr2W8V 钢热疲劳寿命的研究[J]. 钢铁, 1997, 32(4): 51-54, 26.

[45] Sehitoglu H. Thermal-mechanical fatigue life prediction methods[J]. ASTM, 1992, 1122: 47-76.

[46] Chang S H, Wu S K. Damping characteristics of as-spun and annealed Ti51Ni49 ribbons measured by dynamic mechanical analysis[J]. Journal of Alloys and Compounds, 2013, 577: S175-S178.

[47] 何晋瑞. 金属高温疲劳[M]. 北京: 科学出版社, 1988.

[48] Samrout H, el Abdi R. Fatigue behaviour of 28CrMoV5-08 steel under thermomechanical loading[J]. International Journal of Fatigue, 1998, 20(8): 555-563.

[49] 王要利, 宋克兴, 张彦敏. 热作模具钢热疲劳行为的研究现状[J]. 材料热处理学报, 2018, 39(4): 1-13.

[50] Miller D A, Priest R H. Materials Response to Thermal-Mechanical Strain Cycling, High Temperature Fatigue Properties and Prediction[M]. Amsterdam: Elesvier Applied Science Publishers, 1983.

[51] 宋志坤, 刘伟, 何庆复. 金属材料热疲劳寿命的定量研究方法[J]. 机械工程材料, 1999, 23(5): 4-5,17.

[52] Murtaza G, Akid R. Empirical corrosion fatigue life prediction models of a high strength steel[J]. Engineering Fracture Mechanics, 2000, 67(5): 461-474.

[53] Murtaza G, Akid R. Modelling short fatigue crack growth in a heat-treated low-alloy steel[J]. International Journal of Fatigue, 1995, 17(3): 207-214.

[54] 董一. 铜基镍镀层双金属试样高温热疲劳损伤机理研究[D]. 淄博: 山东理工大学, 2017.

[55] 王彤, 潘晴川, 刘杰, 等. Cr17Mn10 耐热钢的耐热疲劳性能研究[J]. 热加工工艺, 2017, 46(18): 71-74, 78.

[56] Hamada K, Tokuno K, Tomita Y, et al. Effects of precipitate shape on high temperature strength of modified 90Cr-1Mo steels[J]. ISIJ International, 1995, 35(1): 86-91.

[57] Nakano T, Sakakibara T, Wakita M, et al. Effect of alloying elements and surface treatment on corrosion fatigue strength of high-strength suspension coil springs[J]. JSAE Review, 2001,

22(3): 337-342.

[58] Park J H, Kweon Y G, Kim H J, et al . The effects of alloying elements on thermal fatigue and thermal shock resistance of the HSLA cast steels[J]. ISIJ International, 2000, 40(11): 1164-1169.

[59] Gustafson A, Agren J. Modelling of carbo-nitride nucleationin 10% Cr steel[J]. Acta Materialia, 1998, 46(1): 81-90.

[60] 常立民, 刘建华, 于升学, 等. 稀土元素对低铬半钢热疲劳性能的影响[J]. 中国稀土学报, 2002, 20(1): 85-87.

[61] Poonguzhali A, Ningshen S, Amarendra G. Effect of cold working on corrosion fatigue behavior of austenitic stainless steel in acidified chloride medium[J]. Procedia Structural Integrity, 2019, 14: 705-711.

[62] Sherman A M, Davies R G. The effect of martensite content on the fatigue of a dual-phase steel[J]. International Journal of Fatigue, 1981, 3(1): 36-40.

[63] Li Z H, Han J G, Wang Y, et al. Low cycle fatigue investigations and numerical on dual phase steel with different microstructures[J]. International Journal of Fatigue, 1990, 13(2): 229-240.

[64] Hu Z Z, Ma M L, Liu Y Q, et al. The effect of austenite on low cycle fatigue in three-phase steel[J]. International Journal of Fatigue, 1997, 19(8-9): 641-646.

[65] 丁柏群, 曹贵允, 吴遥, 等. 60CrMn MoRE 钢热疲劳性能研究[J]. 钢铁, 1999, 34(2): 38-42.

[66] Vasudevan A K, Sadananda K, Rajan K. Role of microstructures on the growth of long fatigue cracks[J]. International Journal of Fatigue, 1997, 19(93): 151-159.

第7章 身管钢应力集中与疲劳寿命

7.1 引　言

　　枪炮武器每进行一次射击，身管内膛就承受一次热和膛压作用，发生一些细微永久变形和力学性能下降。当超过一定射击发数时，应力疲劳不断累积使得内膛表面出现裂纹，并沿管壁逐渐生长、扩展。对于枪炮武器身管，这种情况更为明显。射击时，枪管内膛承受复杂、剧烈热流脉冲和膛压载荷，载荷具有持续时间短、幅度大等特点。身管内壁尤其是镀铬层温度和应力远大于其他部位，在连续射击时，身管基体内壁特别是镀铬层热应力累积严重，直至发生疲劳破坏。裂纹最开始在身管钢和镀铬层界面出现和扩展，疲劳破坏最终使得镀铬层剥落或基体裂纹萌生扩展等，从而导致身管失效。

　　身管的烧蚀磨损机制复杂，涉及学科多，而且在武器的设计和制造过程中，很少从身管的失效机理角度进行考虑，很大程度上都是依赖试验数据和经验方法来进行设计与生产。传统观念认为，枪炮身管失效主要来自内膛的烧蚀磨损[1]，进而导致膛压、初速和精度下降，但同时材料的疲劳性能对于身管的寿命也有着十分重要的影响。特别是随着实际服役工况对战技要求的不断提高，某些高膛压武器系统身管膛压比传统膛压高出近 2 倍[2]，材料的疲劳特性对于身管寿命的影响越来越显现。

　　随着武器装备水平的不断发展，服役于高温的材料应用范围也越来越大，且变温边界向更高的上限温度和更低的下限温度发展，使得零件和结构由交变温度造成的热疲劳现象日益严重。另外，设计、加工过程中材料难以避免地会有倒角、刀痕等，以及材料本身的各种缺陷，这些都会产生应力集中，并可能造成疲劳裂纹的萌生。因此，对上述情况的疲劳性能研究就显得越来越重要。

　　本章在第 6 章对身管材料本身疲劳特征研究的基础上，以传统枪管钢30SiMn2MoV、中碳钢 40Cr5MoSiV1 和新型热作模具钢 25Cr3Mo2NiWVNb 为载体，通过预制缺口来模拟身管应力集中工况，针对身管应力集中对身管疲劳寿命的影响进行系统研究，以期更好地指导材料选择与研究、身管设计、加工和应用。

7.2　应力集中与疲劳寿命

7.2.1　研究现状及发展

　　材料的失效形式主要包括断裂、腐蚀及磨损。其中，断裂为一种早期快速失效。据统计资料显示，绝大多数断裂是由疲劳引起的，在机械零部件的断裂失效总数中，疲劳失效占 50%～90%。在某些工业部门，疲劳失效占断裂事件的 80%～90%[3]。金属机件或构件在变动应力和应变作用下，由积累损伤引起的断裂现象称为疲劳断裂，疲劳断裂是应力循环延时断裂，即具有寿命的断裂。疲劳寿命随应力不同而变化，应力高寿命短，应力低寿命长，当应力低于某一临界值时，寿命可达无限长[4, 5]。热作模具钢使用时承受着交变载荷的作用，疲劳破坏在其失效过程中起重要作用。如前所述，材料都是由烧蚀磨损和疲劳损伤共同作用而导致寿终的，但是随材料类型不同，这两种作用的主次也不同。随着热作模具钢的发展，低周疲劳破坏已成为材料失效的主要原因，材料寿命受疲劳寿命的限制。在热作模具钢发展史上，这种低于设计允许应力的低周载荷引起的断裂失效，曾经造成过严重事故。据文献报道[6, 7]，在 20 世纪 60 年代，美国研究表明，热作模具钢失效的宏观断口属于典型的疲劳断口，而且 $K_{IC}<K_I$ 是引起裂纹失稳扩展和断裂的根本原因。

　　目前，提高身管疲劳寿命的主要途径是采取材料自紧技术和提高材料用钢的韧性[8]。前者的主要作用在于自紧残余应力的存在，改善身管内应力分布状态，提高材料承受膛压的能力，从而延长材料疲劳寿命。后者包括提高材料用钢的断裂韧性和冲击韧性指标。材料断裂韧性和冲击韧性的提高，可以减少裂纹萌生，降低材料疲劳裂纹扩展速率，增大临界裂纹尺寸值，提高材料断裂时所需要的冲击功，从而延长疲劳寿命，以保证材料的安全性。提高现有热作模具钢材料的韧性有多种途径，具体包括调整化学成分、冶炼工艺、材料组织控制等。材料工况十分复杂，材料失效机理还需进一步深入研究。前人对材料失效机理的两个方面(烧蚀磨损和疲劳破坏)进行了大量研究[9]，取得了一些阶段性成果。在此基础上作者采取了一定工程技术措施，例如，通过使用缓蚀剂和镀层技术改进等减轻材料烧蚀磨损；通过各种措施，包括调整化学成分、纯净化制备工艺、研究新型热处理工艺等提高韧性，从而延长材料疲劳寿命。

　　疲劳裂纹常在以下位置萌生：①塑性应变集中处；②第二相的脆性断裂与基体的开裂处；③高温下的氧化处；④点蚀坑；⑤夹杂物。产生疲劳裂纹的位置在塑性变形最严重之处。与拉压力成 90°的晶界裂纹，主要通过空位凝聚过程成长，因为在这个方向上空位的饱和浓度最大；与拉应力成 45°的晶界上的位错滑动是很重要的，因为此处的分解切应力最大。其机理是，在塑性变形最大的地方位错运动最剧烈，位错的相互交割形成割阶位错[10-12]。在热应力的作用下割阶位错的运动留下许多空位，在高温下这些空位借助热振动而运动到晶界或亚晶界附近积累形成微裂纹。基体和第二相质点的力学性能及热物理性能不同，在热疲劳过程中易产生应力集中，从而导致局部塑性变形，这样夹杂物和基体交界处就会产生裂纹。当第二相质点的强度很低时，第二相自身的开裂也导致裂纹的产生。Beck等[13,14]发现裂纹常萌生于树枝晶间的碳化物处。Schelp 等[15]指出晶界上的碳化物是空洞形核的发源地。但微细碳化物对晶粒长大及裂纹的扩展起阻碍作用。碳化物等沉淀物的析出引起钢的循环硬化效应[16]。以上观点说明，当碳化物阻碍晶粒长大、阻止裂纹扩展时，对热疲劳性能起有利作用；当碳化物作为裂纹形核策源地或成为裂纹扩展的低能量通道时，则损坏钢的热疲劳抗力。

7.2.2 影响疲劳性能的因素

1. 表面加工对疲劳性能的影响

表面完整性反映了表面状态(如表面形貌、表面粗糙度、表面层的组织结构和残余应力等)的良好程度，直接影响着疲劳性能。国外对零件进行设计时综合考虑了结构完整性和表面完整性的统一，而目前我国仍然只注重结构完整性而不重视表面完整性的重要影响。结构完整性是从静力强度和疲劳强度两方面提出的，是通过机械设计来保证强度的可靠；而表面完整性是从机械加工等角度提出来的，主要是为了保证表面状态的完好和避免出现裂纹、过烧、脱碳等表面缺陷。常温下表面形变强化的主要强化机制是表面层存在一定深度的残余应力，即表面形变强化引入残余应力。残余应力对机械构件的性能产生重要影响，在制造过程中残余应力是产生变形和开裂等工艺缺陷的主要原因；而在加工以后，残余应力将影响构件的静强度、疲劳强度、抗应力腐蚀开裂能力及形状、尺寸的稳定性等。

高玉魁等[17]通过对 30CrMnSiNi2A 钢采用粗磨削、精磨削、振动光饰、振动强化和喷丸强化等不同的表面加工方式获得了不同的表面状态，研究了不同表面加工条件下的表面粗糙度、表面残余应力对其疲劳性能的影响。结果表明：30CrMnSiNi2A 钢的疲劳性能对表面状态敏感，其中喷丸强化可使疲劳寿命在相同的应力(900MPa)条件下由粗磨削的 $3.16×10^3$ 循环周次提高到 $3.31×10^5$ 循环周次。振动强化和喷丸强化可以有效地提高疲劳性能，粗磨削和精磨削加工试样再经振动强化和喷丸强化处理的疲劳性能差别很小。

2. 缺口应力集中对疲劳性能的影响

由于结构设计所需机械零件不可避免地存在各种类型的缺口，所以在外载荷作用下缺口处会形成局部的应力集中，这往往成为零件的薄弱环节和断裂源。理论应力集中系数用来反映材料在弹性范围内缺口处的应力集中程度。由于不同的材料对应力集中的敏感性不同，工程上常用疲劳缺口系数 K_t 来反映缺口应力集中对材料疲劳强度的影响。由于受常规疲劳试验方法加载频率的限制，有关材料疲劳缺口系数的研究主要集中在 10^7 循环周次以下循环范围内。随着工业技术的飞速发展，众多工程构件所承受的疲劳循环已远超 10^7 循环周次，而达到 $10^8 \sim 10^{10}$ 的超高循环周次。为提高构件疲劳强度设计的范围和精度，保证工程构件的安全性和可靠性，目前对工程材料在 10^7 循环周次以上超高循环周次疲劳性能的研究已成为工程界所关心的问题。

王弘等[18,19]用超声疲劳试验方法测定了 40Cr 钢光滑试样和缺口试样在 $10^5 \sim 10^{10}$ 循环周次的疲劳寿命(S-N)曲线，研究了缺口应力集中对疲劳性能的影响。结果表明：两种试样的 S-N 曲线呈现连续下降特征；缺口应力集中对材料疲劳性能的影响表现出阶段性特征，存在一个临界疲劳断裂循环次数 N_c，当疲劳断裂循环周次 N_f 小于 N_c 时，疲劳缺口系数 K_t 随 N_f 增大而增大；当 N_f 大于 N_c 时，K_t 随 N_f 的增大而减小。在 10^7 以上超高循环周次范围内，K_t 和疲劳缺口敏感系数 q 与 N_f 具有线性关系。

3. 缺口曲率半径对疲劳性能的影响

金属构件表面往往存在各种宏观缺口，而缺口的存在导致其根部及其附近出现多向应力，产生应力集中，造成缺口附近很陡的应力梯度，促使裂纹的萌生和扩展，降低金属材料的力学性能，尤其是疲劳强度。在交变载荷的作用下，由于金属构件缺口尖端存在应力集中，所以将首先从裂纹处萌生疲劳裂纹。这样材料的疲劳萌生寿命显然与缺口处的应力集中程度有很大的关系，应力集中系数越大，疲劳萌生的寿命就越短。而应力集中系数仅取决于缺口形状和大小，缺口越尖锐，应力集中系数越大。对于圆形或椭圆形的缺口，可用缺口深度 h 和缺口曲率半径 ρ 来表达应力集中系数，因此在一定交变载荷下，疲劳萌生寿命 N 与缺口曲率半径 ρ 有着对应的定量关系。

影响疲劳性能的因素很多，但分析认为，影响疲劳试验数据的重要因素之一是试样的几何形状和试样缺口的曲率半径。金哲学[20]在 BP-12 型试验机上对 GH128 和 GH131 合金的不同缺口试样进行了冷热疲劳试验。试验研究结果表明：GH128、GH131 合金的热疲劳寿命不仅与试验温度有关，而且与试样的几何形状和缺口尺寸有很大的关系。在相同的缺口条件下，热疲劳寿命随着试验温度的提高而缩短；在相同的试验温度下，热疲劳寿命随着试样缺口尺寸的增大而延长。

这是因为在冷热交变作用下产生的热应力试样缺口曲率半径越小，应力越集中，结果导致裂纹扩展速率较快，寿命较短；相反，试样缺口的曲率半径越大，试样缺口处应力集中系数越小，裂纹萌生晚且裂纹扩展速率较慢，寿命较长。

7.3　疲劳寿命模拟试验与研究方法

7.3.1　试验用材料

试验用材料有 30SiMn2MoV、4Cr5MoSiV1(H13)、25Cr3Mo2NiWVNb，规格均为 ϕ70mm 棒料，且均为调质态。其化学成分如表 7.1 所示。

表 7.1　三种试验用材料的化学成分

材料	C	Cr	Mo	W	Ni	V	Nb	Si	Mn	Fe
30SiMn2MoV	0.29	—	0.46	—	—	0.19	—	0.55	1.67	余量
H13	0.40	5.0	1.10	—	—	1.0	—	1.0	0.5	余量
25Cr3Mo2NiWVNb	0.28	2.9	2.2	0.5	0.5	0.4	0.02	0.15	0.35	余量

7.3.2　试验装置及疲劳试样

本节针对材料的服役工况，设计试验条件，并预制一定裂纹，试验采用 HTS810 疲劳试验平台，设置应力比为 0.1，在低于材料屈服强度的参数下对调制态材料进行应力疲劳试验，模拟材料在极端条件下的低周疲劳寿命。低周疲劳试样图纸如图 7.1 所示，实物照片如图 7.2 所示，具体试验条件如下：

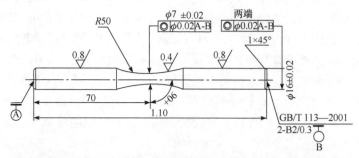

图 7.1　低周疲劳试样图纸(单位：mm)

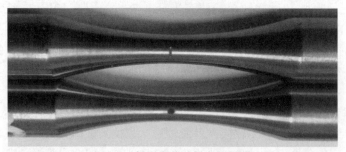

图 7.2　低周疲劳试样实物照片

(1) 应力为 600MPa、700MPa、800MPa；

(2) 预制裂纹为 0.3mm；

(3) 加载频率为 8Hz(480N/s)；

(4) 应力比为 0.1。

由于在某服役工况下，30SiMn2MoV、H13、25Cr3Mo2NiWVNb 三种材料硬度差异较大，本节为更好地对比材料低周疲劳寿命差异，将在同样硬度下比较在同样应力集中条件下的低周疲劳寿命。

7.4　室温疲劳性能分析

金属构件在变动应力载荷作用下，由积累损伤引起的断裂失效的现象称为疲劳断裂。疲劳断裂是应力循环延时断裂，是具有寿命的断裂，其特点有周期性、突发性、不可预见性等。

绝大多数的实际工程项目都存在由交变应力引起的疲劳问题，尤其是在特殊工况条件下，要长时间经受复杂应力应变、急剧温差变化等恶劣的力学工作条件，疲劳破坏导致的失效事故占总事故的比例是相当高的，约占 70%，而在特殊工况下，对材料的疲劳性能有着更高的要求。因此，人们已将更多的注意力放在解决疲劳问题上。

疲劳断裂应力远比静载荷下材料的抗拉强度低，甚至比屈服强度低很多，且无论是脆性材料还是塑性材料，都是在没有出现明显塑性变形情况下突然断裂的，是一种低应力脆性断裂破坏现象。而工程构件对疲劳载荷的抗力比对静载荷要敏感得多，其疲劳抗力不仅取决于材料本身特性，而且与其形状、尺寸、表面质量、服役条件和环境等密切相关。

下面系统研究与分析预制裂纹的身管材料分别在硬度为 30HRC、35HRC 和 40HRC，且在一定载荷情况下的疲劳寿命情况。

7.4.1　30HRC 材料的室温疲劳测试与分析

通过分析 30HRC 硬度三种材料分别在 600MPa、700MPa、800MPa 应力条件下的低周疲劳寿命，发现当三种材料处理至 30HRC 硬度时，在 600MPa 应力条件下的疲劳寿命都在 20000 次以上，能保持相对良好的疲劳性能。但是当应力增大至 700MPa 时，三种材料的低周疲劳寿命急剧降低，但是 25Cr3Mo2NiWVNb 表现出明显优势，尤其是在 800MPa 应力下，25Cr3Mo2NiWVNb 的低周疲劳寿命比 30SiMn2MoV 高 250%，比 H13 高 60%，见表 7.2 和图 7.3。

表 7.2　30HRC 硬度下三种材料室温疲劳性能

应力/MPa	材料		
	30SiMn2MoV	H13	25Cr3Mo2NiWVNb
600	23415	21674	23450
700	10799	10453	10582
800	1956	4170	6854

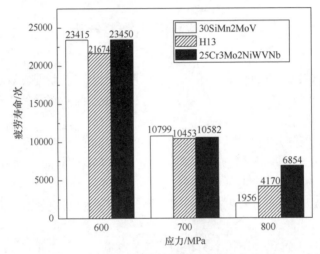

图 7.3　30HRC 三种材料低周疲劳寿命对比

　　通过观察三种材料的室温疲劳宏观断口形貌，可以发现三种材料的室温疲劳宏观断口形貌有着较大差别，也可以判断三种材料在循环应力作用下发生失效断裂的方式有较大区别。25Cr3Mo2NiWVNb 裂纹扩展区较另外两种材料面积更大、比例更高，如图 7.4 所示。

(a) 30SiMn2MoV　　　　　　　　　　　　　(b) H13

(c) 25Cr3Mo2NiWVNb

图 7.4　30HRC 三种材料的宏观断口形貌图

通过观察分析三种材料裂纹萌生区形貌，发现30SiMn2MoV 和25Cr3Mo2NiWVNb萌生裂纹更加细小，伴随韧窝存在，H13 萌生裂纹平坦光滑，如图 7.5 所示。

(a) 30SiMn2MoV　　　　　　　　　　　　　　　(b) H13

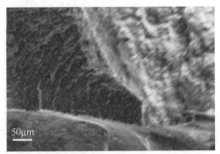

(c) 25Cr3Mo2NiWVNb

图 7.5　30HRC 三种材料的裂纹萌生区形貌图

通过观察分析三种材料裂纹扩展区形貌，如图 7.6 所示，发现三种材料裂纹扩展区辉纹间距差别较大。其中，30SiMn2MoV 的辉纹间距约为 50μm，辉纹条带长度在 80μm 左右，辉纹条带间隙分布极少量韧窝、间隙，因此每一次裂纹扩展的阻力很小，裂纹扩展速率更快；H13 的辉纹间距约为 40μm，长度在 30μm 左右，辉纹条带间隙分布少量韧窝、间隙，且 H13 辉纹较另外两种材料相比更加平缓，辉纹间隙深度最小，因此每一次裂纹扩展可以经过更短的距离，裂纹扩展阻力更小，裂纹扩展速率更快。对比以上两种材料，新型热作模具钢 25Cr3Mo2NiWVNb 辉纹间距只有 20～30μm，辉纹长度为 50μm 左右，表明材料在疲劳循环断裂过程中，每经过一次循环应力载荷，25Cr3Mo2NiWVNb 相比上述两种材料需克服更大的阻力，其中包括第二相粒子、位错塞积等，因此裂纹扩展速率更慢，在疲劳辉纹凸起上以及辉纹间隙均匀分布着高密度的韧窝。

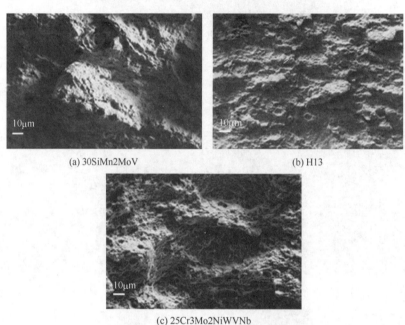

(a) 30SiMn2MoV　　　　　　　　　　　　(b) H13

(c) 25Cr3Mo2NiWVNb

图 7.6　30HRC 三种材料裂纹扩展区形貌图

通过观察分析三种材料瞬断区形貌，可以分析得出三种材料均为韧性断裂，如图 7.7 所示。

(a) 30SiMn2MoV　　　　　　　　　　　　(b) H13

(c) 25Cr3Mo2NiWVNb

图 7.7　30HRC 三种材料瞬断区形貌图

当 30SiMn2MoV 硬度为 30HRC 时, 屈服强度约为 800MPa, 冲击功高达 120J, 具有良好的韧性, 在低应力循环载荷作用下, 具有良好的低周疲劳性能。但当应力提高至 800MPa 时, 疲劳裂纹萌生迅速, 并且晶粒粗大导致的裂纹扩展速率增快, 所以导致低周疲劳寿命迅速缩短。

当 H13 硬度为 30HRC 时, 屈服强度超过 800MPa, 冲击功为 44J, 韧性较差。当应力增大至 800MPa 时, 疲劳裂纹萌生后会迅速扩展, 但由于晶粒直径相对 30SiMn2MoV 细小, 在 800MPa 加载应力条件下疲劳寿命较 30SiMn2MoV 长。

当 25Cr3Mo2NiWVNb 硬度为 30HRC 时, 屈服强度超过 800MPa, 冲击功为 96J, 韧性较好。由于强度值较高, 在低应力循环载荷作用下, 30HRC 的 25Cr3Mo2NiWVNb 具有良好的低周疲劳寿命, 当应力增大至 800MPa, 接近其屈服强度时, 疲劳寿命也缩短, 但由于室温与高温热稳定性高, 且晶粒尺寸小及大量析出碳化物均匀分布于铁素体基体和晶界处, 位错塞积作用使得位错移动速度降低, 每一次应力加载后裂纹扩展距离更短, 所以在 800MPa 应力下低周疲劳寿命远长于 30SiMn2MoV 和 H13。

7.4.2　35HRC 材料的室温疲劳测试与分析

对处理至 35HRC 硬度, 强度分别为 600MPa、700MPa、800MP 的三种材料进行低周疲劳寿命试验, 试验结果如表 7.3、图 7.8 所示。通过分析试验数据发现在 600MPa 加载应力下, 三种材料的疲劳寿命差异很大, 其中, 25Cr3Mo2NiWVNb 的低周疲劳寿命比 30SiMn2MoV 长 50%左右, 比 H13 长 80%左右。当应力提高至 700MPa 时, 25Cr3Mo2NiWVNb 的低周疲劳寿命比 30SiMn2MoV 长 90%左右, 比 H13 长约 30%。当应力进一步增大至 800MPa 时, 25Cr3Mo2NiWVNb 的性能仍明显优于 30SiMn2MoV 和 H13。

试验结果表明, 当硬度由 30HRC 提高至 35HRC 时, 30SiMn2MoV 和 H13 由于其韧性的急剧降低, 在疲劳裂纹萌生后, 裂纹迅速扩展, 同时每加载一次循环应力裂纹扩展范围也更大，综合作用下导致低周疲劳寿命急剧缩短。而25Cr3Mo2NiWVNb 在 35HRC 时仍能保持较高的韧性与高温热稳定性，其疲劳性能变化不大。

表 7.3　35HRC 硬度值下三种材料室温疲劳性能

应力/MPa	材料		
	30SiMn2MoV	H13	25Cr3Mo2NiWVNb
600	13343	11643	20500
700	7746	11049	15325
800	5286	5552	8000

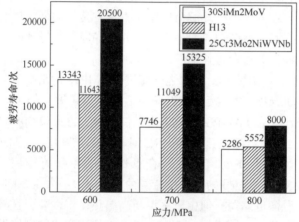

图 7.8　35HRC 三种材料低周疲劳寿命对比

通过观察分析三种身管钢在 35HRC 硬度室温疲劳宏观断口形貌，如图 7.9 所示，发现随着硬度、强度的提高，材料的疲劳裂纹扩展区面积都相应增大。30SiMn2MoV 的裂纹扩展区相对另外两种材料最为平坦，因此裂纹扩展阻力小；H13 显示出与 30HRC 时不同的裂纹扩展区，显现出河流花样，河流花样向四周

(a) 30SiMn2MoV　　　　　　　　　　　　(b) H13

(c) 25Cr3Mo2NiWVNb

图 7.9 35HRC 三种身管钢的宏观断口形貌图

散开，并且撕裂棱粗大，由此可以推测出裂纹扩展时的阻力变小，扩展速率加快；25Cr3Mo2NiWVNb 的裂纹扩展区形貌与硬度为 30HRC 时相比非常相似，说明硬度提高没有使韧性明显降低。

　　观察三种材料 35HRC 时裂纹萌生区，发现 30SiMn2MoV 的裂纹萌生浅而宽，裂纹萌生抗力小；H13 的裂纹萌生深且平直，裂纹萌生抗力较大，但是扩展速率很快；25Cr3Mo2NiWVNb 裂纹萌生深且弯曲度大，表明其裂纹阻力更大、裂纹扩展速率慢，如图 7.10 所示。

(a) 30SiMn2MoV   (b) H13

(c) 25Cr3Mo2NiWVNb

图 7.10 35HRC 三种身管钢的裂纹萌生区形貌图

　　在高倍扫描电镜下观察三种材料硬度为35HRC时的裂纹扩展区,30SiMn2MoV
裂纹扩展辉纹宽度达到了 50μm,辉纹之间没有明显的韧窝状空洞,裂扩展阻力
很小;H13 的辉纹宽度达到了 50μm,并且发现材料沿一定结晶学平面断裂并伴
随极少量的塑性变形,因此可以判断裂纹扩展方式为准解理断裂方式;
25Cr3Mo2NiWVNb 材料仍然保持大量韧窝状形貌,并且韧窝细小,这说明裂纹
扩展区遇到第二相粒子阻碍,且粒子直径更小,如图 7.11 所示。

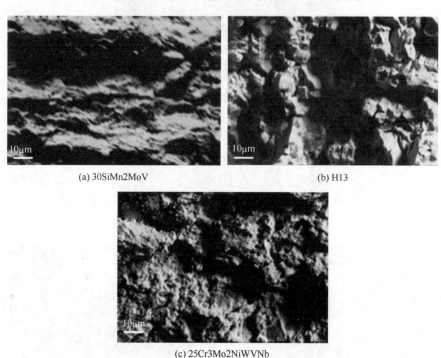

(a) 30SiMn2MoV　　　　　　　　　　(b) H13

(c) 25Cr3Mo2NiWVNb

图 7.11　35HRC 三种材料的裂纹扩展区形貌图

　　通过观察三种材料疲劳试验瞬断区形貌,如图 7.12 所示,可以发现,30SiMn2MoV

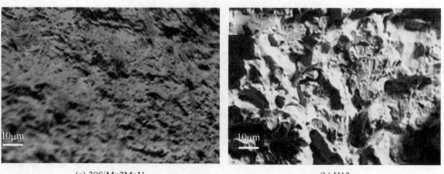

(a) 30SiMn2MoV　　　　　　　　　　(b) H13

(c) 25Cr3Mo2NiWVNb

图 7.12　35HRC 三种身管钢的瞬断区形貌图

和 25Cr3Mo2NiWVNb 仍然以韧性断裂方式为主，其中 25Cr3Mo2NiWVNb 的韧窝分布更加均匀，比 30SiMn2MoV 的韧窝更加细化且更深。H13 则显示出脆性断裂的形貌特征，沿解理面断裂，且解理面呈现无规则取向。

当 30SiMn2MoV 处理至 35HRC 时，屈服强度达到 950MPa，冲击功降低至 95J，仍保持较高的韧性。但是其在低应力加载循环载荷作用下疲劳寿命反而较 30HRC 时降低，这可能因为回火温度降低，析出碳化物数目减少，裂纹扩展时位错塞积效应减弱，同时仍保持着较大的晶粒尺寸，裂纹扩展遇到阻力变小，扩展距离增大，从而导致低应力疲劳寿命的缩短。

当 H13 硬度提升至 35HRC 时，屈服强度提高至约 1000MPa，韧性进一步降低，但是降低幅度不明显。其组织为回火马氏体组织，同时伴随一些细小的碳化物分布于晶粒内部和晶界处。低周疲劳试验结果表明，由于强度提高和韧性降低的综合作用，35HRC 的 H13 在 600MPa 应力载荷下疲劳寿命进一步缩短，当应力分别提高至 700MPa、800MPa 时，疲劳寿命变化不大。

当 25Cr3Mo2NiWVNb 硬度进一步提高至 35HRC 时，屈服强度提高至 1000MPa，冲击功为 95J，韧性较好。由于强度值进一步提高且韧性基本没有下降，所以其疲劳性能进一步提高。此时，25Cr3Mo2NiWVNb 组织为回火马氏体组织，晶粒细小且析出碳化物颗粒更加细小，所以其组织结构特点使得位错运动阻力更大、裂纹扩展间距更小，从而使得 25Cr3Mo2NiWVNb 具有较长的疲劳寿命。

7.4.3　40HRC 材料的室温疲劳测试与分析

本小节分析硬度为 40HRC 时三种身管钢分别在 600MPa、700MPa、800MPa 应力条件下的低周疲劳寿命，试验结果如表 7.4、图 7.13 所示。通过分析试验数据发现，当三种材料处理至 40HRC 硬度时，30SiMn2MoV 和 H13 由于强度的提高，在 800MPa 应力下低周疲劳寿命有所延长，但是韧性的急剧降低使得材料在低应力条件下疲劳寿命也迅速缩短。而当 25Cr3Mo2NiWVNb 硬度值达到 40HRC 时，在提高强度的前提下并没有降低其韧性，所以其疲劳性能也进一步提升，在 600MPa 循环应力条件下疲劳寿命达到 24000 次以上；在 700MPa 循环应力条件下疲劳寿命达到 15000 次以上；800MPa 循环应力条件下疲劳寿命达到 10000 次以上。

表 7.4　40HRC 硬度值下三种材料室温疲劳性能

应力/MPa	材料		
	30SiMn2MoV	H13	25Cr3Mo2NiWVNb
600	10766	12338	24224
700	7729	11184	15305
800	5329	6830	10419

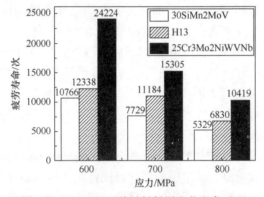

图 7.13　40HRC 三种材料低周疲劳寿命对比

当硬度达到 40HRC 时，30SiMn2MoV 和 H13 的裂纹扩展区所占整个断口的比例没有增加，并且断口裂纹扩展区出现直径很大的凸起。H13 出现河流状花纹，从凸起处向四周扩散。而 25Cr3Mo2NiWVNb 疲劳裂纹扩展区较上述两种材料具有明显优势，其宽度达到 3200m，如图 7.14 所示。

(a) 30SiMn2MoV　　　　　　　　　　　　　(b) H13

(c) 25Cr3Mo2NiWVNb

图 7.14　40HRC 三种身管钢的宏观断口形貌图

如图 7.15 所示，30SiMn2MoV 和 H13 的裂纹萌生处都显示出脆性断裂的特征，即裂纹沿着一定的结晶学平面断裂，断裂平面粗大且光滑，这样的裂纹萌生后会迅速扩展。25Cr3Mo2NiWVNb 的裂纹萌生处仍显示出韧性断裂的特征，裂纹萌生处及凹凸部位分布着大小不一的韧窝，这是因为基体组织中密布直径细小的第二相的作用，这样的裂纹萌生后受到第二项粒子的阻碍，扩展速率会大大降低。

(a) 30SiMn2MoV　　　　　　　　　　　　　　　　　(b) H13

(c) 25Cr3Mo2NiWVNb

图 7.15　40HRC 三种材料的裂纹萌生区形貌图

30SiMn2MoV 的裂纹扩展区辉纹宽度达到了 70μm，辉纹之间的韧窝特征不明显，只有一些直径较大且凹凸不平，对裂纹扩展产生的阻力较小；H13 的裂纹扩展区显示沿晶断裂形貌，断裂面粗大且平滑，有一定的结晶学取向，由于是沿晶断裂，所以阻力很小，并且每一次加载裂纹尖端都前进很大距离，如图 7.16 所示，辉纹宽度接近 100μm；25Cr3Mo2NiWVNb 的裂纹扩展区在 40HRC 时仍然保持大量的韧窝，且韧窝大小都在 1～2μm，具有良好的韧性，裂纹扩展阻力大。

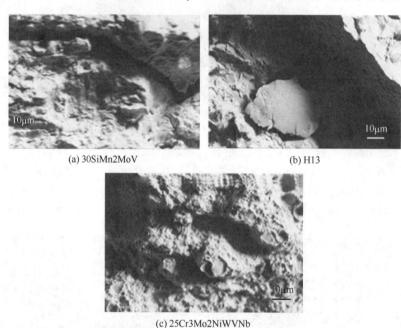

(a) 30SiMn2MoV　　　　　　(b) H13

(c) 25Cr3Mo2NiWVNb

图 7.16　40HRC 三种材料的裂纹扩展区形貌图

结合三种身管钢的瞬断区形貌，如图 7.17 所示，可以总结出，硬度为 40HRC 时三种身管钢的断裂方式：30SiMn2MoV 为准解理断裂；H13 为解理断裂；25Cr3Mo2NiWVNb 为韧性断裂。

当 30SiMn2MoV 处理至 40HRC 时，虽然屈服强度提高至 1100MPa 以上，但是韧性进一步降低，冲击功为 44J。通过扫描电镜观察其组织结构，发现当 30SiMn2MoV

(a)30SiMn2MoV　　　　　　(b) H13

(c) 25Cr3Mo2NiWVNb

图 7.17　40HRC 三种材料的瞬断区形貌图

处理至 40HRC 时，组织为回火马氏体组织，其中马氏体晶粒粗大，只有极少量的碳化物颗粒在晶界处析出。在疲劳裂纹萌生之后，在 30SiMn2MoV 中遇到很小的阻力，沿晶界扩展并迅速失效。

当 H13 进一步提高硬度至 40HRC 时，屈服强度约为 1150MPa，冲击功为 35J，韧性进一步下降。通过扫描电镜观察其组织结构，发现当 H13 处理至 40HRC 时，其组织为回火马氏体组织，有极少量的碳化物析出。当硬度为 40HRC 时，H13 强度有所提高，使得在高应力载荷下，裂纹萌生速率更慢，有助于提高其疲劳性能，但是裂纹一旦萌生其扩展阻力也变小，导致其在低应力载荷作用下的疲劳性能降低。

当进一步提高 25Cr3Mo2NiWVNb 硬度至 40HRC 时，其屈服强度达到 1200MPa，冲击功为 69J，仍保持较好的强韧性。经回火后，组织为板条状位错性马氏体组织，大量析出细小弥散碳化物于马氏体基体内和晶界处。所以，40HRC 的 25Cr3Mo2NiWVNb 在 600MPa、700MPa、800MPa 应力下都表现出良好的疲劳性能。

7.5　三种材料某工况下疲劳寿命对比分析

三种身管钢在某工况下的硬度值有差异，本节对 30SiMn2MoV、H13、25Cr3Mo2NiWVNb 进行室温疲劳性能分析。

分析服役工况下三种身管钢的低周疲劳寿命，如表 7.5、图 7.18 所示，可以发现新型热作模具钢 25Cr3Mo2NiWVNb 随着加载应力的提高，相对于传统 30SiMn2MoV 和 H13 的低周疲劳寿命更长。在 800MPa 加载应力下，25Cr3Mo2NiWVNb 的低周疲劳寿命比 30SiMn2MoV 提高 5 倍，比 H13 提高 2 倍。

表 7.5　服役工况用三种材料室温疲劳性能

应力/MPa	材料		
	30SiMn2MoV (30HRC)	H13(35HRC)	25Cr3Mo2NiWVNb (40HRC)
600	23415	11643	24224
700	10799	11049	15305
800	1956	5552	10419

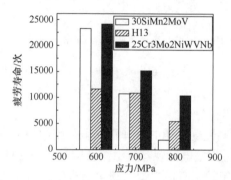

图 7.18　服役工况下三种材料低周疲劳寿命对比

　　将三种身管钢同时处理至 30HRC、35HRC、40HRC 并进行低周疲劳寿命横向对比，可以发现，单方面地提高材料的强度或者材料的韧性都不能获得良好的疲劳性能。试验结果表明，随着硬度、强度的提高，30SiMn2MoV 和 H13 的韧性急剧下降，使得疲劳断裂方式转变为解理断裂，疲劳裂纹扩展速率迅速增大，不利于疲劳性能；而当 25Cr3Mo2NiWVNb 硬度增大到 40HRC，强度增加到约 1200MPa 时，仍保持着良好的韧性，其疲劳断裂方式仍然保持着韧性断裂，因此显示出较另外两种材料更优的抗疲劳性能。

7.6　身管钢的疲劳裂纹扩展与寿命估算

7.6.1　断裂力学方法估算裂纹扩展

　　通常情况下，工程设计和技术人员在应用常规疲劳设计法分析材料的疲劳性能时，都假设材料内没有缺陷或裂纹。但是，在实际的工程应用过程中，出于种种原因，构件中都存在各种各样的缺陷。而损伤容限设计原则允许构件在使用寿命中出现一定的初始缺陷，但在下次检修前要保证其有一定的剩余强度，这个一定的剩余强度一般用破损安全载荷来衡量。若在检修前能发现破损的情况(大多数是以裂纹的形式出现的)，并且及时给予修复或更换，则可以避免重大灾难事故的发生。

损伤容限设计的关键问题就是正确估算出构件存在缺陷或裂纹时，是否具有足够的疲劳裂纹扩展寿命。近代断裂力学的不断发展，为解决裂纹扩展问题，从而合理地估算裂纹扩展寿命提供了一条有效途径。

在研究疲劳裂纹扩展寿命时，疲劳裂纹扩展速率 da/dN 是一个关键研究对象。如果已知瞬间裂纹扩展速率 da/dN、初始裂纹尺寸 a_0 和临界裂纹尺寸 a_c，则通过应用断裂力学的相关公式可求得裂纹扩展至断裂的循环周次 N_p。

7.6.2　疲劳裂纹扩展寿命估算的方法

利用 Paris 公式，根据前面裂纹扩展速率的测试分析结果及断裂韧性的测量结果，考虑在膛压的作用下来估算身管材料的疲劳裂纹扩展寿命。首先需要确定构件的初始裂纹尺寸 a_0 以及临界裂纹尺寸 a_c(或者材料的断裂韧性 K_{IC})，之后应用 Paris 公式来估算裂纹扩展寿命。

1. 初始裂纹尺寸 a_0

初始裂纹尺寸 a_0 是在构件中含有的原始裂纹的尺寸，一般情况下，可以用无损检测方法测出裂纹的长度。在工程实践中，构件的缺陷种类繁多，形状也各异，有表面的也有在构件内部的，有单个的也有集中在一起的，在进行疲劳裂纹扩展寿命估算时，需将它们都进行当量化的处理，即统一转变成有规则的裂纹，再对疲劳裂纹扩展寿命进行估算。

在分析裂纹分布及影响大小时，应重点考虑最大应力区的缺陷，因为最大应力区的缺陷往往是裂纹最容易扩展的地方，也是直接导致裂纹扩展的地方。一般假定裂纹面垂直于最大拉应力方向，即裂纹的扩展方向垂直于最大拉应力的方向，而裂纹的形状一般假定为，当裂纹尖端处的应力强度因子值为最大值时，整个裂纹扩展阶段的裂纹都被定义为现在的形状。

一般情况下，采用金相或电镜的方法来分析疲劳断口，并应用数理统计的方法从概率的角度来确定初始裂纹的尺寸。在实际工程中，目前应用无损探伤的技术所能测试出的初始裂纹尺寸 a_0 为 0.005～0.5mm。

初始裂纹尺寸 a_0 对估算构件的裂纹扩展寿命有着举足轻重的影响，因此在确定 a_0 时必须十分谨慎。在给定构件的尺寸和寿命后，也可以反过来推算容许的初始裂纹尺寸 a_0。

2. 临界裂纹尺寸 a_c

临界裂纹尺寸 a_c，一般是指在给定的受力载荷情况下，不发生脆性断裂所容许的最大裂纹尺寸，而临界裂纹尺寸 a_c 的确定则需要首先得到如图 7.19 所示的 *P-a* 曲线。

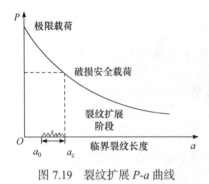

图 7.19　裂纹扩展 *P-a* 曲线

图 7.19 中，当构件无裂纹时，$a=0$ 为可以承受的极限载荷值；而当裂纹扩展到临界裂纹尺寸 a_c 时，所对应的载荷为破损安全载荷。

在承受静载荷时，若构件表面含有初始裂纹尺寸 a_0，则只有当构件所承受的静应力等于临界应力 σ_c 时，即当裂纹尖端的应力强度因子等于临界 K_{IC} 或 K_C 时，构件才会立即发生脆性断裂，如图 7.20 所示。但是，如果构件所承受的静应力小于 a_0，构件是不会发生破坏的；如果构件承受一个与静应力 σ_0 大小相等的循环应力作用，如图 7.20 左侧所示，此时若构件含有初始裂纹尺寸 a_0，则裂纹将缓慢地扩展，它所能承受的外界载荷将随之减小。当裂纹扩展到临界裂纹尺寸 a_c 时，构件也会产生脆性断裂，此时的裂纹长度 a_c 称为临界裂纹尺寸。在循环应力的作用下，裂纹由初始值 a_0 扩展到临界值 a_c，这一过程称为疲劳裂纹的亚临界扩展，裂纹由可检测到的长度 a_0，一直扩展到临界裂纹尺寸 a_c，这段时间就称为疲劳裂纹扩展寿命。

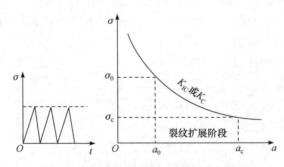

图 7.20　临界裂纹尺寸和亚临界裂纹扩展

在确定疲劳裂纹扩展寿命时，需要确定疲劳裂纹扩展速率 da/dN、初始裂纹尺寸 a_0 和临界裂纹尺寸 a_c 的数值。a_0 一般取 1.0mm 左右，而临界裂纹尺寸 a_c 的确定可以通过 *P-a* 曲线得到。一般情况下，可以用一组含有不同裂纹长度 a 的模拟试样，在进行静应力破坏试验后得到。但这种试验的方法既不经济，也会浪费很多时间。因此，用有关断裂力学的知识作为试验的指导和依据是十分必要的。

临界裂纹尺寸 a_c 可以依据以下原则来确定：在双对数坐标表示的 da/dN 与 ΔK 的关系曲线图中，假定构件裂纹尖端的应力强度因子范围 ΔK 小于快速扩展区起点的 ΔK。由于在快速扩展区疲劳裂纹的扩展速率非常快，这段时间的疲劳寿命很短，而在 a_c 这一数据缺乏时，也可以使用 K_{IC} 值代替疲劳裂纹快速扩展区起点的应力强度因子范围，这样就可得到确定 a_c 的方法。

$$a_c = \frac{1}{\pi}\left(\frac{K_{IC}}{\alpha\sigma}\right)^2 \tag{7.1}$$

式中，K_{IC} 为材料的断裂韧性，N/mm$^{3/2}$；α 为形状因子，可从相关文献资料中查找；σ 为循环应力的最大值，MPa。

在等幅应力情况下，对 Paris 公式进行积分，便可得到疲劳裂纹扩展寿命：

$$\frac{da}{dN} = C(\Delta K)^m \rightarrow N_p = \int dN = \int_{a_0}^{a_c} \frac{da}{C(\Delta K)^m} \tag{7.2}$$

式中，取 $\Delta K = \alpha\Delta\sigma\sqrt{\pi a}$ 代入 $da/dN = C(\Delta K)^m$ 中，即得

$$\frac{da}{dN} = C_1(\Delta\sigma)^m a^{m/2} \tag{7.3}$$

其中，$C_1 = C\alpha^m\pi^{m/2}$，将 ΔK 代入式(7.2)中可得

$$N_p = \int dN = \int_{a_0}^{a_c} \frac{da}{C(\alpha\Delta\sigma\sqrt{\pi a})^m} \tag{7.4}$$

若形状因子 α 与裂纹尺寸 a 无关，则式(7.4)积分得

$$N_p = \frac{a_c^{(1-m/2)} - a_0^{(1-m/2)}}{(1-m/2)C\pi^{m/2}\alpha^m(\Delta\sigma)^m}, \quad m \neq 2 \tag{7.5}$$

$$N_p = \frac{1}{\pi C\alpha^2(\Delta\sigma)^2}\ln\frac{a_c}{a_0}, \quad m = 2 \tag{7.6}$$

式(7.5)和式(7.6)中 da/dN 和 ΔK 的单位分别为 mm/cycle 和 N/mm$^{3/2}$，或 m/cycle 和 MPa·m$^{1/2}$。当 da/dN 的单位是 mm/cycle，而 ΔK 的单位为 MPa·m$^{1/2}$ 时，必须在式(7.5)的右边乘以 $10^{3m/2}$，保证两边的单位统一。

7.6.3 疲劳裂纹扩展寿命计算与预测

枪炮身管疲劳全寿命可以看作裂纹扩展寿命,而基本可以忽略裂纹形成寿命。损伤容限方法是把结构看成含有裂纹的完整结构，在疲劳载荷作用下，结构内的裂纹开始扩展，最终达到临界尺寸而失效。因此，可采用 Paris 公式计算枪炮身管剩余疲劳寿命。

炮管在膛压为零时，内膛存在自紧残余应力，而在工作膛压作用下，内膛应力值变为拉应力，如此，每射击一发炮弹，都相当于给枪炮身管内膛施加一次变幅循环载荷。由此进行两种材料的疲劳扩展寿命的计算与预测，两种材料身管的具体参数分别如表 7.6 和表 7.7 所示。

表 7.6　30SiMn2MoV 参数

参数	名称	取值
HRC	硬度	31，32
v	泊松比	0.252
E	弹性模量	203GPa
$\sigma_{0.2}$	屈服强度	860MPa
σ_b	抗拉强度	925MPa
K_{IC}	断裂韧性	120MPa
α	形状因子	2.27
a_0	初始裂纹尺寸	0.5mm
C	材料常数	2×10^{-9}
m	材料常数	3.4155

表 7.7　25Cr3Mo2NiWVNb 参数

参数	名称	取值
HRC	硬度	37，38
v	泊松比	0.29
E	弹性模量	213GPa
$\sigma_{0.2}$	屈服强度	1145MPa
σ_b	抗拉强度	1293MPa
K_{IC}	断裂韧性	$107.8\mathrm{MPa}\cdot\mathrm{m}^{1/2}$
α	形状因子	2.27
a_0	初始裂纹尺寸	0.5mm
C	材料常数	10^{-8}
m	材料常数	2.6935

(1) 假设某工况下身管膛压约为 351MPa，并结合表 7.6 和表 7.7 数据对疲劳裂纹扩展寿命进行计算与预测，计算临界裂纹尺寸 a_c。

30SiMn2MoV：

$$a_c = \frac{1}{\pi}\left(\frac{K_{IC}}{\alpha\sigma}\right)^2 = \frac{1}{\pi}\left(\frac{120}{2.27\times351}\right)^2 \approx 0.007224\mathrm{m}$$

25Cr3Mo2NiWVNb：

$$a_c = \frac{1}{\pi}\left(\frac{K_{IC}}{\alpha\sigma}\right)^2 = \frac{1}{\pi}\left(\frac{107.8}{2.27\times351}\right)^2 \approx 0.005830\mathrm{m}$$

(2) 计算疲劳裂纹扩展寿命。由表 7.6 和表 7.7 可知,三种材料的 m 值都不等于 2,故寿命计算按式(7.5)计算,其寿命分别如下。

30SiMn2MoV:

$$N_p = \frac{a_c^{\left(1-\frac{m}{2}\right)} - a_0^{\left(1-\frac{m}{2}\right)}}{\left(1-\frac{m}{2}\right)C\pi^{\frac{m}{2}}\alpha^m(\Delta\sigma)^m}$$

$$= \frac{7.224^{\left(\frac{1-3.4155}{2}\right)} - 0.5^{\left(\frac{1-3.4155}{2}\right)}}{\left(1-\frac{3.4155}{2}\right) \times 2 \times 10^{-9} \times 3.14^{\frac{3.4155}{2}} \times 2.27^{3.4155} \times 351^{3.4155}} \times 10^{\frac{3\times3.4155}{2}}$$

$$\approx \frac{0.2467 - 1.6332}{-0.70775 \times 2 \times 7.0572 \times 16.444 \times 493737889.48} \times 10^9 \times 10^{5.12325}$$

$$\approx 2271$$

25Cr3Mo2NiWVNb:

$$N_p = \frac{a_c^{\left(1-\frac{m}{2}\right)} - a_0^{\left(1-\frac{m}{2}\right)}}{\left(1-\frac{m}{2}\right)C\pi^{\frac{m}{2}}\alpha^m(\Delta\sigma)^m}$$

$$= \frac{5.83^{\left(\frac{1-2.6935}{2}\right)} - 0.5^{\left(\frac{1-2.6935}{2}\right)}}{\left(1-\frac{2.6935}{2}\right) \times 10^{-8} \times 3.14^{\frac{2.6935}{2}} \times 2.27^{2.6935} \times 351^{2.6935}} \times 10^{\frac{3\times2.6935}{2}}$$

$$\approx \frac{0.5426 - 1.2717}{-0.3468 \times 4.6692 \times 8.34645 \times 3872740.60948} \times 10^8 \times 10^{4.0403}$$

$$\approx 7569$$

7.7　本 章 结 论

(1) 通过研究三种钢(30SiMn2MoV、H13、25Cr3Mo2NiWVNb)的低周疲劳性能发现:低周疲劳性能是强度与韧性综合作用下的结果,在低周疲劳寿命不同阶段发挥不同作用。在裂纹萌生阶段,材料强度起主要作用,强度越大,裂纹萌生越困难;在裂纹扩展阶段,材料韧性起主要作用,韧性越高,裂纹扩展速率越慢。

(2) 分析出不同材料的室温疲劳性能,当在较低硬度 30HRC、中等载荷(700～800MPa)时,30SiMn2MoV、H13 与 25Cr3Mo2NiWVNb 均具有很好的疲劳寿命。但随载荷增加到 800MPa,疲劳寿命差异显著,25Cr3Mo2NiWVNb 比 30SiMn2MoV

和 H13 分别提高 250%和 60%。

(3) 当硬度提高至 35HRC 时，由于 30SiMn2MoV 和 H13 韧性急剧降低，在疲劳裂纹萌生后，裂纹迅速扩展，同时每加载一次循环应力裂纹扩展范围也更大，综合作用下导致低周疲劳寿命急剧缩短。而 25Cr3Mo2NiWVNb 在 35HRC 时仍能保持较高的韧性，疲劳性能变化不大。

(4) 当硬度达 40HRC 时，无论是中等载荷(700～800MPa)，还是载荷增加到 800MPa 以上，25Cr3Mo2NiWVNb 均表现为较高的疲劳寿命，较同等载荷下的 30SiMn2MoV 和 H13 分别提高约 100%和 50%。

<h1 style="text-align:center">参 考 文 献</h1>

[1] 颜鸣皋. 金属疲劳裂纹初期扩展特征及影响因素[J]. 航空学报, 1983, 4(2): 13-29.

[2] 颜鸣皋. 飞机结构材料疲劳裂纹的扩展机制及其工程应用[J]. 航空学报, 1985, 6(3): 208-222.

[3] Zheng X L. A simple formula for fatigue crack propagation and a new method for the determination of ΔK_{th}[J]. Engineering Fracture Mechanics, 1987, 27(4): 465-475.

[4] Zheng X L. On an unified model for predicting notch strength and fracture toughness of metals[J]. Engineering Fracture Mechanics, 1989, 33(5): 685-695.

[5] Ritchie R O, Knott J F. Mechanisms of fatigue crack growth in low alloy steel[J]. Acta Metallurgica, 1973, 21(5): 639-648.

[6] Wakinaga R, Koga N, Umezawa O, et al. Crystal orientation analysis on stress corrosion cracking facets in austenitic stainless steels[J]. Key Engineering Materials, 2019, 810: 64-69.

[7] Yang M, Zhong Y, Liang Y L. Competition mechanisms of fatigue crack growth behavior in lath martensitic steel[J]. Fatigue & Fracture of Engineering Materials & Structures, 2018, 41(12): 2502-2513.

[8] Pawlicki J, Marek P, Zwoliński J. Finite element modeling of material fatigue and cracking problems for steam power system HP devices exposed to thermal shocks[J]. Archive of Mechanical Engineering, 2016, 63(3): 413-434.

[9] 白植雄, 左鹏鹏, 计杰, 等. 两种热作模具钢的高温摩擦磨损性能[J]. 工程科学学报, 2019, 41(7): 906-913.

[10] Ni C, Hua L, Wang X K. Crack propagation analysis and fatigue life prediction for structural alloy steel based on metal magnetic memory testing[J]. Journal of Magnetism and Magnetic Materials, 2018, 462: 144-152.

[11] Boas W, Honeycombe R W K. Thermal fatigue of metals[J]. Nature, 1944, 153(3886): 494-495.

[12] Li C C, Dong L H, Wang H D, et al. Metal magnetic memory technique used to predict the fatigue crack propagation behavior of 0.45%C steel[J]. Journal of Magnetism and Magnetic Materials, 2016, 405: 150-157.

[13] Beck C G, Santhanam A T. Thermal fatigue crack propagation in cast cobalt-base alloy, Mar M-509[J]. Scripta Metallurgica, 1978, 12(3): 255-260.

[14] Santhanam A T, Beck C G. The influence of protective coatings on thermal fatigue resistance of

Udimet 710[J]. Thin Solid Films, 1980, 73(2): 387-395.

[15] Schelp M, Eifler D. Evaluation of the HCF-behavior of 42CrMoS4 by means of strain, temperature and electrical measurements[J]. Materials Science and Engineering, 2001, 319-321: 652-656.

[16] Kärenlampi P P. The effect of material disorder on fatigue damage induced by unidirectional loading[J]. Engineering Fracture Mechanics, 2004, 71(4-6): 719-724.

[17] 高玉魁, 刘天琦, 殷源发, 等. 表面完整性对 30CrMnSiNi2A 钢疲劳极限的影响[J]. 航空材料学报, 2002, 22(2): 21-23.

[18] 王弘, 高庆. 缺口应力集中对 40Cr 钢高周疲劳性能的影响[J]. 机械工程材料, 2004, 28(8): 12-14.

[19] 王弘, 高庆. 40Cr 钢超高周疲劳性能及疲劳断口分析[J]. 中国铁道科学, 2003, 24(6): 93-98.

[20] 金哲学. 试样缺口形状对冷热疲劳性能与裂纹形貌影响的研究[J]. 钢铁研究总院学报, 1985, (2): 205-211.

第8章 研究进展总结及实弹验证

本书前 7 章系统研究分析了枪炮身管损伤行为与机理，对高性能枪炮身管钢应具备的各方面性能有了新的认识：应以提高材料的抗燃烧、高温强度和高温耐磨性能为设计与研制方向，同时应提高材料的疲劳寿命以保证身管的安全性。本章对身管材料损伤行为研究进展进行总结，同时以上述研究成果为依据设计出高温、高强、抗烧蚀系列身管钢中的长寿命枪管钢 MPS700 为例，以传统枪管钢 30SiMn2MoV 为对比材料，选择某大口径机枪为载体，对身管材料进行实弹验证并进行对比分析。

8.1 研究总结

在本书前面研究的基础上，本章就身管烧蚀与疲劳寿命、长寿命身管特征等几大方面进行简要总结。

8.1.1 烧蚀寿命

身管寿命是涉及多专业、跨学科的瓶颈技术问题。经过国内外学者多年的研究取得了一系列数据和研究成果[1-9]，理论方面提出了白层、灰层、气-固烧蚀理论等，但均未能在失效本质与机理、解决寿命偏低途径等方面有大的突破和进展；在本书第 1 章中提到，为提高身管寿命，材料方面使用各类材料如传统 Cr-Mo-V 系炮钢、热作模具钢(H11)、高温合金(CG27)等，但均处于尝试和试验阶段，并且出现许多矛盾和难以解释的现象。美国的 7.62mm 机枪身管热作模具钢(H11)身管寿命(24466 发)比标准身管(12068 发)提高近 1 倍，但高温强度最高的高温合金(CG27)身管寿命反而最低(4036 发)。但在 30mm 航炮身管上，结果却完全相反，高温强度最高的高温合金(CG27)制备的身管寿命(4500 发)比 Cr-Mo-V 系身管(266 发)提高数倍以上[1]。此外，枪炮设计、加工质量、火药质量、身管重量、尺寸口径、膛压、弹丸被甲、弹带、火药质量及打靶规范等对身管寿命影响很大。例如，某口径枪采用钢被甲(覆铜弹)的寿命与铜被甲相比，其寿命缩短至 1/2 以下。

因此，我们需要深入研究工况，发现身管失效机理并提出科学解决方法，以此设计具有高温、高强、高耐磨、抗烧蚀的系列身管新材料，以更好地提高枪炮身管寿命和可靠性。

自 2001 年起，作者项目组通过对各类金属材料(如传统枪管钢、超高强钢、耐热钢、高温合金、热作模具钢等)的各种损伤行为进行长期研究，发现了枪炮身管寿命失效(初速下降、精度下降、椭圆弹、横弹、脱靶)的主要原因，并提出了具体解决方案，见表 8.1。

表 8.1 身管寿命失效判据、本质原因与解决方案

失效判据	本质原因	解决方案
初速下降	基体材料发生燃烧形成严重烧蚀坑，闭气能力减弱，初速下降。高温强度不足致使镀铬层剥落，加剧烧蚀	(1) 提高身管基体材料抗燃烧性能； (2) 提高身管基体高温下与镀铬层的结合力
精度下降	高温强度，尤其是高温比例极限和高温刚度低，使身管微变形，导致精度下降、首发精度下降	(1) 提高身管 873~973K 下的高温强度； (2) 提高高温比例极限和高温刚度
椭圆弹、横弹、脱靶	身管前部镀铬层与基体磨损增大严重，从而导致口径增加，子弹或炮弹稳定性下降	(1) 提高身管内膛基体材料强度和耐磨性； (2) 提升镀铬层耐磨性或研发高性能环保耐磨硬化涂层

注：金属燃烧指除金、银外，所有金属在高温富氧、高温冲击及磨损等极端工况下易发生一种类似于木材的燃烧现象，表现为温度突然升高、尺寸减小和火光。

8.1.2 疲劳寿命

本书除针对枪炮身管疲劳寿命，测试与分析其断裂韧性、裂纹扩展速率、高温疲劳、热疲劳等常规疲劳性能外，还针对身管薄弱部位专门设计模拟方案，测试与分析在身管使用工况下的疲劳寿命，以达到不仅反映材料本身的疲劳性能，也反映身管应力集中等薄弱部位的疲劳寿命。这不仅对身管新材料的设计与制备，而且对身管加工和安全使用都具有重要意义。

(1) 枪炮身管疲劳性能包括断裂韧性、疲劳裂纹扩展速率、室温与高温疲劳、热疲劳性能等，特别是应针对薄弱环节应力集中等风险高部位，设计对疲劳寿命的专门考核方法并得出结论。通过对身管材料及设计加工等进行全面疲劳性能测试与分析，来提高武器系统和身管安全性。

(2) 低碳热作模具钢 25Cr3Mo2NiWVNb 的疲劳裂纹扩展速率低于传统枪管钢 30SiMn2MoV 等，且其稳态扩展区速率仅为 30SiMn2MoV 的 1/2，故 25Cr3Mo2NiWVNb 具有更优异的疲劳裂纹扩展性能，同时，其高温疲劳性能、冷热疲劳性能优异。以上均表明：25Cr3Mo2NiWVNb 较传统枪管钢具有更高的安全性和可靠性。

(3) 通过针对身管薄弱部位应力集中而进行的疲劳寿命测试显示：在应力载荷为 600MPa、700MPa 和 800MPa 的条件下，低碳热作模具钢 25Cr3Mo2 NiWVNb

较传统枪管钢均提高 50%以上，且随应力载荷的增加，其提高幅度更大。这表明，在应力更高的工况下，其具有更高的可靠性和疲劳寿命。

8.1.3　身管新材料特征

通过对身管烧蚀和疲劳寿命失效行为与机理，以及实弹考核等多方面的大量研究，可对高性能枪炮身管新材料的设计和性能特征做出分析，简要归纳如下。

现用材料，无论是传统枪管钢，还是热作模具钢、超高强钢，甚至是高温合金，都难以同时满足枪炮使用工况对身管钢室温低温强韧性、高温强度与高温耐磨、抗烧蚀性能以及疲劳性能等多方面的要求。因此，我们应以身管失效行为与机理研究成果为依据，针对枪炮使用工况，以具有高热稳定性的热作模具钢为基础，进一步提高热作模具钢(如 H11、H13 等)的高温强度、高温耐磨性和抗烧蚀性能，同时，解决现用热作模具钢(如 H11、H13 等)低温韧性和室温韧性的不足，设计出室温低温高韧性、高温高强度、高耐磨抗烧蚀性能的系列身管新材料，具体介绍如下。

1. 常规性能

身管材料应具有满足室温低温韧性和强度要求的力学性能，如传统枪管钢 30SiMn2MoV、PCrNi3MoVA、32CrNi3MoVA 等除满足相应的标准要求外，还需要满足导热性、加工性能，以及与表面硬化层匹配等多方面要求。

2. 高温强度

枪炮射击，尤其是连续射击，身管大部分发红时(表层温度达 873～973K)，材料的高温强度急剧下降，甚至低于身管膛压，不仅会导致精度，尤其是热枪精度的下降，促进内膛壁烧蚀，更会带来严重的安全使用风险，如弯曲变形，甚至突然断裂等严重事故[11-13]。其根本原因是枪炮身管钢高温强度过低，30SiMn2MoV、PCrNi3MoVA 在 973K 下抗拉强度仅为 150～200MPa。国外报道，如美国、德国的 H11 提高到 300MPa 左右，但仍显不足，特别是在连续射击身管发红时，安全风险更大。为此，目前的解决方案是加厚身管或严格按规程射击，但在实战中随时可出现连续射击、枪炮身管超过标准规范的情况，甚至出现身管发红的极端情况。因此，最根本的解决方案是提高身管钢的高温强度，使之满足连续射击时对高温强度的基本要求。

3. 高温耐磨

文献以及作者团队对一些高温强度高的耐热钢、高温合金的测试研究表明：高温强度不是提高身管寿命的唯一因素，例如，973K 高温强度高达 1000MPa 的 CG27、Inconel718(GH169)等高温合金，在不同枪管钢寿命测试中，高温合金枪管寿命不仅低于热作模具钢枪管，甚至明显低于传统的 Cr-Mo-V 系低合金枪管钢。分析表明：这可能与其强化相金属间化合物硬度仅为碳化物硬度的 1/3～1/2，在火药烧蚀及弹丸的高速旋转冲击磨损工况下耐磨性能低有关。因此，提高身管材料耐磨性能也是高性能身管钢的必要条件之一。

4. 抗烧蚀性能

枪炮身管初速下降，是寿命中最敏感和最需要解决的问题，也是长期存在的瓶颈，不仅关系寿命，更是保持射击精度和威力的最关键因素。枪炮身管使用后，在内膛，尤其是坡膛出现大量严重烧蚀坑。分析发现，少量的射弹量即可导致弹丸挤进区域镀铬层开裂与脱落，对于未镀铬的火炮身管，则出现严重的内膛烧蚀和龟裂，这些均导致此处基体严重损伤并出现严重烧蚀坑[1,3]，严重烧蚀坑导致枪炮身管闭气能力下降，从而导致枪炮弹丸初速、射程和精度下降。研究人员经过多年研究发现，引起烧蚀坑的本质原因在于身管内膛发生的燃烧行为，并从材料设计、制备加工以及与表层结合力等方面提出提高烧蚀性能的具体方法，在实验室和实弹中都得到了很好的验证。

5. 疲劳性能

枪炮身管使用工况复杂，各种原因均会形成应力集中。因此，除了应有常规力学数据，还应增加断裂韧性、疲劳裂纹扩展速率、室温与高温疲劳、热疲劳性能等数据。应针对薄弱环节应力集中等风险高的部位，设计对疲劳寿命的专门考核方法。这对实战连续射击、提高持续火力工况、确保枪炮身管的安全性十分必要和关键。

6. 力学性能的新认识与说明

通过大量研究与实物分析，作者认为：①身管钢应具有足够的室温、低温和高温韧性，这是安全性必须要求的。但要注意的是：高温韧性的变化，如出现高温下的韧性突然提高，意味着基体软化、强化相回溶而导致身管强度剧烈下降，可能造成强度不足的身管安全性下降，这也说明身管钢高温热稳定性的重要性。②无论从理论计算，还是从实际工况考虑，身管钢都应具有较高的高温强度，应将身管钢高温强度作为考核指标和设计依据。因此，在保证目前低温与室温力学性能的前提下，可提出新材料应具有的高温力学性能，如表 8.2 所示。

表 8.2　系列身管材料的高温力学性能特征

温度/K	抗拉强度/MPa	屈服强度/MPa	断后延伸率/%	断面收缩率/%
973	≥400	≥300	≥12	≥30

　　根据以上分析，作者针对枪炮具体工况，设计并研制具有良好的室温和高温力学性能、抗烧蚀性能、耐磨性，同时具有热作模具钢红硬性、低碳合金钢高韧性的新一代系列枪炮身管钢(长寿命枪管钢MPS700、特殊工况枪管钢MPS700A、速射火炮身管钢PG1、中大口径火炮身管钢PG2等)。下面以长寿命枪管钢MPS700为例加以说明，在保证其室温及低温性能的前提下，高温强度、高温耐磨等性能均明显优于国内外同类型材料，873～973K下典型高温强度与耐磨性能对比见图8.1。

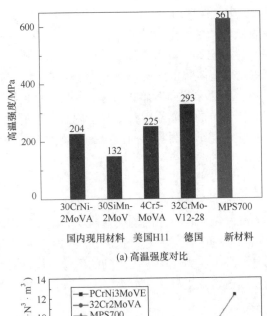

(a) 高温强度对比

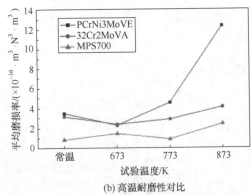

(b) 高温耐磨性对比

图 8.1　MPS700 与国内外枪管钢的高温性能对比及高温耐磨性对比

8.2　实 弹 验 证

　　选取传统枪管钢 30SiMn2MoV 及根据某工况专门设计和研制的具有高强度、

高耐磨性、抗烧蚀炮钢(MPS700)为例。按《枪械性能试验方法》(GJB 3484—1998)进行多次寿命考核[16]；以初速、精度、椭圆(横)弹为考核指标。

1. 寿命与初速

在某大口径枪械寿命中，传统枪管钢 30SiMn2MoV 在较短寿命即发生初速下降(大于 10%)而寿终。而 MPS700 材料在射击寿命达到 30SiMn2MoV 的 2 倍以上时，初速仍未见下降，见图 8.2。

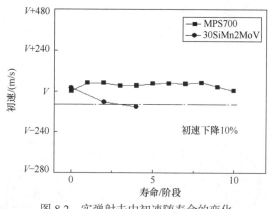

图 8.2　实弹射击中初速随寿命的变化

2. 冷热枪精度

常规精度：MPS700 枪管精度优异，寿命试验后的精度(R_{50})均远低于寿终指标，且散度很小。而 30SiMn2MoV 枪管精度差，射击精度(R_{50})超过寿终指标，散度大。

热枪精度：MPS700 枪管热枪精度优异，连续射击上百发使枪管前半部分(整个身管长度的 1/3～1/2)已发红，表面枪管整体温度已达 923K，枪管精度仍未见下降，如图 8.3 所示。

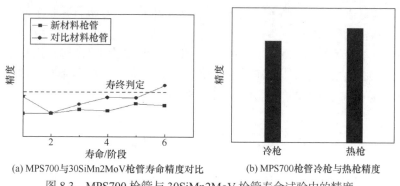

(a) MPS700与30SiMn2MoV枪管寿命精度对比　　(b) MPS700枪管冷枪与热枪精度

图 8.3　MPS700 枪管与 30SiMn2MoV 枪管寿命试验中的精度

3. 身管内膛形貌

MPS700 枪管膛线磨损小，特别是 4/5 锥处仅发生轻微烧蚀(寿命翻倍时)。而 30SiMn2MoV 膛线磨损较大，4/5 锥处膛线均烧蚀严重，如图 8.4 所示。

(a) MPS700枪管4/5锥烧蚀情况　　　　　　(b) 30SiMn2MoV枪管4/5锥烧蚀情况

(c) MPS700枪管口部膛线磨损情况　　　　　(d) 30SiMn2MoV枪管口部膛线磨损情况

图 8.4　MPS700 枪管与 30SiMn2MoV 枪管内膛情况对比

4. 寿终方式

MPS700 枪管在寿终时，初速几乎未降，以出现少量椭圆弹而寿终，故寿命翻倍提高。这表明，其不仅很好地解决了寿命问题，而且枪管在整个使用期间，武器系统指标几乎未降。

当传统枪管寿终时，不仅表现为初速明显下降(如大于 10%)，而且出现大量横弹；口部镀铬层不仅磨损严重，而且枪管内膛 4/5 锥处烧蚀剥落严重；不仅造成初速明显下降超标而寿终，而且出现大量横弹。

8.3　本书结论

通过本章实弹验证与分析，结合前 7 章研究，可将本书要点归纳总结如下：

(1) 身管失效机理与寿命提升方案。在设计、弹药及加工等确定的前提下，材料的高温抗烧蚀、高温强度、高温耐磨等性能弱是导致初速下降、精度下降、横弹等的主要原因，应以此为提升枪炮寿命的科学依据。①材料抗烧蚀与高温、高强度可共同解决身管枪炮内膛严重烧蚀、药室增大、初速下降等问题。②身管材料高温强度与刚度是射击精度，尤其是热态精度与首发命中的关键。③高温高强度与高温耐磨解决了枪炮身管口部耐磨性、延缓横弹出现的问题。④优异疲劳性能包括高断裂韧性、低裂纹扩展速率及长疲劳寿命，这些可提升身管可靠性。

(2) 身管钢设计依据与性能特征。在身管失效机理突破基础上，以提升枪炮身管钢高温热稳定性为目标，长寿命抗烧蚀、高温高强度、高温耐磨系列身管新材料，在保证低温和室温性能的前提下，应具有以下四大方面关键特征。①高温高强度：尤其是具有 873～973K 时的高温比例与屈服强度，以确保射击精度和安全性。②优异抗烧蚀性能：提高身管钢抗烧蚀性与高温强度，解决枪炮身管内膛阳线严重烧蚀与开裂、塌陷、剥落等问题，尤其是大口径火炮药室增大等问题，进而以解决枪炮初速下降问题。③高温高耐磨：通过高温强度和抗烧蚀性能的提高，解决初速下降问题。其失效方式主要以横弹为主，通过提高高温耐磨性以延缓横弹出现时间。④优异疲劳性能：应高度重视疲劳性能，并将其从基本断裂韧性扩大到断裂韧性、疲劳裂纹扩展速率、冷热疲劳及应力集中下的疲劳寿命等。

(3) 机理与新材料的实弹验证。以高强度、高耐磨、抗烧蚀性枪管钢(MPS700)为例加以说明。①初速：MPS700 枪管寿命达传统枪管钢的 2～3 倍，初速仍未下降，身管内膛烧蚀程度仅为现用材料的 1/5～1/3。②精度：MPS700 枪管不仅精度(R_{50})远低于寿终指标，且热枪精度同样优异，在持续火力和可靠性方面意义重大。③横弹(椭圆弹)：MPS700 枪管在寿命翻倍时，初速未降，寿终形式表征为少量椭圆弹，也说明其优良的高温耐磨性。这说明身管新材料的各种高性能使失效方式变化而寿命翻倍。④疲劳安全性：实弹射击时，枪管需经历常温、高温与低温，以及各种扬尘、淋雨、烟雾、冲击等考核，当寿命翻倍时，仍显示出极高的可靠性。这体现了材料具有优异的室温、高温以及冷热疲劳性能。在实现身管寿命翻倍提高的同时，其安全可靠性得到提高。

参 考 文 献

[1] 乔自平, 李峻松, 薛钧. 大口径机枪枪管失效规律研究[J]. 兵工学报, 2015, 36(12): 2231-2240.

[2] 李建广, 袁志华, 尹建平, 等. 大口径火炮双锥度坡膛身管设计方法[J]. 兵器装备工程学报, 2017, 38(12): 29-30, 51.

[3] 胡春东, 董瀚, 赵洪山, 等. 某机枪枪管内膛损伤特征[J].兵工学报, 2019, 40(3): 480-487.

[4] 罗天放, 陈荣刚. 火炮身管寿命理论预测方法[J]. 兵工自动化, 2018, 37(6): 28-32.

[5] 许耀峰, 单春来, 刘朋科, 等. 火炮身管延寿方法研究综述[J]. 火炮发射与控制学报, 2019,

40(4): 90-95.

[6] 张树松. 材料、工艺与枪炮身管寿命[J]. 西安工业大学学报, 1989, 9(1): 1-9.

[7] 卓穗如. 机枪枪管寿命预测技术论文集[M]. 北京: 中国兵器工业第 208 研究所, 1996.

[8] 张坤, 罗耕星, 陈光南, 等. 镀铬枪管内膛的起始烧蚀行为研究[C]. 2005 年全国失效分析学术会议, 广州, 2005.

[9] 张坤, 陈光南, 彭玉春. 镀铬枪管的基体初始烧蚀行为[J]. 理化检验(物理分册), 2006, 42(4): 171-173, 196.

[10] Barth C F, Dibenedetto J D. Improved material and manufacturing methods for gun barrels[R]. Defense Technical Information Center, 1975.

[11] 胡士廉, 吕彦, 胡俊, 等. 高强韧厚壁炮钢材料的发展[J]. 兵器材料科学与工程, 2018, 41(6): 108-112.

[12] 陈志坚, 宋大明, 徐宏英. 某坦克炮连续射击温升对身管变形影响[J]. 中北大学学报(自然科学版), 2018, 39(6): 665-671.

[13] 曹文辉, 杨臻, 薛钧, 等. 身管热变形对步枪射击影响分析[J]. 火力与指挥控制, 2019, 44(1): 161-165.

[14] 王毓麟. 近二十年来薄壁炮钢之进展[J]. 金属材料与热加工工艺, 1980, 3(2): 43-58.

[15] Gruner F R. A high-performance automatic canon barrel[R]. AD-707079, 1970.

[16] 申进兴. 枪械寿命[M]. 太原: 山西高校联合出版社, 1994.